Besondere Mitteilungen zum Deutschen Gewässerkundlichen Jahrbuch

Nr. 19

Herausgegeben vom Meteorologischen und Hydrologischen Dienst
der Deutschen Demokratischen Republik

Das Sommerhochwasser der Elbe im Juli 1954

von

Wolfgang Böer · Heinz Schubert · Otto Wilser

Akademie-Verlag · Berlin

1959

Erschienen im Akademie-Verlag GmbH, Berlin W 8, Mohrenstraße 39

Lizenz-Nr. 202 · 100/491/59
Kartengenehmigung: MdI der DDR Nr. 4407
Satz und Druck: (IV/5/1) Paul Dünnhaupt, Köthen (Sa.-Anh.) L 213/57
Bestell- und Verlagsnummer: 2086/19
Preis: DM 94,—
Printed in Germany
ES 18 E 4

Vorwort

Die lang anhaltenden und starken Niederschläge in der ersten Hälfte des Juli 1954 führten sowohl im Einzugsgebiet der Donau [1—3] als auch in dem weiter nördlich gelegenen Einzugsgebiet der Elbe zur Entwicklung außerordentlicher Hochfluten, wobei sich im Gebiet der Deutschen Demokratischen Republik die Hochwasser vor allem in der Weißen Elster, in der Zwickauer Mulde sowie in der Vereinigten Mulde auswirkten und hier die bisher bekannten höchsten Wasserstände und Abflüsse — zum Teil sogar recht erheblich — überschritten.

Ereignisse dieser Art gaben seit jeher Veranlassung zu eingehenden Untersuchungen. Bei den großen volkswirtschaftlichen Werten, die hierbei meist auf dem Spiele stehen, ist eine umfassende Beschreibung und Untersuchung gerade eines solchen säkularen Hochwassers wie desjenigen vom Juli 1954 nicht nur für all die Stellen, die mit oder am Wasser arbeiten, sondern auch für die Wissenschaft selbst von erheblichem Wert.

Mit der vorliegenden Arbeit wird die Sammlung der Abhandlungen über Hochwasser um ein weiteres eindrucksvolles Beispiel vermehrt. In einer zusammenfassenden Bearbeitung wird hier in erster Auswertung des umfangreichen Beobachtungsmaterials des Meteorologischen und Hydrologischen Dienstes der Deutschen Demokratischen Republik eine umfassende Untersuchung aller mit dem Julihochwasser 1954 im Einzugsgebiet der Elbe zusammenhängenden Fragen vorgelegt und damit eine Lücke geschlossen, die trotz der in der Fachpresse und anderen Zeitschriften bereits erschienenen, für den Leser meist recht wirkungsvoll gehaltenen Einzeldarstellungen, bestand. Wenn in dieser Abhandlung jetzt eine möglichst vollständige Veröffentlichung aller für das Hochwasser kennzeichnenden meteorologischen und hydrologischen Daten, Karten und Darstellungen angestrebt wird, dann nicht nur, um der Arbeit einen dokumentarischen Wert zu verleihen, sondern mehr noch, um eine möglichst brauchbare Unterlage für alle Fragen des Hochwasserschutzes zu vermitteln.

Die Veröffentlichung der Arbeit verzögerte sich, da die Ermittlungen, die vor allem zur Erfassung des Hochwasserablaufs in der Mulde und ihren Nebenflüssen angestellt werden mußten, äußerst langwierig und schwierig waren. Es wurde aber auch hier mit der größtmöglichen Genauigkeit und Gewissenhaftigkeit vorgegangen, um den Wert der Arbeit nicht zu mindern.

Dem von der Redaktion der Zeitschrift „Wasserwirtschaft — Wassertechnik" des Verlages Technik an die Verfasser herangetragenen Wunsch nach einer Darstellung des Hochwassergeschehens im Sommer 1954 wurde auf Grund der angegebenen Verzögerung gern entsprochen und bereits 1955 in den Heften 5 und 6 der genannten Zeitschrift eine Zusammenfassung der vorliegenden Abhandlung gebracht [4]. Die auch im Jahre 1955 verbreitet aufgetretenen Sommerhochwasser gaben außerdem Veranlassung, in der gleichen Zeitschrift die Ausführungen über die Hochwasserwahrscheinlichkeit auszugsweise zu veröffentlichen [5].

Es ist den Verfassern eine angenehme Pflicht, allen Mitarbeitern für ihre große Hilfe bei der Fertigstellung der Arbeit zu danken. Besonderer Dank gilt den ehrenamtlichen Beobachtern des Meteorologischen und Hydrologischen Dienstes, die durch ihren vorbildlichen und unermüdlichen Einsatz während des Ablaufs des Hochwassers nicht nur die für die Hochwasserabwehr zuständigen Stellen rechtzeitig warnten und somit beitrugen, wertvolles Volksvermögen vor der Hochflut zu retten, sondern bei ihrer Tätigkeit das umfangreiche Material zusammentrugen, das in der vorliegenden Arbeit ausgewertet wurde.

Potsdam, August 1956

Inhalt

Tabellen

Abbildungen

Als Anlagen liegen der Arbeit zwei Übersichtskarten bei.

Das Bildmaterial wurde dem Archiv der Fachabteilung Hydrologischer Dienst bei der Leitung des MHD entnommen.

Abbildungen 25 und 26: Aufnahmen AfMH Schwerin
Abbildungen 33—35, 44—51: Aufnahmen AfMH Dresden
Abbildungen 70—84, 86—90: Aufnahmen AfMH Weimar
Abbildung 42 wird mit Zustimmung des Vorsitzenden des Rates der Stadt Zwickau/Sachsen veröffentlicht.

1. Charakteristik des Abflußjahres 1954

Die vorliegende Arbeit, die sich im wesentlichen mit den meteorologischen Ursachen und der Schilderung der Hochwassersituation in den davon am meisten betroffenen Flußgebieten befaßt, wird bewußt mit einer Charakteristik des Abflußjahres eingeleitet. Nur die Betrachtung des Gesamtgeschehens des Wasserhaushaltes im Verlauf eines Abflußjahres führt zu einer richtigen Beurteilung und Einschätzung auch der hydrologischen Auswirkungen von Hochwassern, die als Einzelgeschehen, meist noch unter dem ersten Eindruck der durch sie hervorgerufenen und in Geldwert ausgedrückten Schäden betrachtet, in dieser Hinsicht oftmals überschätzt werden.

Auf das Charakterbild, wie es von NATERMANN [6] entwickelt und später von BOLLMANN [7] zur Charakterisierung des Abflußjahres 1953 angewandt wurde, wird in dieser Arbeit verzichtet. Dieses Verfahren scheint den Verfassern für eine richtige Darstellung der Situation des Jahres 1954 nicht geeignet. Zum besseren Verständnis und zur richtigen Einschätzung der Verhältnisse in den verschiedenen Strom- und Flußgebieten ist schon eine umfassendere Darstellung sowohl der meteorologischen als auch der hydrologischen Gegebenheiten des Abflußjahres, als sie das Charakterbild zu geben vermag, erforderlich.

1.1 Meteorologische Verhältnisse

1.11 Allgemeiner Witterungscharakter

Das Abflußjahr 1954 zeigte sowohl hinsichtlich der Zirkulationsform als auch hinsichtlich des Witterungsgepräges recht große Gegensätze. Während bis etwa Mitte Juli eine meridionale Strömungsanordnung vorherrschte, war im weiteren Verlauf vorwiegend ein zonaler Verlauf der Strömung gegeben. Im Winterhalbjahr und auch noch zu Beginn des Sommerhalbjahres (Mai) gab es längere Abschnitte mit antizyklonalem Witterungscharakter. In den folgenden Monaten traten dagegen Hochdruckwetterlagen nur noch kurzfristig in Erscheinung.

Die Folge dieses Witterungsablaufes waren einige recht extreme Witterungsereignisse, von denen vor allem die Niederschläge als besonders ungewöhnlich anzusehen waren. Während von Beginn des Abflußjahres (November 1953) bis in den Juni hinein ausgesprochener Mangel an Niederschlägen herrschte, der besonders stark in den Monaten Februar und März ausgeprägt war, setzten im Juli anhaltende und sehr ergiebige Niederschläge ein, die, wenn auch in abgeschwächter Form, im weiteren Verlauf des Jahres anhielten. Damit wurde die normale Jahressumme des Niederschlages in weiten Gebieten der Republik überschritten, so daß trotz der bis Juni herrschenden Trockenheit das Abflußjahr im ganzen doch als zu niederschlagsreich anzusehen war.

Bemerkenswert für den Charakter des Abflußjahres ist ferner die Zeit mit strengem Frost von Ende Januar bis Ende Februar. Bei ausgesprochen geringen Schneehöhen sanken die Temperaturen Anfang Februar auf sehr niedrige Werte ab. Obwohl der Dezember sehr mild und in den übrigen Monaten die Temperaturen durchweg normal waren, erschien das Jahr im ganzen gesehen doch zu kalt.

Der Verlauf der Lufttemperatur sowie die Summenlinie des Niederschlags wurden für einige, für das Gebiet der Deutschen Demokratischen Republik repräsentative Stationen in Abbildung 1 dargestellt. Auf die Darstellung weiterer Witterungselemente wurde verzichtet, da mit diesen beiden Elementen bereits eine hinreichende Charakterisierung der klimatologischen Faktoren des Wasserhaushalts des Abflußjahres gegeben ist. Wenn es interessiert, können weitere Angaben aus der Jahreszusammenstellung 1954 des monatlichen Witterungsberichtes entnommen werden [8].

1.12 Temperaturverlauf

Die Temperaturen lagen zu Beginn des Abflußjahres verbreitet über dem langjährigen Durchschnitt, und im Flachland wurden stellenweise selbst noch am 20. Dezember bis zu + 19° C gemessen. Das sind Temperaturwerte, wie sie bisher in diesem Monat noch nicht verzeichnet wurden. Ein empfindlicher Temperatursturz setzte Ende Dezember ein und brachte bis 10. Januar anhaltende unternormale Temperaturen. Dieser ersten winterlichen Frostperiode folgte ein starker Temperaturanstieg, so daß der Januar etwa ab Monatsmitte als überdurchschnittlich warm anzusehen war. Diese Erwärmung dauerte jedoch nur kurze Zeit, denn am 23. setzte die zweite winterliche Frostperiode ein, die dieses Mal zu einer beträchtlichen und bis Ende Februar anhaltenden Unterschreitung der Normalwerte führte. Der 1. Februar war mit Tiefsttemperaturen zwischen — 19° und — 25° C verbreitet der kälteste Tag des Abflußjahres (s. auch Abbildung 2). Erst am 25. Februar ging diese Frostperiode, die die größte Temperaturabweichung (—4° bis —8°) während des ganzen Jahres brachte, zu Ende.

Mit einer kräftigen Erwärmung in den letzten Tagen des Februar setzte der Temperaturanstieg des Frühjahrs ein. Diese jahreszeitlich bedingte Erwärmung schritt in den folgenden Monaten nur sehr zögernd und unter wiederholten Kälterückfällen voran, so daß vor allem die Monate April und Mai im Vergleich zum Normalwert zu kalt ausfielen.

Ein rascher Temperaturanstieg auf sommerliche Werte erfolgte Ende Mai; auch im Juni herrschte vorwiegend sommerlich warmes Wetter. Mit Höchsttemperaturen zwischen 32° und 36° C wurden der 20. und 26. Juni im Binnenland verbreitet die wärmsten Tage des Abflußjahres. Ende des Monats erfolgte verhältnismäßig spät und dann allerdings sehr kräftig der Abbruch des Temperaturanstiegs des Frühjahres.

Im Juli blieb die Temperatur anhaltend unter dem Normalwert. Der Juli 1954 wurde damit einer der kühlsten Monate „Juli" dieses Jahrhunderts. Erst Anfang August übertraf die Temperatur wieder den Normalwert. Sie blieb normal bis Anfang September, wo es vor dem nun fälligen herbstlichen Temperaturabfall nochmals zur Ausbildung hochsommerlicher Temperaturen kam. Der Oktober mit sonst normalem Temperaturverlauf zeichnete sich durch einen vorübergehenden, sehr kräftigen Wärmerückfall in der zweiten Monatshälfte aus.

Insgesamt gesehen war das Abflußjahr 1954, wie das auch die Darstellung der Abweichung der Temperatur vom Normalwert in Abbildung 2 erkennen läßt, trotz der positiven Abweichung zu Beginn des Jahres zu kalt. Ausschlaggebend für die großen, negativen Temperaturabweichungen (0,3° bis 0,5° für das gesamte Gebiet der Republik) waren die ausgesprochen niedrigen Temperaturen in den Wintermonaten Januar und Februar, nicht zuletzt aber auch der äußerst kühle Sommermonat Juli.

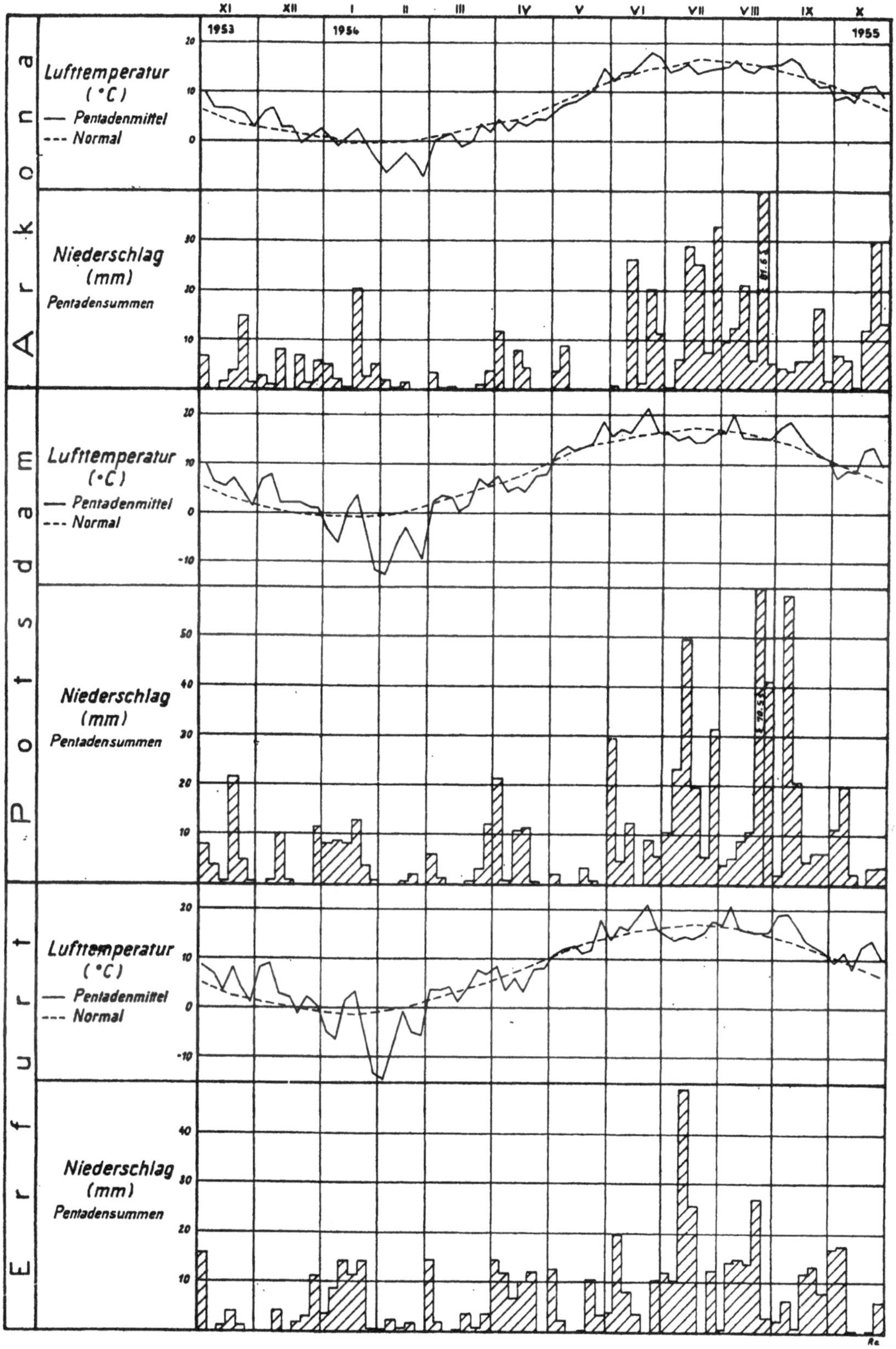

Abb. 1. Temperaturverlauf und Pentadensummen des Niederschlags für das Abflußjahr 1954 in Arkona, Potsdam und Erfurt

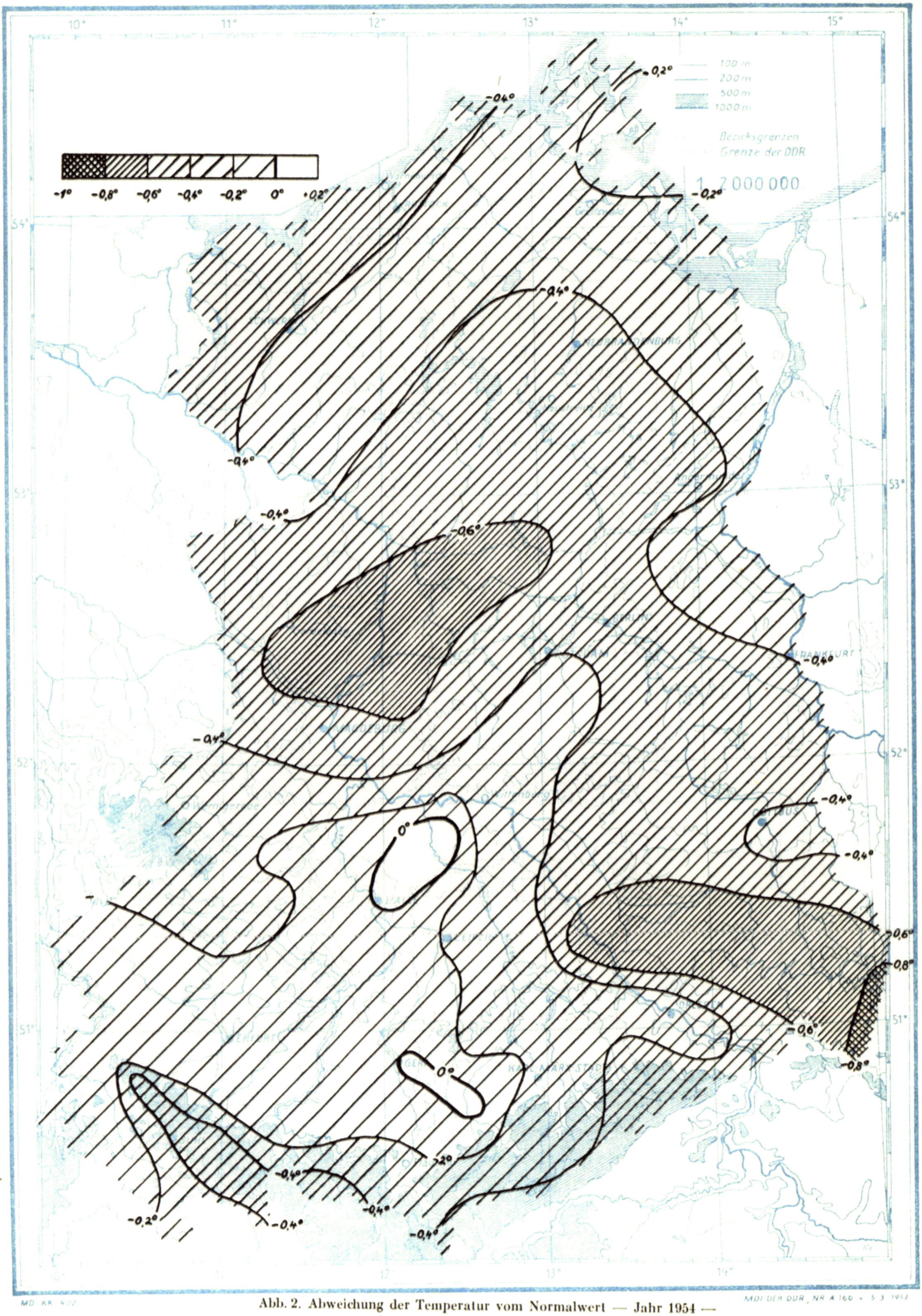

MD. KK. 402

Abb. 2. Abweichung der Temperatur vom Normalwert — Jahr 1954 —

MDI DER DDR, NR A 160 v. 5.3.1953

1.13 Niederschlag

Die ungewöhnliche Trockenheit des Abflußjahres 1953 — insgesamt gesehen war dieses Jahr zu warm und zu niederschlagsarm — hielt zunächst auch noch zu Beginn des Jahres 1954 an [7]. Seit Juli 1953 hatten in weiten Gebieten der Deutschen Demokratischen Republik die Monatssummen der Niederschläge nicht mehr den Normalwert erreicht, und auch die beiden ersten Monate des Abflußjahres 1954 (November, Dezember) blieben, obwohl sich der Hochdruckeinfluß nicht mehr so stark wie im Vormonat auswirkte, zu trocken.

Erst Ende Dezember setzten anhaltende und ergiebige Niederschläge ein. Sie gingen auch im Flachland vielfach in Form von Schnee nieder, so daß sich hier fast zur gleichen Zeit wie im Bergland eine meist geschlossene Schneedecke bilden konnte. Auch im Januar hielt die Niederschlagstätigkeit an, doch gingen die Niederschläge ab 10. im Flachland bereits wieder in Regen über, so daß die Schneedecke hier rasch zum Abschmelzen kam. In Abbildung 3 ist die Situation vom 1. 2. 1954 dargestellt.

Von Ende Januar bis März einschließlich war die Niederschlagstätigkeit nur unbedeutend. Im April fielen dann in größeren Gebieten der Republik wieder ausreichende Niederschläge, wobei sich als Folge der ausgesprochen kalten Witterung am 6. sowie in der Zeit vom 16. bis 19. (Osterfeiertage) im Gebirgsvorland vorübergehend eine Neuschneedecke bildete und in den Kammlagen der Gebirge die Mächtigkeit der bis zum Ende des Vormonats stark zurückgegangenen Schneedecke wieder beträchtlich zunahm (Erzgebirge: Schneehöhen bis 120 cm). Am Monatsende konnten nur noch in größeren Höhen oberhalb 1000 m — allerdings unbedeutende — Schneereste festgestellt werden. In den folgenden Monaten (bis Ende Juni) kam es zwar verschiedentlich zu Gewitterregen; der immer mehr spürbare Niederschlagsmangel, bedingt jetzt auch durch die bei höheren Temperaturen gesteigerte Verdunstung und Transpiration, konnte dadurch jedoch nur örtlich gemildert werden.

Die letzten vier Monate des Abflußjahres (Juli bis Oktober) zeichneten sich durch besonders rege Niederschlagstätigkeit aus. Schon Anfang Juli löste eine den mitteleuropäischen Raum streifende Mittelmeerstörung in der Lausitz ergiebige Regenfälle aus, denen dann in der Zeit vom 7. bis 14. im gesamten mitteleuropäischen Raum die anhaltenden und außerordentlich starken Niederschläge folgten, die zu den in diesen und anderen Arbeiten beschriebenen Hochwassererscheinungen führten. Im Vorland der sächsischen Mittelgebirge gab es, das sei hier nur kurz erwähnt, während des ganzen Monats kaum einen niederschlagsfreien Tag. Erst Mitte Oktober, und dann auch nur vorübergehend, wurde diese rege Niederschlagstätigkeit wieder unterbrochen. Der Normalwert der Monatssumme des Niederschlags wurde während dieser Zeit vielfach überschritten (s. auch Tabelle 1).

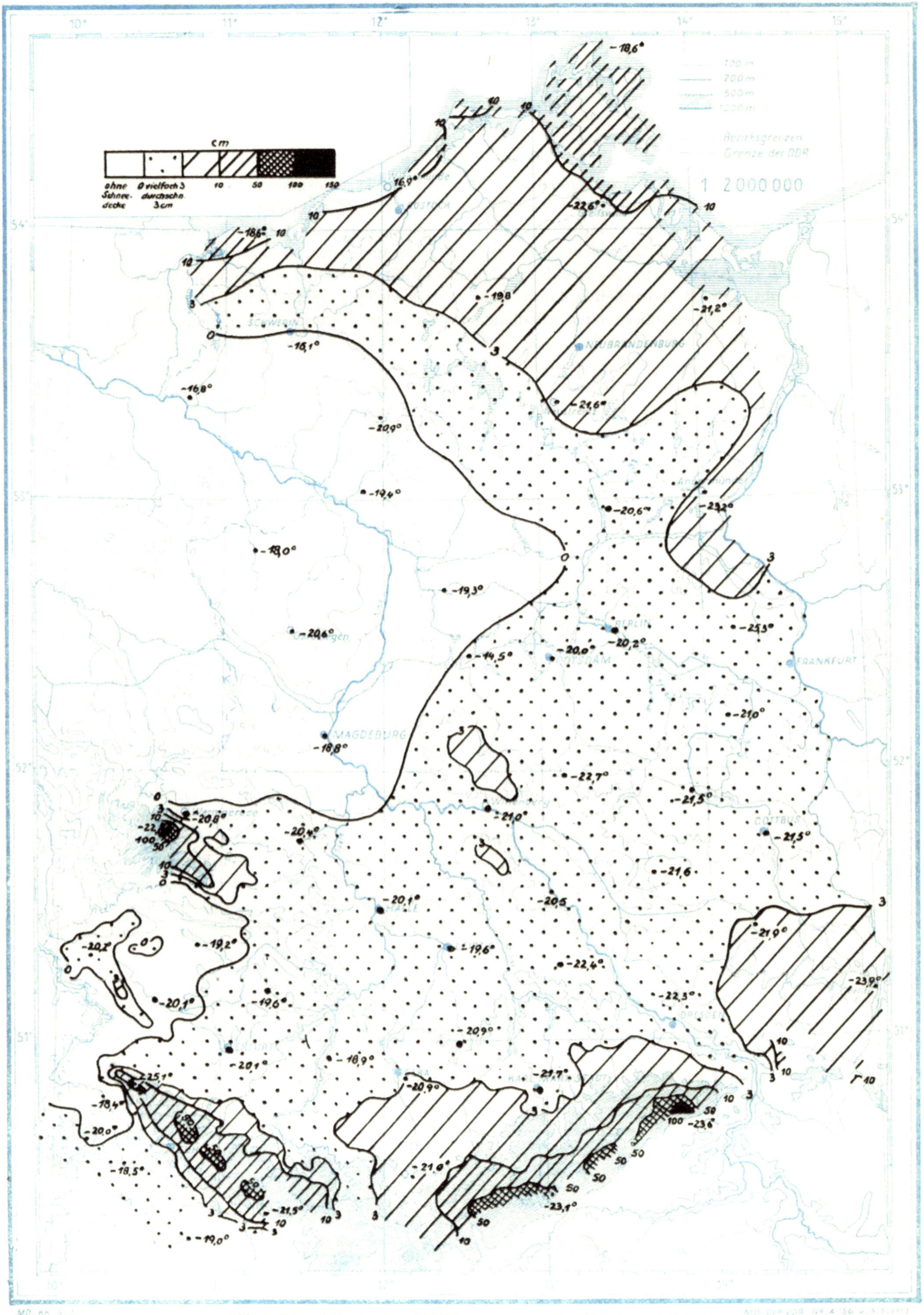

Abb. 3. Schneehöhe (cm) und Tiefsttemperaturen (2 m Höhe) am 1. 2. 1954

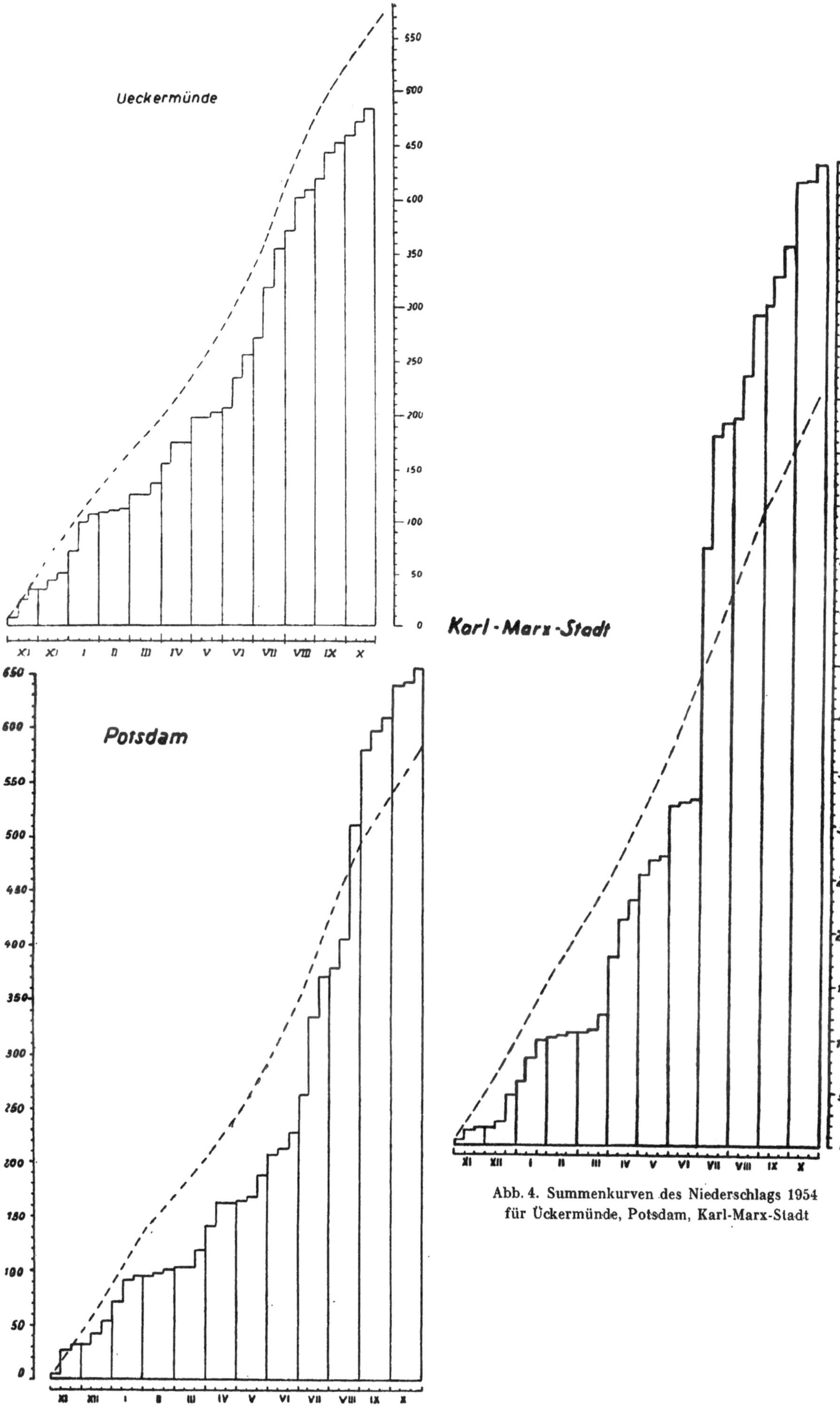

Abb. 4. Summenkurven des Niederschlags 1954
für Ückermünde, Potsdam, Karl-Marx-Stadt

Tabelle 1.

Niederschlag in mm und Prozenten des Normalwertes für das Abflußjahr 1954

Niederschlagsgebiet		Niederschlagsmeßstelle	Seehöhe m	November		Dezember		Januar		Februar		März		April	
				Summe mm	% des Normalwertes	Summe mm	% des Normalwertes	Summe mm	% des Normalwertes	Summe mm	% des Normalwertes	Summe mm	% des Normalwertes	Summe mm	% des Normalwertes
Weser	Werra	Schleusingen	384	(8)	13	(40)	57	103	145	36	67	25	50	59	114
		Schmiedefeld	710	7	7	50	39	118	98	48	51	50	56	72	84
		Inselsberg	914	9	9	41	34	111	102	48	52	39	43	115	121
		Kaltennordheim	487	4	7	21	31	76	117	27	50	33	62	83	151
		Gotha	335	3	9	16	44	52	149	19	68	16	48	47	104
		Kalteneber	445	6	12	29	47	65	120	31	65	25	54	36	67
Elbe	Obere Elbe	Hinterhermsdorf	380	20	34	42	61	90	132	11	20	25	47	123	224
		Geisingberg	823	25	39	36	46	80	80	10	11	23	21	127	138
		Wahnsdorf	246	15	36	19	38	34	89	6	19	22	67	97	231
		Collmberg	314	20	48	28	64	61	142	14	40	31	82	81	184
		Torgau	80	18	49	21	51	30	77	15	48	14	41	60	154
	Schwarze Elster	Kamenz	270	15	31	24	46	40	77	12	29	21	46	89	165
		Hoyerswerda	135	17	41	17	35	55	111	15	42	14	32	74	151
		Großenhain	116	16	40	20	44	37	92	9	30	17	45	76	177
		Bad Liebenwerda	86	16	42	18	41	42	107	12	40	15	41	58	138
		Finsterwalde	108	14	35	12	25	39	91	19	54	14	35	65	155
		Herzberg	84	21	58	14	33	33	85	14	47	19	53	61	139
	Mulde	Schwarzenberg	518	12	29	20	44	96	157	4	9	32	56	128	206
		Zwickau	267	6	15	17	42	66	150	8	25	15	38	86	172
		Karl-Marx-Stadt	356	16	35	32	62	51	89	7	16	16	32	108	193
		Fichtelberg	1213	22	33	41	57	68	82	33	53	66	82	194	240
		Annaberg	610	18	36	41	72	107	173	8	17	35	64	145	238
		Reitzenhain	760	32	48	37	48	121	151	7	11	36	47	130	176
		Freiberg	380	20	39	36	63	76	131	10	21	16	31	127	219
		Döbeln	201	15	33	30	61	33	67	9	24	14	33	77	164
		Eilenburg	98	20	49	22	50	36	82	18	55	18	50	71	165
		Bitterfeld	80	18	50	21	57	32	84	8	28	17	53	50	132
Saale	Obere Saale	Lobenstein	513	1	2	15	24	70	125	32	64	18	35	89	159
		Schleiz	460	3	8	13	33	64	156	7	23	21	53	70	140
		Spechtsbrunn	670	(5)	(5)	(20)	(35)	126	(120)	48	(60)	54	(55)	93	(110)
		Saalfeld	255	2	6	11	37	51	165	14	58	18	56	54	129
		Jena	155	1	3	17	49	42	111	12	41	8	22	51	116
		Gehren	470	6	11	12	18	68	113	40	45	24	43	79	116
		Weimar	264	3	9	15	42	46	131	16	55	17	50	48	112
		Bad Kösen	136	4	11	17	50	42	117	29	104	8	22	49	117
	Unstrut	Eigenrieden	480	7	13	41	62	80	133	29	54	25	45	48	83
		Langensalza	190	5	14	17	46	36	112	17	59	9	26	29	76
		Friedrichroda	450	4	6	25	29	69	83	48	74	34	48	76	106
		Oberhof	813	7	7	46	39	104	99	43	48	57	66	109	119
		Erfurt	254	6	19	19	63	52	168	20	87	12	40	54	135
		Kölleda	145	5	18	25	83	30	103	17	71	6	21	43	116
		Ebeleben	258	6	16	20	44	35	88	13	39	14	39	43	105
		Worbis	330	20	42	93	172	(39)	75	51	119	8	16	21	39
		Sondershausen	186	6	15	23	50	38	90	20	59	14	37	37	84

Mai		Juni		Juli		August		September		Oktober		Abflußjahr 1954			
Summe mm	% des Normalwertes	Summe mm	% des Normalwertes	Summe mm	% des Normalwertes	Summe mm	% des Normalwertes	Summe mm	% des Normalwertes	Summe mm	% des Normalwertes	Summe mm	% des Normalwertes	höchste Tagessumme mm	Tag der Messung
35	58	61	91	108	137	103	126	88	142	77	124	743	96	27,2	21. 1.
56	67	87	93	180	175	145	127	130	131	132	127	1025	84	42,8	1. 10.
79	89	58	56	184	156	137	113	113	106	114	106	1048	84	33,9	30. 5.
59	92	28	41	114	134	88	113	104	165	79	124	716	93	21,1	7. 8.
46	81	41	64	102	136	62	100	59	120	53	133	516	91	15,0	23. 3.
54	87	53	82	134	161	73	100	98	178	82	126	686	96	25,6	23. 8.
31	49	42	52	232	247	98	126	85	139	85	144	884	100	67,3	23. 8.
52	53	38	49	304	350	98	138	92	156	78	126	963	96	61,6	9. 7.
29	58	29	46	274	342	129	208	39	78	57	136	750	113	62,2	23. 8.
16	30	21	35	227	281	136	224	35	71	74	161	744	125	58,5	23. 8.
27	55	30	57	195	267	110	196	83	189	66	157	669	124	54,0	9. 9.
29	48	40	53	250	272	142	171	53	95	51	96	766	97	70,3	9. 7.
30	51	20	27	220	244	92	121	40	78	50	102	644	97	50,9	2. 7.
16	27	31	54	215	262	139	221	35	73	51	109	662	101	65,0	23. 8.
32	63	38	61	177	233	140	242	18	38	59	131	625	110	57,3	23. 8.
16	31	23	38	191	205	118	184	22	44	46	98	579	97	42,7	23. 8.
17	34	28	54	232	298	143	251	39	86	61	153	682	124	47,3	9. 7.
48	58	57	66	390	415	91	104	80	123	81	169	1039	132	77,2	9. 7.
49	74	43	56	339	399	93	119	49	92	47	100	818	113	99,1	10. 7.
40	63	54	75	354	437	100	130	65	116	75	144	918	120	73,3	10. 7.
52	55	61	56	329	284	94	84	102	121	105	136	1167	115	60,9	10. 7.
61	77	51	59	341	383	94	109	57	89	95	173	1053	119	79,2	10. 7.
59	66	49	51	300	251	104	101	70	92	87	130	1032	95	59,5	23. 8.
36	51	49	64	300	330	125	158	67	112	79	141	941	112	75,9	9. 7.
26	43	28	41	195	219	107	157	43	86	81	169	658	90	50,7	23. 8.
29	54	34	58	246	308	117	180	35	71	71	145	717	120	53,9	2. 7.
38	79	31	63	132	172	122	214	28	64	61	145	558	106	44,3	23. 8.
48	80	48	63	167	217	100	141	52	88	52	90	692	95	31,4	8. 7.
48	76	60	82	167	217	85	116	38	64	48	104	624	99	25,8	23. 8.
43	(60)	75	(75)	198	(180)	109	(110)	82	(80)	81	(100)	(934)	(82)	30,8	19. 7.
41	70	28	43	131	185	92	156	44	96	37	95	523	99	32,0	26. 8.
35	60	31	49	163	212	76	129	90	173	59	140	585	102	39,7	6. 9.
31	44	96	128	144	192	104	143	75	112	63	94	742	95	49,5	22. 6.
30	55	52	84	137	188	101	168	48	92	54	126	567	102	34,5	23. 8.
32	59	37	65	170	236	100	167	29	64	48	109	565	104	39,1	2. 7.
43	62	37	54	164	183	83	105	118	185	107	153	782	99	39,5	12. 7.
24	45	35	65	111	159	57	99	58	126	46	100	444	83	24,4	12. 7.
56	76	53	67	153	174	91	106	88	117	87	112	787	85	40,3	18. 7.
74	86	88	88	249	214	142	121	154	148	173	165	1246	103	76,8	1. 10.
30	58	45	78	111	159	74	130	43	91	47	115	513	100	19,6	7. 6.
29	58	40	74	122	172	91	162	37	77	54	129	499	100	31,1	23. 8.
39	75	23	43	98	138	72	116	56	112	60	113	479	83	21,3	23. 8.
30	53	84	127	54	68	67	93	29	54	37	63	533	77	20,0	1. 8.
40	80	25	49	94	140	73	128	53	113	67	143	490	87	19,3	23. 8.

Fortsetzung: Tabelle 1

Niederschlagsgebiet			Niederschlagsmeßstelle	Seehöhe m	November Summe mm	November % des Normalwertes	Dezember Summe mm	Dezember % des Normalwertes	Januar Summe mm	Januar % des Normalwertes	Februar Summe mm	Februar % des Normalwertes	März Summe mm	März % des Normalwertes	April Summe mm	April % des Normalwertes
Elbe	Saale	Unstrut	Großwechsungen	195	12	30	36	68	33	65	19	47	25	66	29	63
			Sülzhayn	314	24	36	52	57	68	79	32	48	36	63	64	118
			Kelbra	155	4	13	26	72	21	64	11	44	8	29	27	80
			Sangerhausen	190	4	12	28	78	32	89	10	37	14	48	33	87
			Laucha	113	6	(15)	17	(65)	20	(75)	19	(80)	10	(40)	40	(110)
		Weiße Elster	Bad Elster	510	4	8	18	33	91	169	9	21	22	43	109	176
			Plauen	407	2	6	12	32	44	116	6	19	12	35	65	130
			Vogelsgrün	708	10	20	24	42	74	123	4	8	28	52	110	162
			Zeulenroda	432	3	8	22	56	55	134	10	33	20	50	79	165
			Gera	300	4	11	18	49	54	146	11	38	7	18	61	142
			Zeitz	200	6	17	22	62	29	78	10	34	6	16	50	114
			Ebersbrunn	430	5	(15)	19	(50)	60	(150)	10	(25)	14	(35)	87	(165)
			Trünzig	330	5	14	15	42	74	206	12	40	16	41	74	148
			Altenburg	224	9	26	19	56	47	138	10	40	11	34	70	175
			Geithain	237	19	50	35	83	67	159	15	48	18	46	99	202
			Leipzig	141	15	42	22	58	42	117	18	60	18	49	62	148
		Untere Saale	Weißenfels	114	6	18	16	53	29	100	21	88	13	42	51	131
			Halle-Kröllwitz	111	11	39	20	64	24	77	8	32	13	45	34	97
			Eisleben	168	5	17	23	66	28	80	13	52	12	39	32	82
			Hayn	435	6	19	36	62	55	86	38	68	20	39	42	81
			Aschersleben	141	12	43	33	103	23	68	6	26	12	41	20	49
			Bernburg	75	9	30	25	80	25	81	7	29	19	66	29	80
		Bode	Brocken	1142	29	23	53	32	194	104	41	27	42	26	82	66
			Wietfeld	540	23	(30)	55	(45)	103	(90)	38	(48)	42	(50)	80	(85)
			Allrode	435	7	13	29	53	62	119	34	87	15	31	52	96
			Blankenburg	200	8	19	26	59	50	114	19	58	13	33	47	100
			Quedlinburg	123	9	30	24	80	26	81	7	28	7	23	34	85
			Wernigerode	234	8	17	25	49	59	118	18	47	16	33	44	88
			Halberstadt	130	12	36	29	85	37	109	8	29	14	42	32	82
			Harzgerode	399	7	16	32	66	49	104	30	86	14	32	52	102
			Klein-Wanzleben	122	18	50	26	70	34	87	6	19	19	56	38	103
			Hecklingen	72	9	(30)	25	(80)	18	(75)	6	(25)	14	(50)	18	(50)
	Mittlere Elbe		Zerbst	71	15	42	20	50	28	74	7	23	17	50	38	100
			Magdeburg	79	15	42	30	77	35	95	9	31	19	58	34	94
			Haldensleben	53	22	58	17	40	28	70	15	47	26	72	44	119
			Krüssau	50	16	42	18	44	36	95	12	39	11	31	43	110
			Arneburg-Bürs	55	22	63	18	44	(25)	(70)	15	52	32	94	49	136
			Gardelegen	47	26	65	22	46	29	63	18	51	31	78	46	121
			Wittenberge	24	21	52	16	32	38	79	8	22	23	53	54	132
			Salzwedel	25	22	52	14	29	32	67	10	27	22	50	48	126
	Havel	Spree	Sohland	300	8	16	19	34	60	122	9	20	18	39	117	202
			Großpostwitz	232	(10)	(25)	(30)	(45)	49	(100)	12	(25)	14	(40)	113	(210)
			Königshain	255	27	63	22	45	52	111	11	28	24	52	107	203
			Spremberg	132	22	52	20	42	42	93	16	46	19	46	58	135
			Cottbus	73	24	62	21	49	28	68	14	44	20	54	54	138

Mai		Juni		Juli		August		September		Oktober		Abflußjahr 1954			
Summe mm	% des Normalwertes	Summe mm	% des Normalwertes	Summe mm	% des Normalwertes	Summe mm	% des Normalwertes	Summe mm	% des Normalwertes	Summe mm	% des Normalwertes	Summe mm	% des Normalwertes	höchste Tages-summe mm	Tag der Messung
36	75	39	74	79	110	56	89	54	108	64	130	482	80	16,0	1. 10.
39	68	44	71	158	176	99	138	102	162	106	143	824	98	29,1	1. 10.
28	60	27	56	72	111	73	130	29	71	63	150	389	79	25,5	23. 8.
28	60	42	89	93	129	86	156	29	67	57	124	456	90	25,8	23. 8.
36	(60)	33	(60)	159	(200)	75	(155)	62	(120)	50	(120)	527	(92)	40,8	9. 9.
69	93	49	62	277	326	101	122	79	136	62	111	890	107	54,0	11. 7.
42	67	40	58	246	316	142	192	36	72	44	100	691	102	81,2	10. 7.
69	82	53	57	447	426	111	109	65	79	71	122	1066	126	142,1	10. 7.
60	102	48	64	251	302	112	158	40	71	47	112	747	120	56,7	10. 7.
37	62	45	68	236	315	105	169	44	86	54	129	676	117	50,3	10. 7.
44	76	53	83	202	252	86	137	29	63	42	93	579	101	47,3	2. 7.
48	(70)	48	(60)	366	(400)	128	(125)	42	(90)	50	(95)	877	(107)	119,8	10. 7.
50	79	59	87	301	372	129	185	45	90	44	105	781	137	72,3	10. 7.
44	85	46	77	328	415	112	170	54	117	64	152	724	150	72,9	10. 7.
38	67	(36)	(52)	313	352	107	165	50	104	86	196	847	139	60,5	10. 7.
36	67	46	77	212	279	104	173	39	89	67	149	681	110	35,3	23. 8.
39	74	46	77	184	233	108	196	44	100	40	107	597	115	43,1	23. 8.
47	100	48	96	127	176	116	207	26	58	53	143	527	107	35,2	23. 8.
26	55	57	127	110	167	83	154	25	60	45	107	459	94	37,1	7. 6.
27	48	40	69	129	172	111	154	79	136	71	118	654	92	34,2	23. 8.
32	67	62	124	88	126	86	141	25	56	53	126	452	90	33,1	23. 8.
23	55	40	87	97	147	91	166	23	55	59	160	447	95	34,7	23. 8.
44	43	87	76	276	188	143	96	163	120	128	112	1282	77	56,1	18. 7.
44	(65)	51	(75)	180	(200)	102	(95)	129	(150)	111	(130)	958	(89)	33,4	18. 7.
33	60	38	64	134	172	94	147	89	156	64	110	651	97	34,9	9. 9.
47	89	73	124	99	134	86	139	58	116	67	126	593	99	32,2	12. 7.
40	82	68	126	80	110	69	113	64	139	54	129	482	84	21,1	22. 6.
33	57	59	88	92	111	78	118	72	129	62	102	566	87	30,7	22. 6.
47	100	42	81	86	119	92	148	58	123	63	143	520	99	24,9	12. 7.
29	53	52	94	105	148	91	150	66	127	60	111	587	95	24,3	23. 8.
51	119	58	126	123	171	97	162	122	254	79	184	671	127	35,1	12. 7.
28	(65)	63	(110)	78	(135)	84	(130)	74	(120)	45	(140)	462	(84)	44,6	9. 9.
37	82	56	104	178	240	125	202	40	80	77	175	631	116	55,0	12. 7.
34	81	38	81	136	200	104	186	47	110	75	178	618	122	41,5	12. 7.
39	95	29	50	118	168	83	132	125	278	83	189	629	—	44,7	4. 9.
35	73	71	127	144	197	125	192	43	88	59	131	613	110	40,5	12. 7.
27	64	85	164	198	296	108	172	28	61	56	140	638	114	50,2	2. 6.
40	85	34	68	162	219	98	151	42	86	70	159	618	107	60,8	12. 7.
29	62	63	117	130	181	134	194	35	78	45	98	596	101	35,7	16. 8.
44	92	45	82	135	185	105	152	46	98	48	104	571	96	54,1	12. 7.
14	23	50	66	236	251	78	105	78	156	69	133	756	107	69,5	9. 7.
34	(50)	43	(60)	258	(280)	71	(105)	95	(120)	47	(95)	776	(96)	56,7	9. 7.
62	94	30	42	230	280	74	97	70	130	64	126	773	114	49,4	9. 7.
42	74	27	69	301	372	94	137	38	76	56	124	735	117	86,5	2. 7.
25	46	3	4	216	270	74	116	16	33	41	91	536	91	73,3	2. 7.

Fortsetzung; Tabelle 1

Nieder-schlags-gebiet			Niederschlags-meßstelle	See-höhe m	November		Dezember		Januar		Februar		März		April	
					Summe mm	% des Normalwertes	Summe mm	% des Normalwertes	Summe mm	% des Normalwertes	Summe mm	% des Normalwertes	Summe mm	% des Normalwertes	Summe mm	% des Normalwertes
Elbe	Havel	Spree	Lübben	56	16	42	14	36	20	56	15	58	15	45	45	121
			Lindenberg	106	28	76	19	49	35	95	10	36	17	50	55	157
			Berlin-Lichtenberg	53	(30)	(70)	(30)	(60)	32	70	8	24	13	36	49	114
		Havel	Jüterbog	71	16	44	15	39	34	97	10	36	14	47	53	151
			Potsdam	81	32	78	22	46	41	89	7	22	16	44	44	110
			Brandenburg	30	28	72	16	35	31	74	8	24	18	53	51	138
			Neuruppin	45	(25)	(70)	(15)	(35)	(25)	(50	(15)	(45)	(25)	(65)	(50)	(130)
Küstengebiet der Ostsee			Schwerin........	59	21	48	22	39	54	102	17	42	30	65	47	112
			Goldberg........	56	30	70	14	26	52	100	14	38	25	56	49	114
			Warnemünde ...	4	35	78	22	49	57	139	15	58	19	59	40	118
			Tribsees	4	41	89	18	35	81	182	10	30	16	46	41	108
			Teterow	46	31	78	14	29	62	138	8	24	13	33	42	100
			Altentreptow	30	23	59	16	35	57	132	9	30	17	49	48	126
			Woldegk	130	25	57	14	27	37	81	9	26	17	42	48	126
			Battin	40	19	53	18	43	47	115	9	33	25	69	35	100
			Putbus	51	42	86	16	29	54	108	14	41	14	35	30	75
Oder	Lausitzer Neiße		Zittau	245	4	10	21	46	50	114	7	22	14	35	90	180
			Görlitz	237	16	33	18	35	42	88	9	22	24	53	117	221
			Forst	73	28	76	17	40	25	61	16	52	17	46	64	160
			Guben..........	46	29	68	18	37	31	71	17	53	12	31	65	162
	Oder		Frankfurt	53	26	70	14	33	30	75	13	42	17	50	55	157
			Müncheberg	62	23	60	17	38	32	78	8	26	21	60	44	122
			Angermünde	48	16	42	18	39	45	107	17	57	22	63	58	171

Die Jahressumme des Niederschlags lag im Flachland, abgesehen vom Unterlauf der Saale, von der mittleren und unteren Unstrut (Goldene Aue, innerthüringisches Becken) sowie einem schmalen Gebiet längs der unteren Oder und der Peene, durchweg über 600 mm. Am Fläming und im Gebiet der unteren Elbe (Westmecklenburg) stieg sie als Folge der starken Niederschläge des Juli auf 800 mm, stellenweise sogar auf 900 mm an. Im Einzugsgebiet der Mulde und — weiter östlich — im Gebiet der Schwarzen Elster, im Oberlauf der Spree sowie im Gebiet der Lausitzer Neiße war ein rascher Anstieg von 700 mm im Unterlauf der genannten Flüsse bis 1000 mm in den Quellgebieten zu verzeichnen. In den höheren Lagen der sächsischen Mittelgebirge wurden verbreitet sogar 1200 bis 1400 mm als Jahressummen gemessen. Im Oberharz (Quellgebiet der Bode) und in den Kammlagen des Thüringer Waldes lagen die Verhältnisse ähnlich. Die Summenkurve des Niederschlags ist für einige repräsentative Stationen in Abbildung 4 dargestellt.

Mit diesen Summen war das Abflußjahr 1954 für große Teile der Republik zu niederschlagsreich. In den Zentren der Niederschläge des Juli betrug die Jahressumme 140 bis 160 Prozent des Normalwertes; für die Jahressumme des Niederschlags eine außerordentlich große Abweichung. Die Verteilung des Niederschlags in Prozenten des Normalwertes — Jahr 1954 — zeigt Abbildung 5.

Die große Abweichung der Jahressumme des Niederschlags vom Normalwert erklärt sich vor allem auch aus der großen Zahl der Tage mit Niederschlag (mindestens 0,1 mm), die

Mai		Juni		Juli		August		September		Oktober		Abflußjahr 1954			
Summe mm	% des Normalwertes	Summe mm	% des Normalwertes	Summe mm	% des Normalwertes	Summe mm	% des Normalwertes	Summe mm	% des Normalwertes	Summe mm	% des Normalwertes	Summe mm	% des Normalwertes	höchste Tagessumme mm	Tag der Messung
18	39	12	23	201	293	105	194	20	49	48	113	529	103	45,5	2. 7.
28	67	15	26	202	259	92	151	32	76	62	144	595	111	58,7	2. 7.
29	57	55	98	125	164	97	162	79	165	55	128	(602)	(97)	23,8	23. 8./7. 10.
19	38	51	96	182	249	116	227	25	53	55	141	590	115	47,0	12. 7.
26	51	40	69	145	179	138	228	100	208	47	109	658	112	54,2	4. 9.
16	30	30	57	147	204	122	203	53	118	53	126	573	103	45,7	23. 8.
24	55	29	53	91	117	128	203	66	147	63	143	(556)	(93)	39,7	20. 8.
13	30	30	57	113	155	152	220	45	86	61	115	605	97	39,2	24. 8.
9	22	64	107	102	123	92	128	57	122	56	104	564	89	29,2	22. 6.
10	26	36	70	106	161	138	226	57	132	80	176	615	116	36,6	20. 8.
13	27	53	95	109	143	84	124	49	92	75	139	590	98	23,7	17. 1.
13	26	39	70	115	149	168	240	57	130	86	179	648	109	65,1	15. 8.
15	32	77	148	89	105	—	—	38	72	46	102	435	87	52,8	22. 6.
29	63	45	79	99	116	82	109	78	144	47	102	530	—	27,0	27. 8.
39	83	31	61	93	131	71	118	39	80	36	86	462	86	18,8	20. 8.
17	36	51	100	121	153	92	119	61	109	56	102	568	90	32,5	15. 8.
43	68	60	83	162	193	66	90	65	123	64	133	646	90	38,9	23. 8.
71	101	49	64	236	262	74	95	48	89	54	104	758	107	54,0	10. 7.
37	64	20	27	174	218	71	109	23	49	50	111	497	96	39,9	9. 7.
55	102	26	38	141	183	84	135	14	29	(62)	138	554	92	31,5	15. 8.
31	70	20	35	154	214	72	129	61	113	61	149	554	103	31,7	7. 10.
26	55	23	39	130	173	62	113	28	64	63	162	477	88	34,5	7. 10.
27	56	24	45	112	144	76	133	37	82	54	129	506	93	25,3	20. 8.

im Norden der Republik sowie im Vorland der sächsischen Mittelgebirge zwischen 180 und 210, in den Mittelgebirgen selbst sogar bis 260 anstieg. Der Normalwert wurde damit bis zu 40 Tagen überschritten. Bemerkenswert in diesem Zusammenhang ist noch, daß der Juli, der normalerweise als gewitterreichster Monat anzusehen ist, ausgesprochen gewitterarm blieb; die Zahl der Gewitter im August und September dagegen war sehr groß.

Die höchste Tagessumme des Niederschlags wurde vorwiegend im Juli bzw. August, gebietsweise auch in anderen Monaten der zweiten Jahreshälfte und nur vereinzelt in der ersten Hälfte des Jahres beobachtet. Als häufigste Daten der Messung heben sich der 23. August, im Vorland der sächsischen Mittelgebirge der 9. oder 10. Juli und in der Lausitz der 2. Juli hervor. Verbreitet erreichte die höchste Tagessumme mehr als 50 mm, beim Hochwasserregen im Juli gebietsweise sogar mehr als 100 mm.

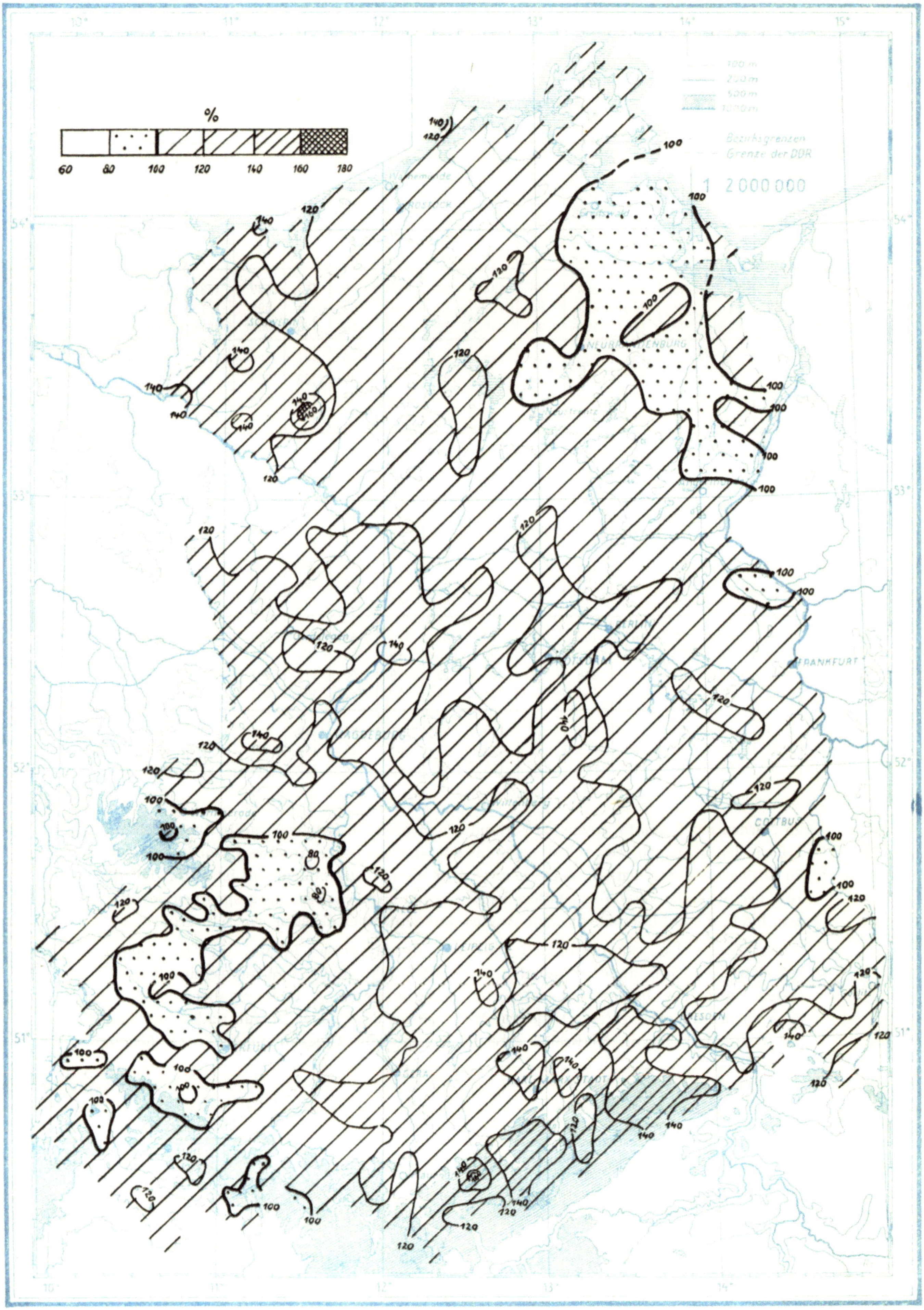

Abb. 5. Verteilung des Niederschlags in Prozenten des Normalwertes — Jahr 1954 —

1.2 Hydrologische Verhältnisse

1.21 Oberirdische Gewässer

Während des weitaus größten Teiles des Abflußjahres 1954 bewegten sich die Wasserstände in allen Strom- und Flußgebieten der Deutschen Demokratischen Republik unter der Höhe des Mittelwassers (MW) der Reihe 1941—1950. Wie die in Abbildung 6 für einige Pegel dargestellten charakteristischen Wasserstandsganglinien erkennen lassen, wurde im Winterhalbjahr wie in den letzten Monaten des vorangegangenen Sommerhalbjahres 1953 das langjährige MW an allen Pegeln nur vorübergehend und in geringem Ausmaß überschritten. Ein im Januar in der Oder zu verzeichnender plötzlicher Anstieg der Wasserstände (Pegel Frankfurt) war auf einen stromaufwärts wachsenden Eisstand zurückzuführen. Mit Aufbruch des Eises ging der Wasserstand rasch wieder auf seine ursprüngliche Höhe zurück.

Das normalerweise im März zu erwartende Frühjahrshochwasser der norddeutschen Ströme blieb infolge der anhaltenden Trockenheit entweder ganz aus oder wurde nur durch ein relativ geringes Ansteigen der Wasserstände angedeutet. Erst die im April einsetzenden Niederschläge und die nunmehr in den Mittelgebirgen beginnenden Schneeschmelzen führten zu einem stärkeren Anschwellen der Ströme und Flüsse, namentlich in der Mulde, in der zwei Wellen mit einer Scheitelhöhe von 111 bzw. 117 cm über dem langjährigen MW (Jahr) auftraten. Ganz allgemein aber waren in den Monaten November bis März die negativen Abweichungen der Wasserstände von MW an allen Pegeln so groß, daß sich für das Winterhalbjahr auffallend tiefe Mittelwerte ergaben. So lag z. B. am Pegel Wittenberge/Elbe das Mittel des Winterhalbjahres 169 cm unter dem Mittel der langjährigen Reihe (1941/1950). Auch die Nebenflüsse der Elbe zeigten — wenn auch nicht so beträchtlich — recht große negative Abweichungen. Die gleichen Erscheinungen wurden im Stromgebiet der Oder und im Gebiet der Werra beobachtet.

Die Trockenheit zu Beginn des Sommerhalbjahres führte zu einem weiteren Absinken der Wasserstände; bereits im Mai wurde an allen Pegeln MW (Jahr) wieder unterschritten. Bis Ende Juni bzw. Anfang Juli sanken die Wasserstände weiterhin ab und erreichten stellenweise sogar NNW. Es entstand damit eine recht bedenkliche Situation, die, wie BOLLMANN in einem Ausblick auf das Jahr 1954 zum Ausdruck brachte, durchaus zu Befürchtungen Anlaß gab [7]. Ganz abgesehen davon, daß die Schiffahrt bei den niedrigen Wasserständen fast zum Erliegen kam, entstand im Grundwasser bei der langanhaltenden Trockenheit als Folge der laufenden Abgabe an die oberirdischen Gewässer ein erhebliches Defizit. Ein Wassermangel wurde bereits in erheblichem Umfange spürbar.

Erst die starken und anhaltenden Niederschläge im Juli führten zu einem Wiederanstieg der Wasserstände und zur Entwicklung eines Hochwassers im Einzugsgebiet der Elbe. Davon betroffen wurden vor allem der Elbstrom und seine Nebenflüsse, insbesondere aber die Mulde, die Weiße Elster und die untere Saale. Vielfach traten hier die höchsten bisher beobachteten Wasserstände auf. Im Odergebiet allerdings kam nur ein mittleres Hochwasser zum Abfluß. Havel, Unstrut und Werra hatten überhaupt kein Hochwasser, sondern wiesen nur unbedeutende Schwankungen auf. Nach Durchgang der Hochwasserwellen folgte allenthalben wieder ein sehr schnelles Absinken der Wasserstände. Am Pegel Dresden wurde bereits Ende Juli, an den übrigen Pegeln in der ersten Hälfte August das langjährige MW (Jahr) unterschritten. Während die Wasserstände der Oder weiterhin zurückgingen und sich im Oktober etwa bei MNW bewegten, bewirkten im Gebiet der Elbe die starken Gewitterregen im August eine erneute Anschwellung. Eine sehr spitze Welle durchlief die Mulde, deren Wasserstand am Pegel Düben innerhalb 24 Stunden um 209 cm anstieg. Das Absinken der Wasserstände erfolgte jedoch nahezu ebenso schnell wie der Anstieg. Im September lagen die Wasserstände aber in allen Flußgebieten wieder

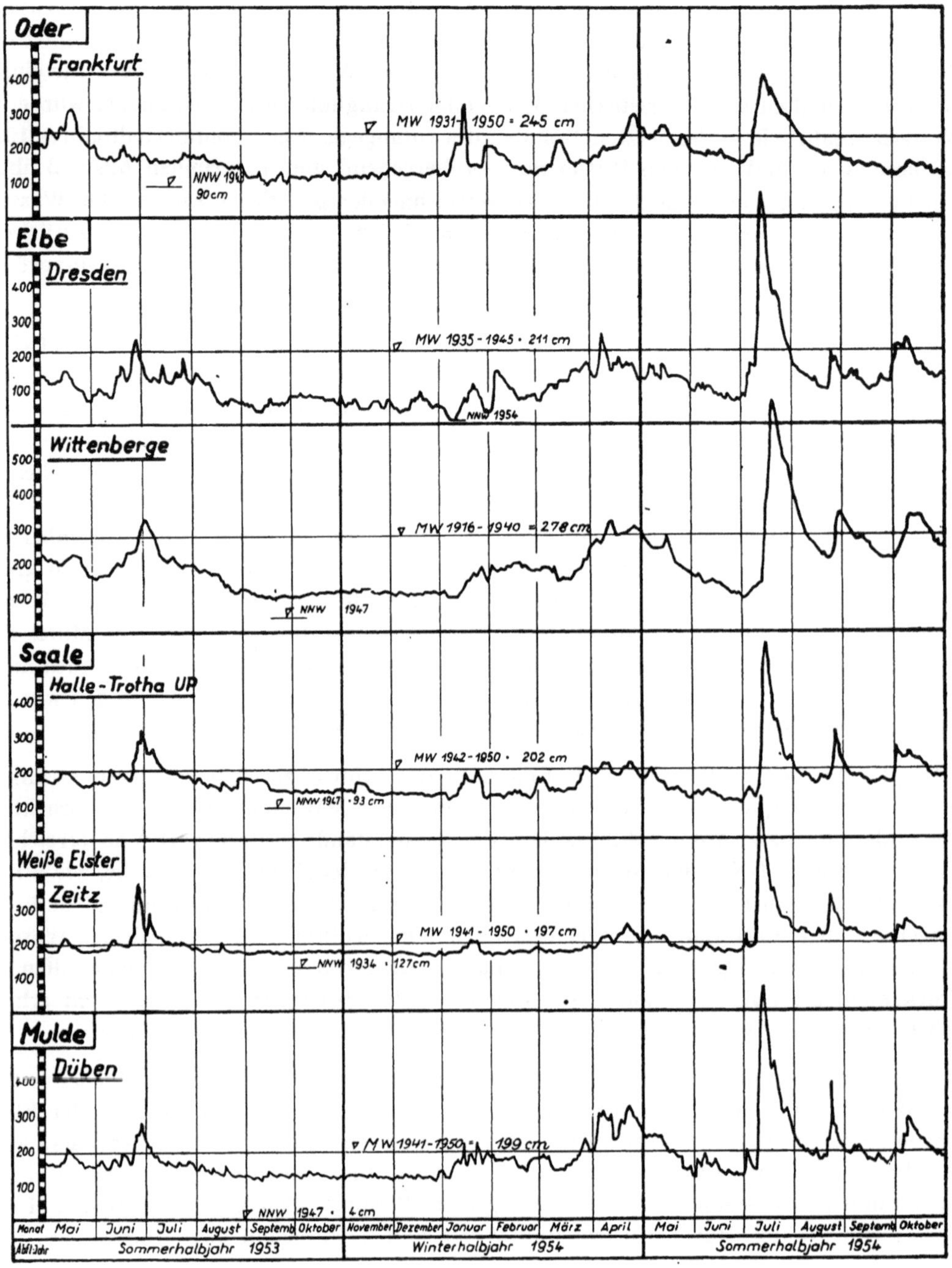

Abb. 6. Charakteristische Wasserstandsganglinien des Abflußjahres 1954

unter dem langjährigen MW (Jahr). Das übliche Minimum im September war allerdings infolge der reichlichen Niederschläge im Einzugsgebiet der Elbe nicht so ausgeprägt wie in anderen Jahren.

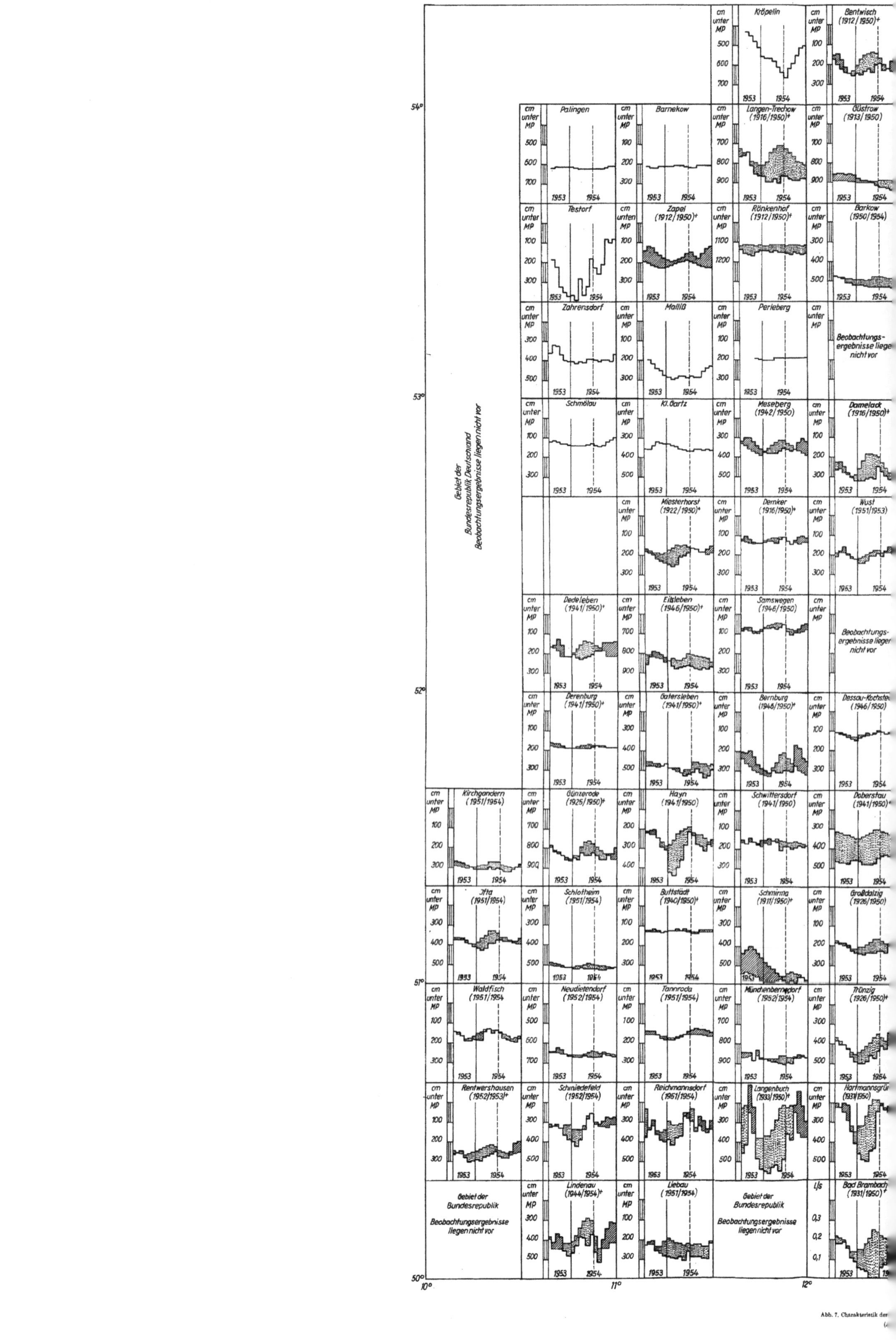

Abb. 7. Charakteristik der

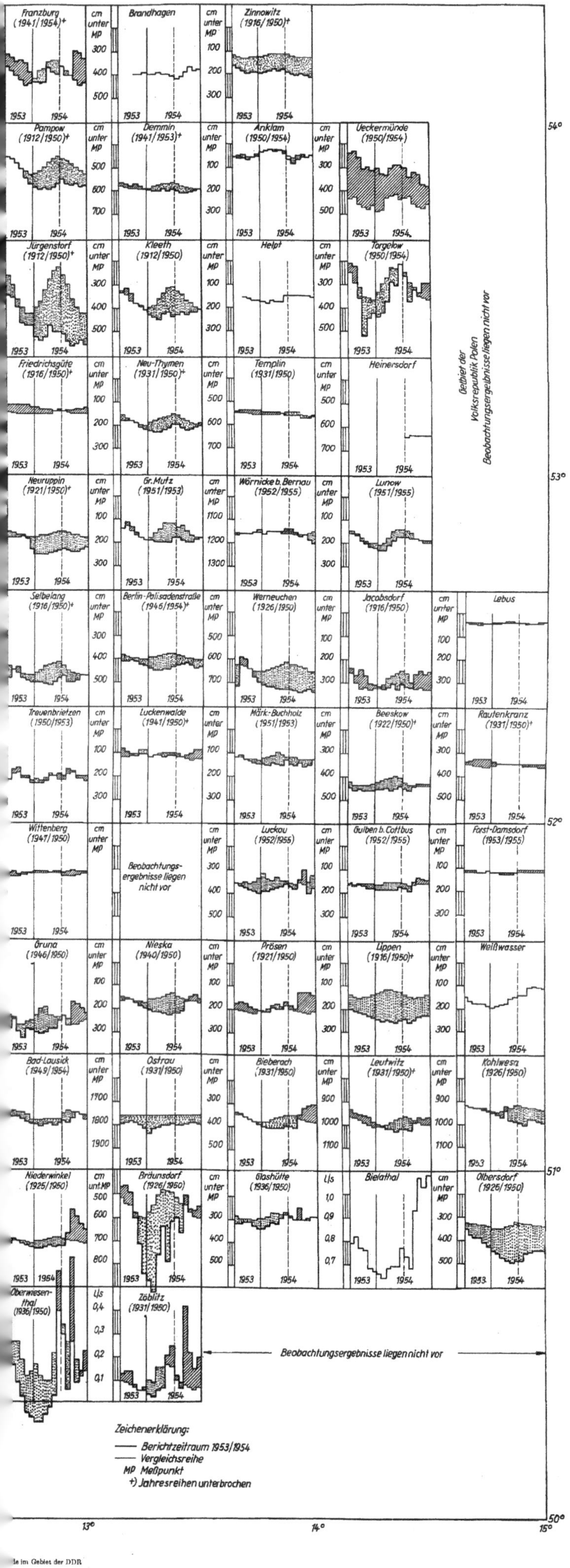

le im Gebiet der DDR

Die ergiebigen Niederschläge während der ersten Oktoberwoche brachten wieder einen stärkeren Anstieg im gesamten Elbegebiet, erstmalig aber auch einen Anstieg im Gebiet der Werra.

Ein Vergleich der mittleren Wasserstände des Sommerhalbjahres für das Gebiet der Elbe zeigt mit Ausnahme der Unstrut eine positive Abweichung vom langjährigen Mittel. Allerdings sind die positiven Abweichungen viel geringer als die negativen des Winterhalbjahres, und demzufolge liegt auch MW 1954 wesentlich unter dem langjährigen Mittelwert. Diese Feststellung trifft übrigens auch für die Oder zu, wo sich trotz des Anstiegs im Juli auch für das Sommerhalbjahr negative Abweichungen vom langjährigen Mittel ergaben. Insgesamt gesehen war also trotz des Julihochwassers und der nachfolgenden niederschlagsreicheren Sommermonate das Abflußjahr 1954 ein Jahr mit unternormaler Wasserführung. Diese Tatsache fällt umsomehr ins Gewicht, als die Anreicherung des Grundwassers aus der Hochwasserwelle im Elbtal nur etwa 12,8% und der Rückhalt in den Talsperren — von GOLF mit 109,2 hm^3 angegeben — nicht mehr als 3,3% betrugen [9].

1.22 Grundwasser

Der Gang der Grundwasserstände im Verlauf des Abflußjahres 1954 war weitgehend gekennzeichnet durch die seit etwa August des Vorjahres anhaltende Trockenheit. Bis zum Einsetzen der starken Niederschläge im Juli war verbreitet ein stetig absinkender Grundwasserspiegel zu beobachten. Die Flußläufe wurden während der ganzen Zeit fast ausschließlich aus dem Grundwasser gespeist und die Grundwasserspeicherräume weitgehendst entleert. Die normalerweise für die Auffüllung des Grundwasserhaushaltes maßgebenden Winterniederschläge blieben aus, und die mit Ausgang des Winterhalbjahres erstmalig im April wieder fallenden stärkeren Niederschläge brachten meist nur einen geringen Anstieg, so daß das langjährige Mittel weiterhin unterschritten blieb.

Die Trockenheit zu Beginn des Sommerhalbjahres und der erhöhte Wasserbedarf der nunmehr beginnenden Vegetation führten zu einem weiteren Absinken des Grundwasserspiegels, und Ende Juni bzw. Anfang Juli war verbreitet der tiefste Grundwasserstand zu beobachten. Die Starkregenfälle im Juli und August sowie das Hochwasser bewirkten dann zwar in den Talauen und im sandigen Pleistozän ein vorübergehendes Ansteigen der Grundwasserstände über die langjährigen Monatsmittel in diesen und den nachfolgenden Monaten, insgesamt gesehen vermochten sie im Vergleich zu den langjährigen Jahresmitteln aber nicht das entstandene Defizit restlos auszugleichen. Die Anreicherung in den Talauen der Elbe mit 432 hm^3 betrug nur 12,8% des Hochwasserabflusses der Elbe bei Darchau. Daß das Julihochwasser nicht die erwartete Anreicherung des ausgesprochen tief abgesunkenen Grundwassers brachte, war im wesentlichen eine Folge der tiefen Lage des Grundwasserspiegels selbst. Die darüber liegenden Schichten waren sehr lufthaltig, und das Wasser konnte bei der nur allmählich entweichenden Luft nur langsam in den Boden eindringen, so daß der weitaus größere Teil des Hochwassers oberirdisch zum Abfluß kam.

Zusammenfassend läßt sich auch für das Grundwasser feststellen, daß trotz einer gewissen Anreicherung durch die Niederschläge des Sommerhalbjahres die Grundwasserstände noch beträchtlich vom langjährigen Mittel abwichen und das Abflußjahr 1954 wieder mit einem erheblichen Defizit des Grundwasserhaushalts zu Ende ging. In Abbildung 7 sind einige für das Gebiet charakteristische Grundwasserstandsganglinien dargestellt.

2. Meteorologische Ursachen der Hochwassersituation

2.1 Allgemeines zur Entstehung sommerlicher Hochwassersituationen

Sommerhochwasser sind in den Mittelgebirgen und im Tiefland stets auf starke Regenfälle zurückzuführen, die dem Hochwasser zeitlich unmittelbar vorausgehen und im allgemeinen auch während des Hochwassers zumindest anfangs noch anhalten. Im Gegensatz hierzu spielt bei den Winterhochwassern das Abtauen einer Schneedecke, in der die Niederschläge eines dem Hochwasser kürzere oder längere Zeit vorangehenden Zeitraums aufgespeichert sind, eine ausschlaggebende Rolle, wohingegen die Niederschläge unmittelbar vor und während des Hochwassers demgegenüber mehr oder weniger in ihrer Bedeutung zurücktreten.

Ausschlaggebend nun für die Entwicklung einer Hochwassersituation — oder mit anderen Worten gesagt — ausschlaggebend für die Entwicklung gleichzeitig in allen Flußläufen eines größeren Gebietes auftretender Hochfluten sind nicht nur Stärke und Dauer der Niederschläge, sondern vor allem auch ihre räumliche Verteilung. Eine sommerliche Hochwassersituation kann nur durch starke, anhaltende und verbreitete Regenfälle verursacht werden.

So erklärt sich auch, daß die im Gefolge von Gewittern räumlich begrenzt auftretenden außerordentlichen Starkregen zwar zu örtlichen Überschwemmungen, manchmal sogar katastrophalen Ausmaßes, führen können (z. B. Bruchstedt 1950, Apolda 1953 [10] [11]), niemals aber in der Lage sind, eine Hochwassersituation zu entwickeln, wie sie z. B. im südöstlichen Mitteleuropa im Juli 1954 zu verzeichnen war. Selbst die beim Durchzug atlantischer Störungen (Westwetterlagen) niedergehenden, teilweise heftigen Regenfälle vermögen unter normalen Umständen nicht — d. h. wenn infolge erhöhter Wasserführung in den Flußläufen nicht bereits eine hochwasserbedrohliche Situation vorliegt — eine derartige Situation zu schaffen, da sie im allgemeinen an die meist nur schmalen Regengebiete der Wetterfronten gebunden sind und sich mit ihnen relativ schnell verlagern.

Die Voraussetzungen für die Entwicklung einer Hochwassersituation (starke, anhaltende und verbreitete Niederschläge) treten, zumindest im mitteleuropäischen Raum, während der Sommermonate fast nur in Verbindung mit Höhentiefs auf, bei denen warme und feuchtereiche Mittelmeerluft in die zyklonalen Prozesse einbezogen wird. In der Luftdruckverteilung am Boden vielfach nicht zu erkennen, stellen die Höhentiefs in ihrem luftmassenmäßigen Aufbau im allgemeinen Kaltlufttropfen dar, die als fast stationäre, d. h. nahezu ortsfeste Gebilde den sonst für Zyklonen geltenden Steuerungsgesetzen nicht genügen und ferner die Eigenschaft haben, ihre Wetterwirksamkeit rasch und oft wiederholt zu ändern. Ortsbeständigkeit und die ziemlich große räumliche Ausdehnung solcher Höhentiefs bewirken die lange Dauer und das verbreitete Auftreten der mit ihnen verbundenen Niederschläge. Die große Niederschlagsintensität ist auf die Einbeziehung feuchtereicher Mittelmeerluft zurückzuführen.

In vieler Hinsicht ähnlich wirken auch die sogenannten Vb-Störungen, d. h. Tiefdruckgebiete, die sich — durch einen Höhentrog über Mitteleuropa gesteuert — bei allgemein geringen Luftdruckgegensätzen langsam von Oberitalien über Österreich nach Ungarn, Polen und weiter nordwärts zur mittleren Ostsee verlagern und ebenfalls feuchtereiche Subtropikluft aus dem Mittelmeer in die zyklonalen Prozesse einbeziehen. Die niederschlagsbildenden Vorgänge dieser Vb-Zyklonen vermögen ebenfalls weiten Gebieten starke und langanhaltende Niederschläge zu bringen, die an den großen, auf ihrer Bahn liegenden Gebirgszügen durch Stauwirkung in ihrer Intensität noch wesentlich gesteigert werden.

Nach neueren Erkenntnissen setzt sich aber mehr und mehr die Ansicht durch, daß sommerliche Hochwassersituationen auf die in Verbindung mit einem Höhentief auftretenden starken und langanhaltenden Niederschläge zurückzuführen sind, wobei die Frage offen bleiben soll, ob die Vb-Wetterlagen nur Sonderfälle einer Höhentiefwetterlage oder eine selbständige Wetterlage sind. Auch die Bedeutung der Vb-Wetterlagen für die Hochwasser der Oder müßte unter diesem Gesichtspunkt einer kritischen Überprüfung unterzogen werden. Eine erschöpfende Behandlung dieses Problems würde jedoch den Rahmen dieser Abhandlung sprengen.

An den Nordhängen der Gebirge, also im Quellgebiet der Flüsse, können auch Nordwestwetterlagen, bei denen die Niederschlagsintensität nachhaltig durch Stauwirkungen verstärkt wird, zur Entwicklung von Hochfluten führen. Das sei der Vollständigkeit halber erwähnt.

An Hand der vorliegenden Untersuchung des Sommerhochwassers 1954 kann darüber hinaus festgestellt werden, daß durchaus mehrere der oben genannten Vorgänge die Hochwasserentwicklung in einem größeren Gebiet begünstigen und zu einem ungewöhnlichen Ausmaß einer Hochwassersituation führen können. Die Lage im Juli 1954 ergab sich eindeutig aus dem Zusammentreffen mehrerer meteorologischer Ereignisse, die sich alle im ungünstigen Sinne auswirkten:

a) Besonders intensive Kaltluftzufuhr aus Nord bis Nordwest
b) Ausbildung eines Vb-Tiefs
c) Blockierung der durchgehenden Strömung über Mitteleuropa durch ein starkes und ortsbeständiges Hochdruckgebiet in Nordosteuropa
(Ortsbeständigkeit des Höhentiefs, Rückläufigkeit des Bodentiefs)
d) Abschnürung eines Kaltlufttropfens über Mitteleuropa
e) Besonders intensive Warmluftzufuhr aus Ost bis Südost
(Die Sowjetunion hatte einen seit Jahren nicht dagewesenen tropischen Sommer)
f) Gebietsweise Verstärkung der Niederschläge durch Stau am Gebirge

Die hier genannten sehr ungünstigen Umstände haben bewirkt, daß es über großen Gebieten zu Niederschlägen kam, die letzten Endes auf Grund ihrer langen Dauer und großen Intensität zur Entwicklung des außerordentlichen Hochwassers in der Elbe und ihren Nebenflüssen (ebenso wie der Donau [2]) führen mußten.

2.2 Wetterablauf im Juli 1954

Im Rahmen dieser Abhandlung ist es nicht möglich, alle zur Übersicht erforderlichen Boden- und Höhenwetterkarten zu veröffentlichen. Es wird daher empfohlen, auf die Wetterkarten der Hauptwetterdienststelle Potsdam oder der Mitteldeutschen Wetterdienststelle Leipzig zurückzugreifen.

Während im Sommer — besonders in den Monaten Juli und August — in den gemäßigten Breiten im allgemeinen eine zonale Strömungsanordnung, d. h. eine kräftige Weströmung vorherrscht, wies die Strömung Anfang Juli 1954 im atlantisch-eurasiatischen Raum kräftige Meridionalkomponenten auf. Die sonst durchgehende Weströmung mit dem in der freien Atmosphäre besonders gut ausgebildeten Westwindband der gemäßigten Breiten hatte sich in einzelne Mäander aufgelöst. Über dem Mittelatlantik drang Warmluft bis an die Grenze der Arktis vor, und während über dem Ostatlantik und Westeuropa

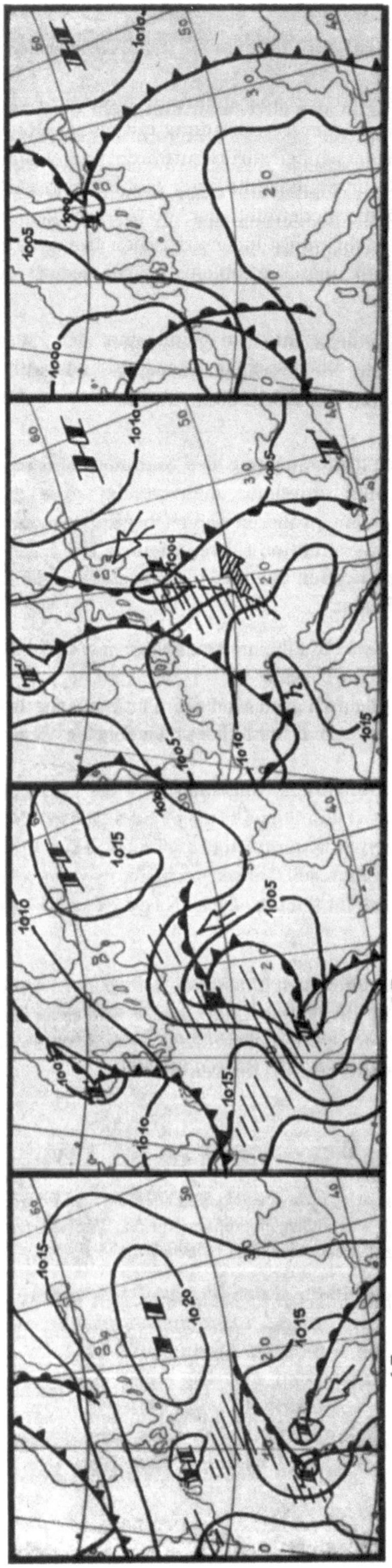

Abb. 8. Wetterentwicklung vom 1. bis 4. Juli 1954

Kaltluft bis in den Mittelmeerraum strömte, stieß über dem europäischen Teil der Sowjetunion gleichzeitig subtropische Warmluft bis zum Eismeer vor. Aus dieser Verteilung der Luftmassen und der großräumigen Luftströmungen entwickelte sich die hochwasserbegünstigende Wetterlage in Mitteleuropa.

Diese setzte ein mit einer sich am 1. Juli über Oberitalien bildenden Vb-Störung (s. Abbildung 8), die, nach Norden abwandernd, nicht nur dem Donaugebiet, sondern auch den Gebieten im Oberlauf der Elbe und Oder recht erhebliche Niederschläge brachte. Wenn auch Niederschlagsbeobachtungen aus diesen Gebieten für die vorliegende Untersuchung

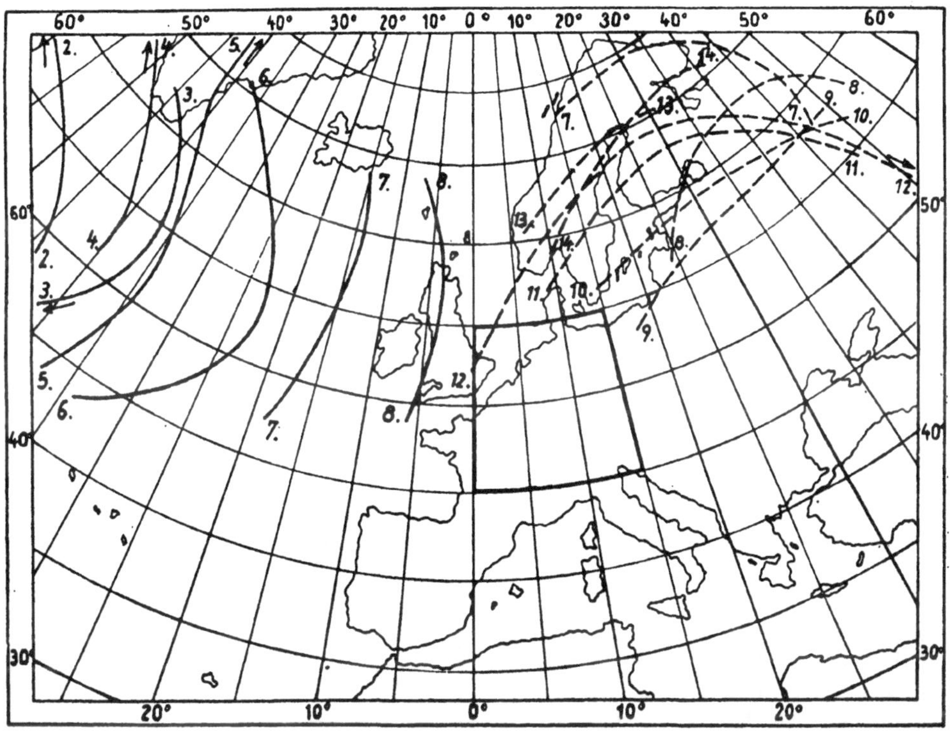

Abb. 9. Lage der wetterbestimmenden Hochdruckrücken (absolute Topographie 500 mb)

nicht vorlagen, so vermitteln aber allein schon die bei Durchzug der Störung im Gebiet der Lausitzer Neiße gemessenen Niederschlagshöhen (Tagessummen des Niederschlags bis zu 100 mm) ein Bild über die Intensität des Regens und erklären den beobachteten beachtlichen Anstieg der Wasserstände. Eine bedrohliche Hochwassersituation konnte sich jedoch hierbei noch nicht entwickeln, denn die Wasserführung der Ströme und Flüsse lag bis zu diesem Zeitpunkt noch wesentlich unter Mittelwasser. Eine schadlose Abführung der Wassermengen aus den Niederschlägen war durchaus noch möglich. So wurde in der Oder bei Miedonia (VR Polen) z. B. am 4. Juli gegenüber dem Vortag ein Wuchs von 446 cm beobachtet. Dieser Anstieg wirkte sich im Unterlauf aber kaum aus; denn im Gebiet der Deutschen Demokratischen Republik stiegen die Wasserstände der Oder, selbst nach Einmündung der ein mittleres Hochwasser führenden Lausitzer Neiße, nur bis knapp 100 cm über MW an (s. auch Abbildung 6). Erst die weitere Wetterentwicklung mit den dann einsetzenden starken und langanhaltenden Niederschlägen löste die Hochwassersituation aus.

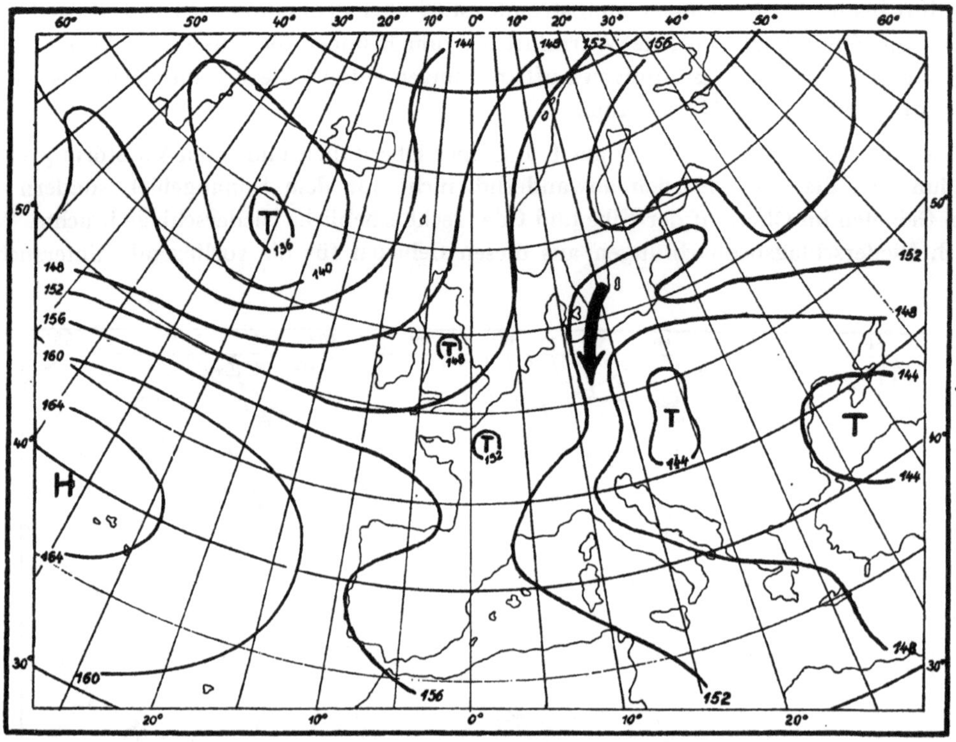

Abb. 10. Absolute Topographie 850 mb am 9. 7. 1954, 04.00 MEZ

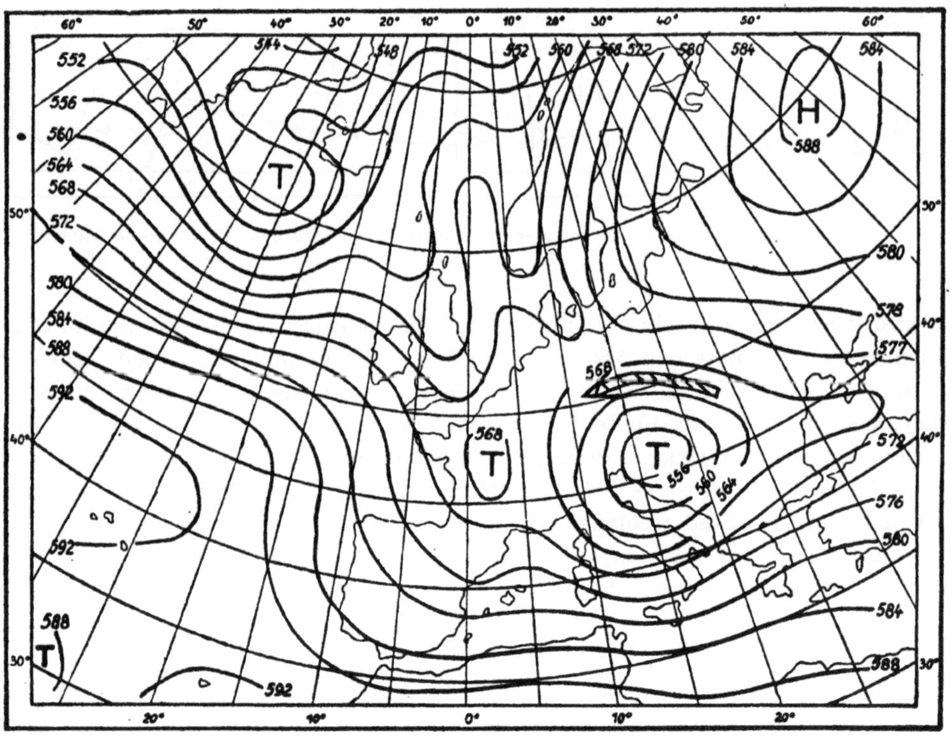

Abb. 11. Absolute Topographie 500 mb am 9. 7. 1954, 04.00 MEZ

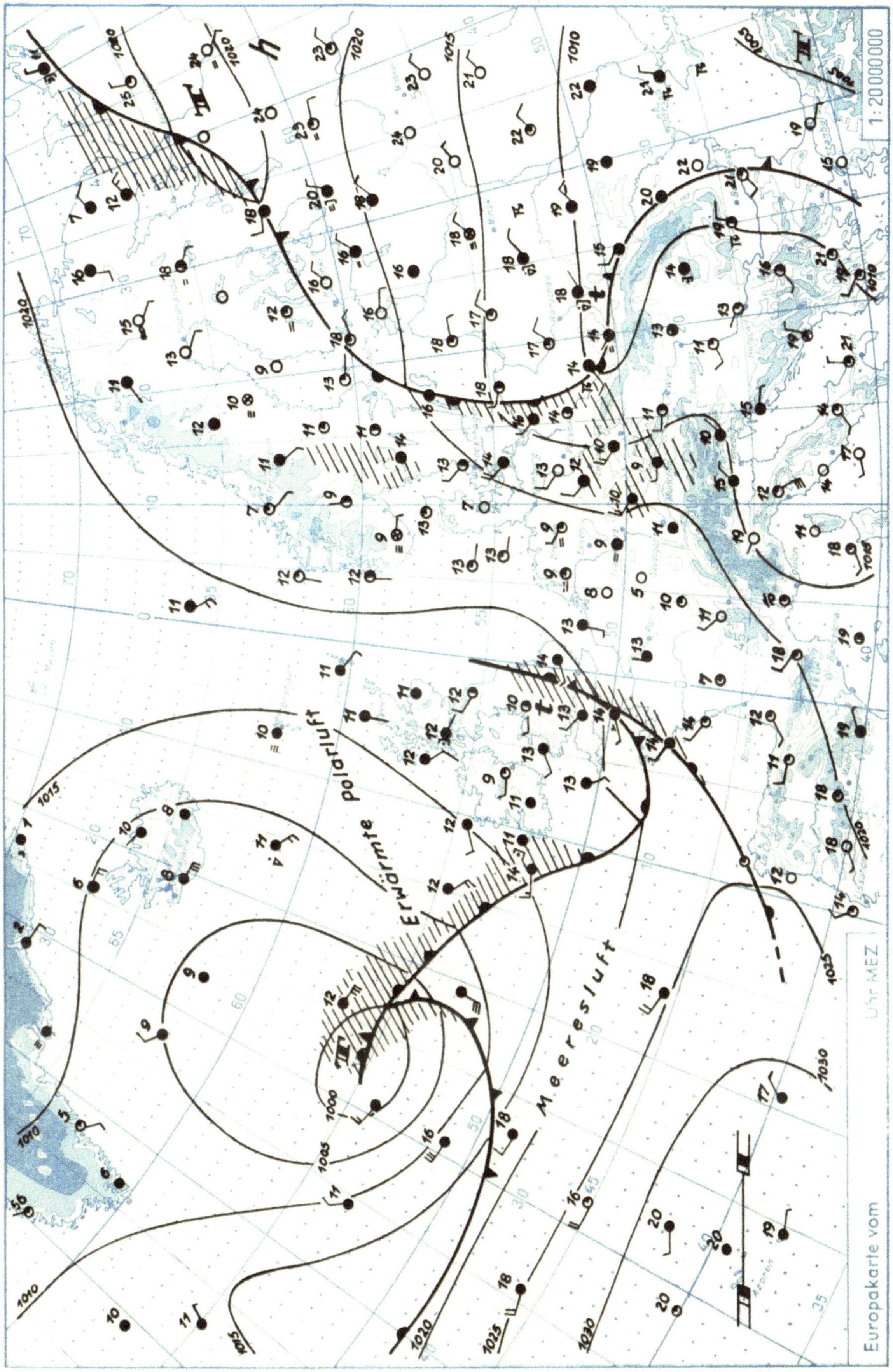

Abb. 12. Bodenwetterkarte am 9. 7. 1954, 04.00 MEZ

Eingeleitet wurde die Entwicklung am 6. Juli, wo sich erneut ein Hochdruckrücken über dem Ostatlantik aufgebaut hatte, an dessen Ostflanke polare Kaltluft im breiten Strom aus dem grönländischen Raum über Mitteleuropa bis in das Mittelmeer vorstoßen konnte (Abbildung 9, Lage am 6. 7.). Beim Überströmen der Mittelgebirge, vor allem aber in den Alpen, kam es dabei zu Steigungsregen, die teilweise als Schauer niedergingen und in Höhen über 1000 m NN bereits so viel Schnee brachten, daß sich hier — für die Jahreszeit recht ungewöhnlich — eine geschlossene Schneedecke bilden konnte.

Wenn diese Phase des Witterungsablaufes für das Gebiet der Elbe zunächst auch noch keine direkten Auswirkungen brachte, so muß sie aber doch erwähnt werden, denn gerade dieser Kaltluftvorstoß führte zur Bildung des nun in den folgenden Tagen wetterwirksam werdenden Tiefs.

Bereits am 6. Juli war die Entwicklung einer Tiefdruckstörung über Oberitalien auf der Wetterkarte als Isobarenausbuchtung zu erkennen, und im Laufe des 7. Juli hatte sich ein neues Vb-Tief gebildet, das den Erfahrungen entsprechend nach Nordosten in Richtung Ungarn abzog. Nun aber setzte eine Entwicklung ein, die nicht zum regelmäßigen Ablauf derartiger Witterungserscheinungen gehört.

Durch eine am 8. Juli einsetzende rasche Verlagerung eines Hochdruckrückens aus dem Raum südlich des Urals bis in die Ostsee (s. Abbildung 9) wurde der Vb-Störung der weitere Weg nach Nordosten verlegt, d. h., es trat eine Blockierung der durchgehenden Strömung über Mitteleuropa ein, und das Bodentief wurde über dem südöstlichen Mitteleuropa nahezu ortsfest.

In der Zwischenzeit schwächte sich der über dem Ostatlantik liegende Hochdruckrücken ab und die Zufuhr kalter Luftmassen aus dem Norden ließ allmählich nach. Ein nachfolgender, weit im Norden ansetzender atlantischer Warmluftvorstoß führte in der weiteren Entwicklung zur Abschnürung eines Kaltlufttropfens über dem westlichen Mitteleuropa, so daß am 8. und 9. Juli folgende Wetterlage gegeben war (s. Abbildungen 10 bis 12):

Hochreichende Kaltluft (Kaltlufttropfen) über dem westlichen Mitteleuropa; sehr warme feuchtereiche Mittelmeerluft im Südosten Europas.
Im Westen in Bodennähe kalte Nordwest- bis Nordströmung; im Nordosten in der gesamten unteren Troposphäre und weiter westlich nur in größeren Höhen warme Ost- bis Südostströmung.

Äußerst ergiebige Niederschläge waren die Folge, denn in gleichem Maße, wie die Kaltluft durch erzwungenes Aufsteigen an den Nordseiten der Gebirge zum Ausregnen gebracht wurde, mußte die feuchtereiche Warmluft aus Südosten auf den „Kaltluftberg“ aufgleiten und schied dabei große Niederschlagsmengen aus. Fast drei Tage lang blieb dieser gigantische und äußerst wirksame Mechanismus der Niederschlagsbildung nahezu ortsfest liegen, so daß sich zwangsläufig in den betroffenen Gebieten eine Hochwassersituation entwickeln mußte.

Nach Nordwärtsverlagerung des festländischen, den Blockierungseffekt auslösenden Hochdruckrückens setzte ein langsames Drehen des ganzen zyklonalen Systems ein, wobei der Kaltluftstrom mehr nach Südosten in Richtung Ungarn, der Warmluftstrom mehr nach Nordwesten in Richtung Skandinavien verlief. Das die anhaltenden Regenfälle auslösende Bodentief konnte nun von Ungarn über den Raum zwischen Oder und Weichsel zur westlichen Ostsee ziehen, wo es, der Höhenströmung folgend und dem blockierenden Hoch ausweichend, am 12. Juli eintraf. Damit verlagerte sich auch das Hauptniederschlagsgebiet aus dem mitteleuropäischen Raum heraus und löste sich allmählich auf.

Ab 14. Juli etwa stellte sich über Mitteleuropa wieder die für die Jahreszeit normale West- bis Nordwestströmung ein, und die Wetterlage bildete sich zu einer Westlage um, die normalerweise zwar nicht hochwasserbedrohlich ist, unter den gegebenen Umständen der schon vorhandenen Hochwassersituation mit ihren durchziehenden Niederschlagsgebieten jedoch den Rückgang der durch Hochwasser erhöhten Wasserstände in den Flußläufen verzögerte.

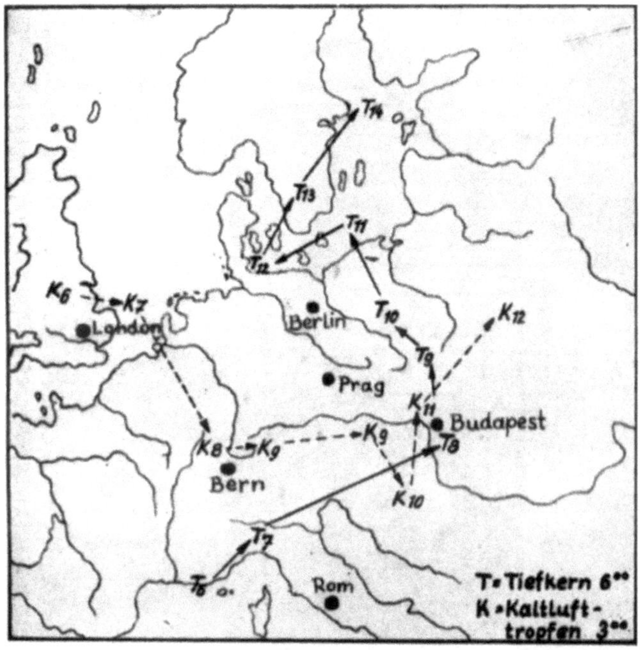

Abb. 13. Zugbahnen des wetterbestimmenden Tiefs und des Kaltlufttropfens

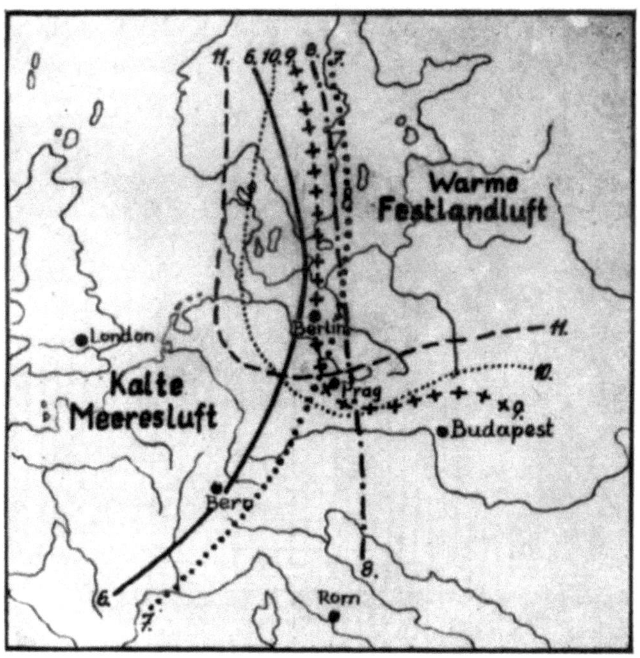

Abb. 14. Lage der Hauptluftmassengrenze in der Zeit vom 6. bis 11. Juli 1954

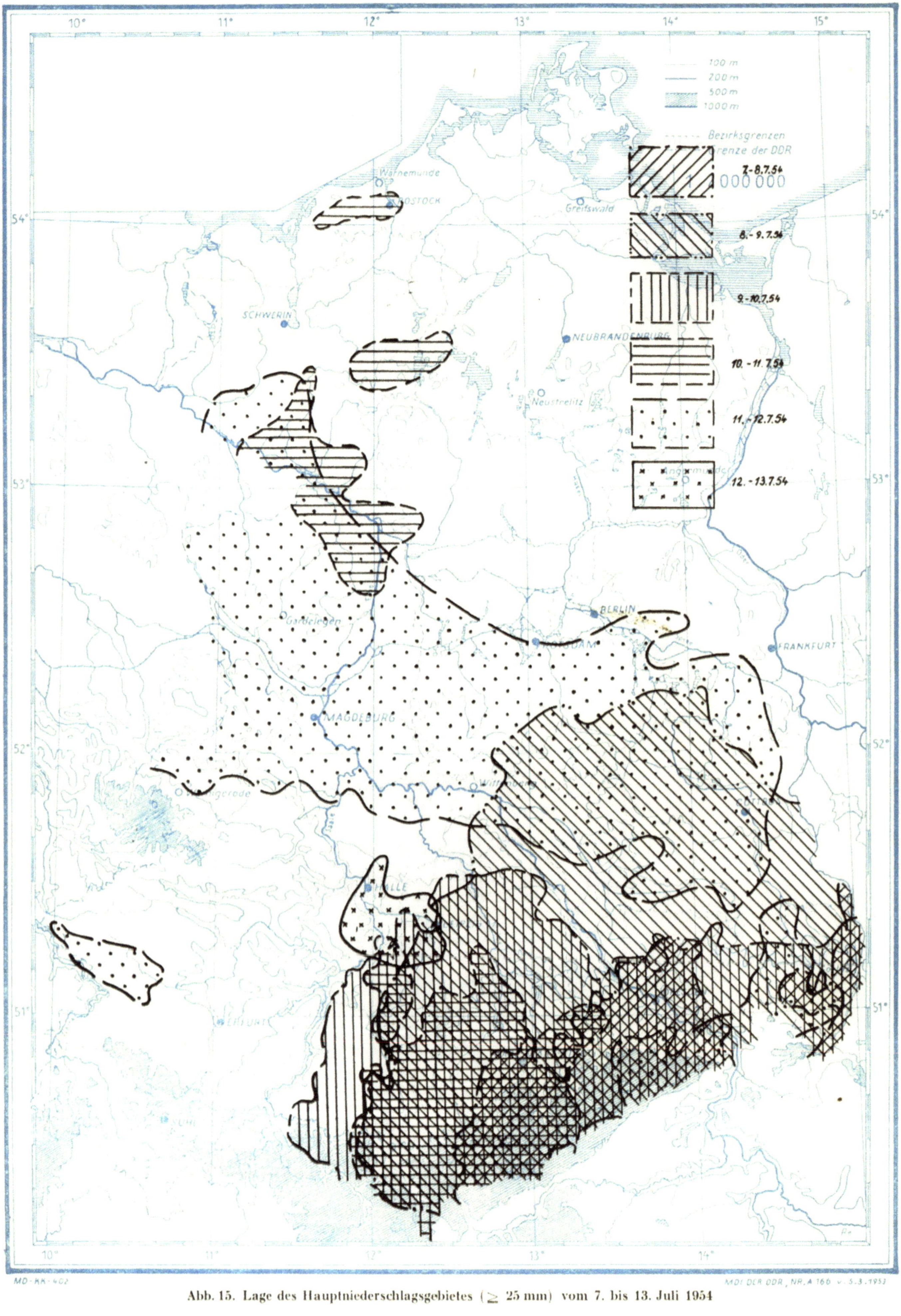

MD-KK-402 MDI DER DDR, NR. A 166 v. 5.3.1953

Abb. 15. Lage des Hauptniederschlagsgebietes (≥ 25 mm) vom 7. bis 13. Juli 1954

Einen zusammenfassenden Überblick über charakteristische Einzelheiten der Hochwasserwetterlage vom 7. bis 14. Juli geben die Abbildungen 13 und 14, in denen die Zugbahnen des wetterbestimmenden Tiefs und des Kaltlufttropfens, sowie die Lage der Hauptluftmassengrenzen in der Zeit vom 6. bis 11. Juli dargestellt sind.

2.3 Zeitlicher Ablauf und Intensität der Niederschläge

Von den Niederschlägen am stärksten betroffen wurde im Gebiet der Deutschen Demokratischen Republik das Vorland des Erzgebirges. Hier setzten die Regenfälle etwa am 7. Juli mittags ein und hielten ununterbrochen bis in die Nachmittagsstunden des 10. Juli — also nahezu 75 Stunden — an. Während der folgenden Tage setzten die Niederschläge zwar noch nicht vollkommen aus, sie traten aber jetzt zumindest mit Unterbrechungen auf. Erst in der Nacht vom 13. zum 14. Juli kam es zu einer wesentlichen Unterbrechung der Niederschlagstätigkeit. Von kürzeren Unterbrechungen bis zu 6 Stunden Dauer abgesehen, konnte so eine Niederschlagsdauer von annähernd 148 Stunden festgestellt werden.

Einen Überblick über den räumlichen und zeitlichen Ablauf des Dauerregens gibt Abbildung 15. Aus Karten der täglichen Niederschlagssummen wurde jeweils die Lage der 25 mm-Isohyete entnommen und in die vorliegende Karte übertragen. Die 25 mm-Grenze wurde deshalb gewählt, weil eine Tagessumme des Niederschlags von 25 mm und mehr auch für einen Sommermonat schon verhältnismäßig selten ist. Dieser Schwellenwert wurde beim Dauerregen vom 7. bis 14. Juli in den Zentren der Niederschlagstätigkeit in jedem Fall überschritten.

Umfaßte das Hauptniederschlagsgebiet in der Zeit vom 7. zum 8. Juli zunächst nur das unmittelbare Vorland der sächsischen Mittelgebirge, wobei der Niederschlag hauptsächlich dem Steigungsregen am Erzgebirge entstammte, so dehnte es sich im Laufe des 8. Juli infolge der nun stärker wirksam werdenden Aufgleitvorgänge in höheren Luftschichten weit nach Norden aus.

Die verbreitet größten Niederschlagsmengen fielen im Verlauf des 8. und 9. Juli, als das Aufgleiten der feuchten und warmen Luft aus Südosten in den höheren Luftschichten seine stärkste Ausbildung erreichte. Dabei zog sich das Hauptniederschlagsgebiet wieder nach Süden zurück und weitete sich gleichzeitig nach Westen bis zur Saale aus. Im Verlaufe des 10. Juli traten als Zeichen der beginnenden Nordwärtsverlagerung des gesamten Niederschlagsmechanismus gebietsweise auch im Westen Mecklenburgs stärkere Regenfälle auf.

Allgemein setzte aber die Nordwärtsverlagerung des Hauptniederschlagsgebietes erst im Verlauf des 11. Juli ein. Während es am 12. Juli bereits über Brandenburg zu finden war, blieben, allerdings kleine, Restgebiete infolge des anhaltenden erzwungenen Aufsteigens noch im Vorland der sächsischen Mittelgebirge beiderseits der Elbe erhalten. Im Laufe des 12. Juli lösten sich dann auch diese Restgebiete allmählich auf, und nur in der Umgebung von Leipzig wurden stellenweise bis zum 13. früh noch mehr als 25 mm Niederschlag gemessen.

Abbildung 15 zeigt die Lage des Hauptniederschlagsgebietes. Deutlich wird, daß vornehmlich die Einzugsgebiete von Mulde und Weißer Elster von den Niederschlägen betroffen wurden und meist sogar im Zentrum der Niederschlagstätigkeit lagen.

Aussagen über die Intensität der Niederschläge und damit einen noch weitergehenden Einblick in die Struktur des Dauerregens ermöglicht die Auswertung von Niederschlagsregistrierungen, wie sie in Abbildung 16 für die Stationen Plauen, Kriebstein und Rehefeld dargestellt sind. Es wurde jeweils der stündliche Durchschnitt der Niederschlagsspende in $l/s\,km^2$ angegeben. Die Darstellung läßt erkennen, daß der Niederschlag im Osten (Rehe-

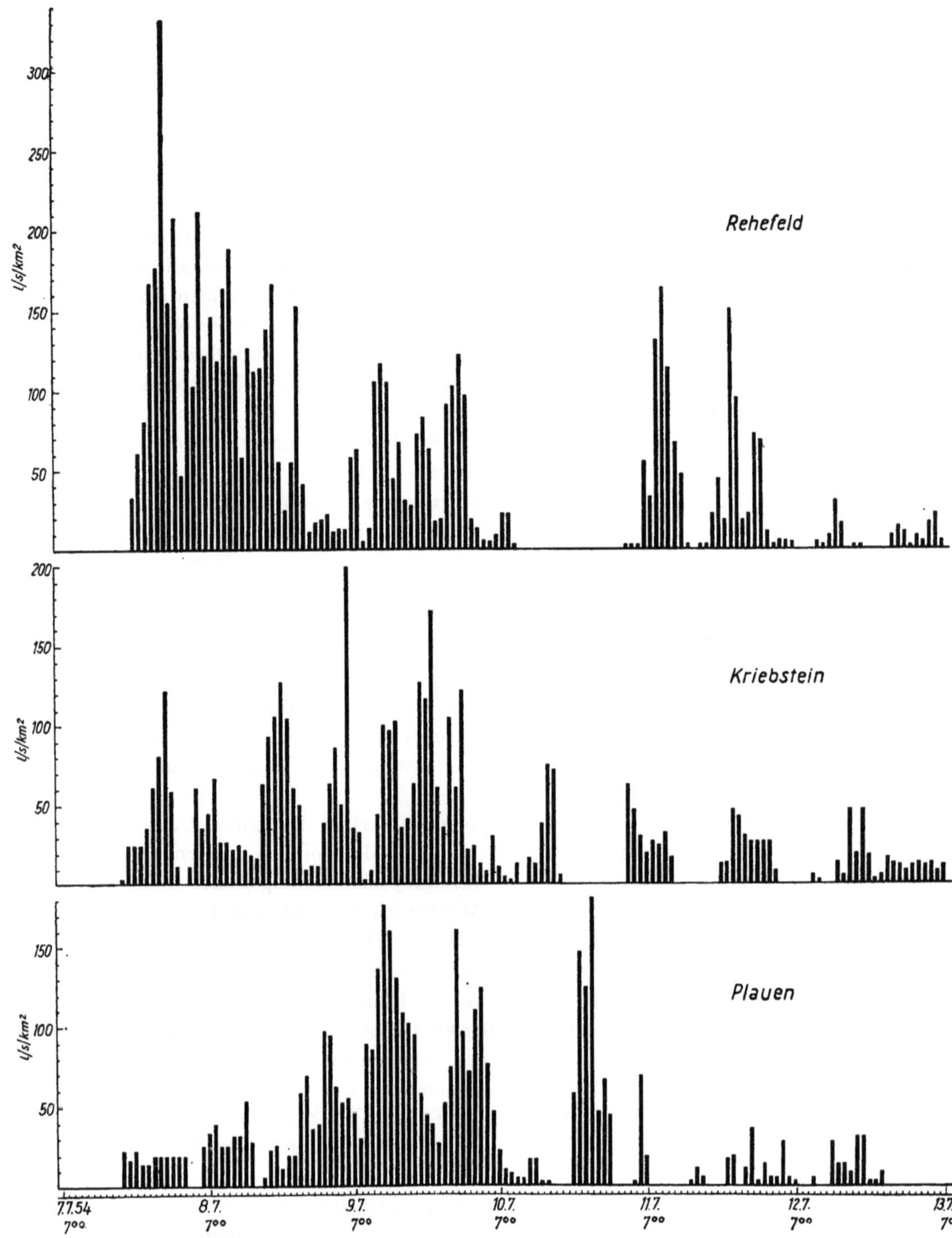

Abb. 16. Stündliche Werte der Niederschlagsspenden (l/s km²) für die Stationen Rehefeld, Kriebstein und Plauen vom 7. bis 13. Juli 1954

feld) mit stärkerer Intensität als im Westen (Plauen) einsetzte. Im Westen erreichten die Niederschläge erst am 9. bis 10. Juli die größte Intensität, wobei eine erneute Spitze in der Nacht vom 10. zum 11. Juli zu verzeichnen war. Weiter im Osten trat diese nicht mehr

Tabelle 2

24stündiger Durchschnitt der Niederschlagsspende (l/s km²) ausgewählter Einzugsgebiete (berechnet unter Zugrundelegung der Tagessummen des Niederschlags)

Gewässer	Pegel	Niederschlagsgebiet km²	Mittlere 24-stündige Niederschlagsspende l/s km²					
			8. 7.	9. 7.	10. 7	11. 7.	12. 7.	13. 7.
Elbe (Elbstrom)	Dresden	53111	370	**450**	257	20	**178**	58
	Aken	69849	319	**478**	304	53	**196**	74
	Hämerten	97788	246	**384**	295	98	**216**	93
Freiberger Mulde	Nossen	588	514	**949**	670	164	**308**	71
Zwickauer Mulde	Niederschlema	753	368	768	**1042**	579	145	85
Vereinigte Mulde	Golzern	5434	355	744	**787**	332	210	102
Saale	Blankenstein	759	94	251	640	389	138	10
	Saalfeld-Remschütz	2117	69	201	**441**	261	107	34
	Grochlitz	11452	31	73	**212**	169	157	107
	Grizehne	23719	40	173	**271**	197	185	125
Unstrut	Laucha	6216	10	22	108	124	210	148
Göltzsch	Mylau	155	230	776	**1405**	569	113	94
Pleiße	Gößnitz	293	161	620	**1064**	461	83	**100**
Weiße Elster	Adorf	171	193	450	**613**	785	177	22
	Greiz	1255	156	553	**949**	594	134	53
	Gera-Langenberg	2121	118	480	809	516	112	67
	Leipzig-Großzschocher	2992	96	438	**713**	443	123	87
Nuthe	Nutha	509	0	**117**	19	53	**616**	165
Spree	Bautzen	284	280	**889**	391	6	314	60
Pulsnitz	Königsbrück	924	226	**900**	465	1	**249**	110

auf. Vom 11. zum 12. Juli — als das Hauptniederschlagsgebiet sich allmählich nach Norden verlagerte — wurde nur im unmittelbaren Vorland des Mittelgebirges (Rehefeld) noch eine höhere Intensität der Niederschläge beobachtet.

Das Außergewöhnliche des Wetterablaufs in der ersten Julidekade ist darin zu sehen, daß sehr hohe Niederschläge anhaltend und über größeren Gebieten gleichzeitig fielen. Im allgemeinen werden im mitteleuropäischen Raum extreme Niederschlagsmengen nur in eng begrenzten Gebieten und kurzzeitig in Verbindung mit Gewittern beobachtet. Die Besonderheit der Dauerregenwetterlage vom 7. bis 14. Juli zeigt sich vor allem in den Gebietsmitteln des Niederschlags und in den für verschiedene Einzugsgebiete berechneten Niederschlagsspenden. Tabelle 2 gibt hierzu einige Beispiele.

Die in Tabelle 2 angegebenen Niederschlagsspenden wurden aus Tagessummen des Niederschlags ermittelt. Sie stellen daher jeweils nur einen 24stündigen Mittelwert dar. In kürzeren Zeitabschnitten lag die Niederschlagsspende noch weit höher, zum Teil aber auch darunter (s. auch Abbildung 16).

Im einzelnen ist zu vorstehender Tabelle noch folgendes zu sagen:

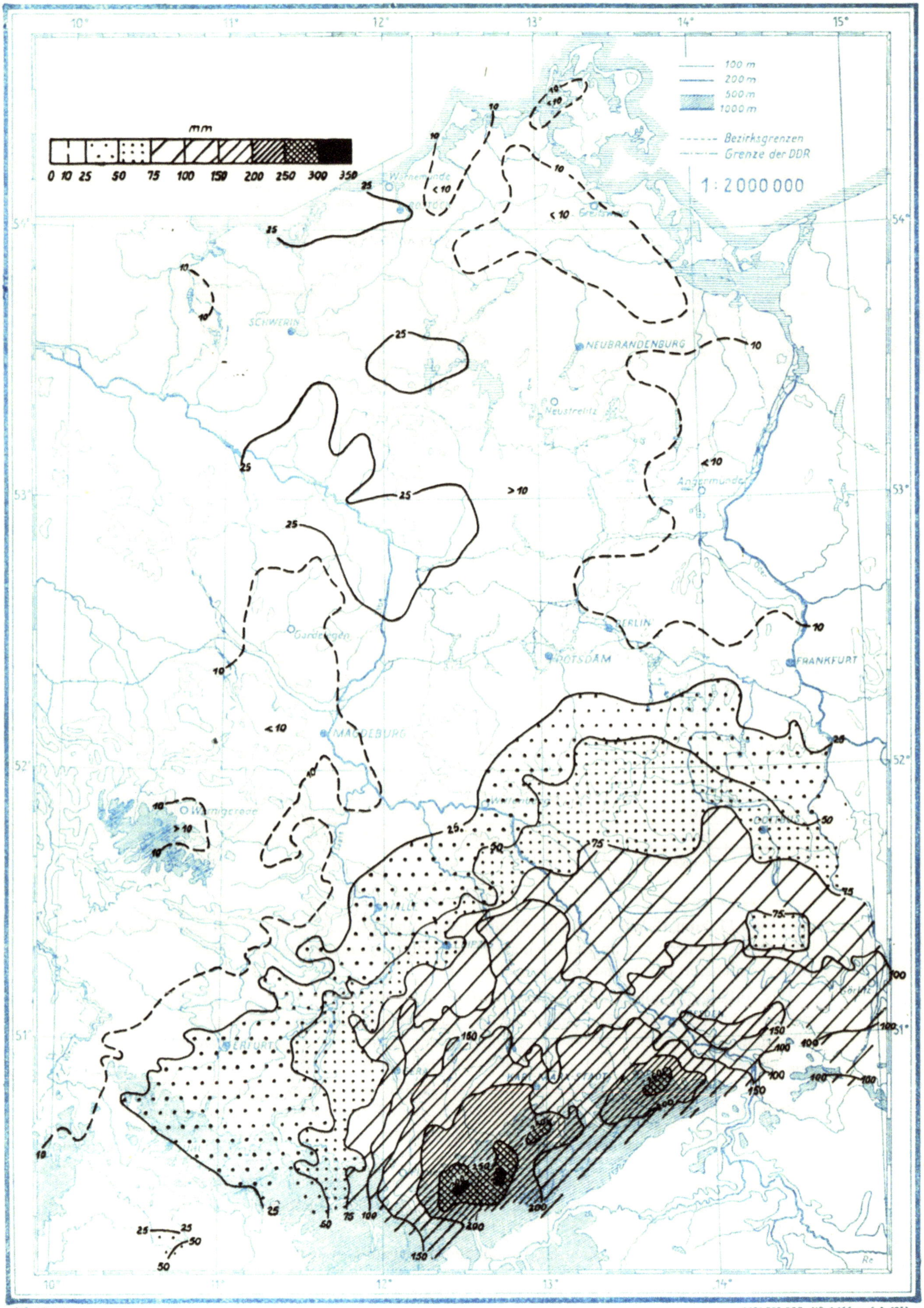

Abb. 17. Niederschlagssummen vom 7. bis 11. Juli 1954 (morgens)

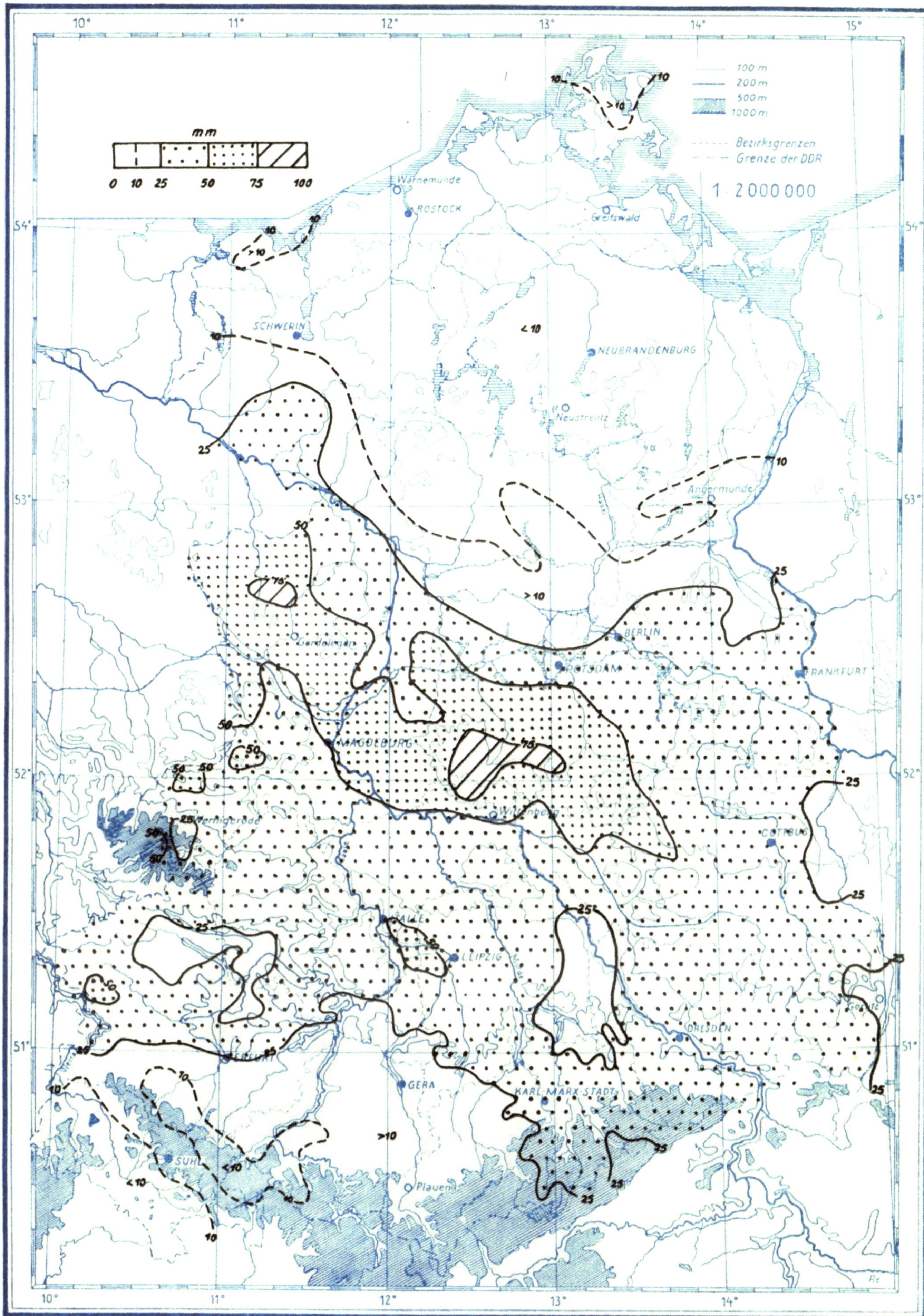

Abb. 18. Niederschlagssummen vom 11. bis 13. Juli 1954 (morgens)

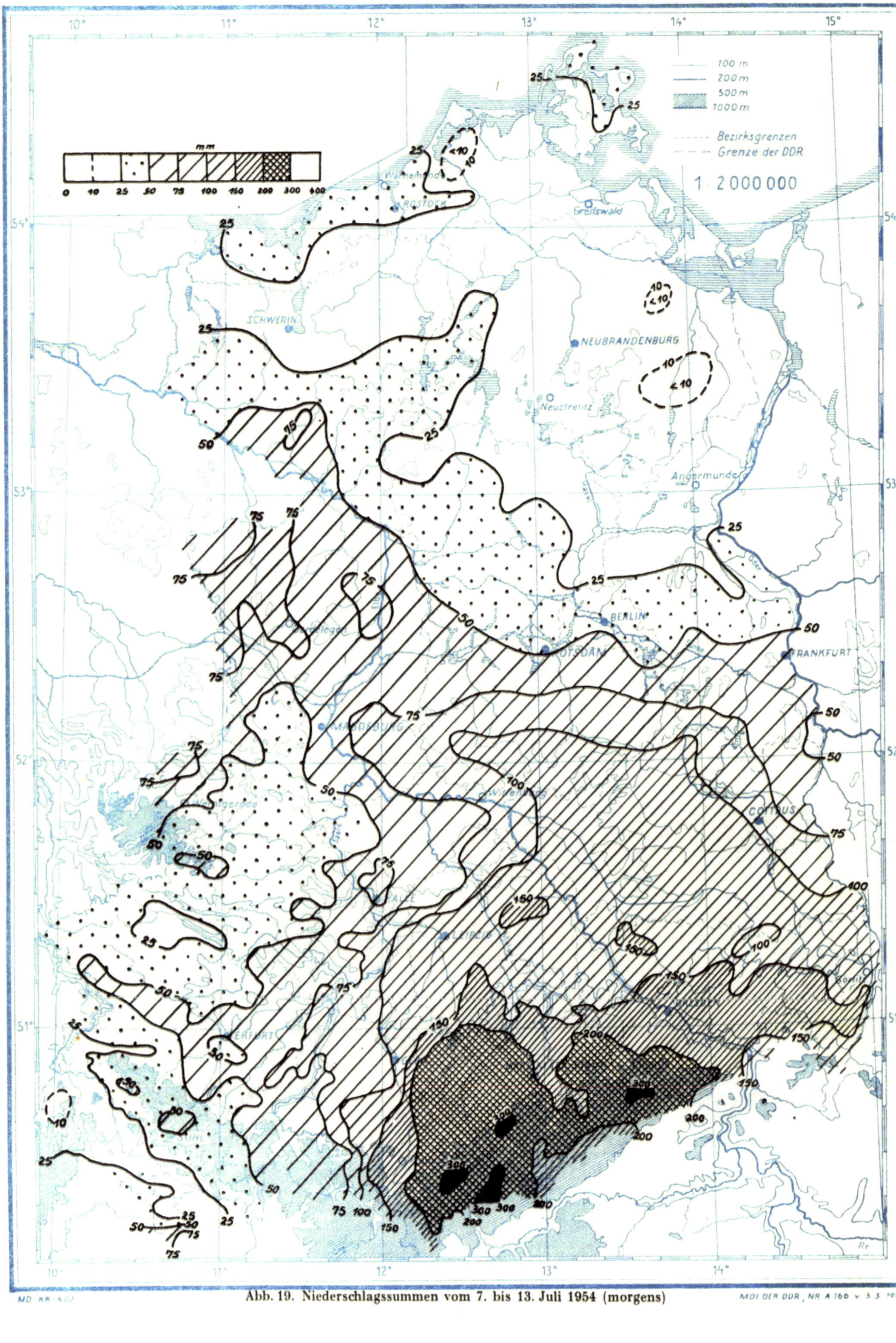

MD KK 402

Abb. 19. Niederschlagssummen vom 7. bis 13. Juli 1954 (morgens)

MDI DER DDR, NR A 166 v. 5. 3. 1953

Im Oberlauf der Spree (Pegel Bautzen) wurde die höchste Niederschlagsspende mit etwa 890 l/s km² schon im Verlaufe des 8. Juli festgestellt. Ein sekundäres Maximum mit etwa 310 l/s km² brachte der 11. Juli. Ähnlich verhielten sich die Niederschlagsspenden übrigens auch im gesamten Gebiet ostwärts der Elbe und im Einzugsgebiet der Freiberger Mulde.

Im Bereich der Zwickauer Mulde und der Weißen Elster stieg die Niederschlagsspende des 8. Juli zwar schon auf 500 bis 800 l/s km² an, die höchste Niederschlagsspende wurde hier jedoch erst am 9. Juli erreicht. Im Einzugsgebiet der Göltzsch wurde — bezogen auf den Pegel Mylau — im Verlauf des 9. Juli der außerordentlich hohe Wert von 1400 l/s km² ermittelt. Im Einzugsgebiet der Pleiße war die Niederschlagsspende nur wenig geringer.

Im Bereich der mittleren Elbe (z. B. Pegel Nutha/Nuthe) wurde mit Niederschlagsspenden von 600 bis 700 l/s km² der 11. Juli zum Hauptniederschlagstag. Typisch für die Verhältnisse im Gesamteinzugsgebiet der Elbe und ein Zeichen für die große räumliche Ausdehnung der Niederschläge ist es, daß vom Pegel Dresden bis zum Pegel Hämerten, obgleich sich die Fläche des Niederschlagsgebietes fast verdoppelt, eine Verringerung der Niederschlagsspende nicht eintrat.

Die Einzugsgebiete der Werra und der Unstrut blieben während des Dauerregens außerhalb des Hauptniederschlagsgebietes oder lagen nur an einzelnen Tagen an seinem Rand, so daß hier keine ungewöhnlichen Niederschlagsspenden auftraten.

Um die in Tabelle 2 aufgeführten Werte richtig beurteilen zu können, ist zu beachten, daß einer Niederschlagsspende von etwa 580 l/s km² eine 24stündige Niederschlagssumme von 50 mm entspricht. Derartig hohe Tagessummen des Niederschlags können an einzelnen Stationen bei Gewitterregen im mitteleuropäischen Raum jedes Jahr beobachtet werden; es ist aber ganz außergewöhnlich, daß sie, wie im Jahre 1954, an drei aufeinanderfolgenden Tagen und über größeren Gebieten gleichzeitig auftreten.

Einen zusammenfassenden Überblick über den zeitlichen Ablauf und die Intensität der Niederschläge in der Zeit vom 7. bis 13. Juli geben die Niederschlagskarten in den Abbildungen 17 bis 19.

Die Hauptmenge der zur Entwicklung der Hochwassersituation führenden Niederschläge fiel in der Zeit vom 7. bis 11. Juli früh, wobei das Zentrum der Niederschlagstätigkeit im Vorland der sächsischen Mittelgebirge lag. Hier wurden mit 300 bis 400 mm außerordentlich hohe Niederschlagssummen festgestellt, während zur gleichen Zeit in Westthüringen und Ostmecklenburg stellenweise nicht einmal 10 mm Niederschlag gemessen werden konnten (Abbildung 17).

Vom 11. bis 13. Juli früh lag das Zentrum der Niederschlagstätigkeit im mittleren Teil der Republik. Es erstreckte sich mit Summen über 50 mm von der Altmark bis zum Fläming. Stellenweise stiegen die Niederschlagssummen auf über 75 mm an (Abbildung 18).

Das Bild der Gesamtsumme der Niederschläge vom 7. bis 13. Juli früh wurde weitgehend von der Niederschlagsverteilung des ersten Teilzeitraumes (7. bis 11. Juli) bestimmt. Mit Summen über 300 mm heben sich die Niederschlagsmaxima am Oberlauf der Göltzsch, der Zwickauer Mulde und ihrer Nebenflüsse, sowie vereinzelt auch im Gebiet der Freiberger Mulde deutlich hervor (Abbildung 19).

2.4 Klimatologischer Vergleich und zusammenfassende Wertung der meteorologischen Verhältnisse

Um die Besonderheit der Hochwassersituation im Juli 1954 richtig einschätzen zu können, erscheint es angebracht, die Hochwasser verursachenden Wetterlagen einer vergleichenden Betrachtung zu unterziehen.

Die Regenfälle vom Juli 1954 zeigen eine gewisse Ähnlichkeit mit denen des Sommers 1926, als deren Folge sich im Unterlauf der Elbe das letzte größere Sommerhochwasser entwickelte. Die Niederschläge erreichten seinerzeit fast gleich hohe Werte wie im Juli 1954 (s. Tabelle 3). Es ist jedoch darauf hinzuweisen, daß 1926 im Bereich der Mulde und der Weißen Elster Gewitterregen an den extrem hohen Niederschlagssummen beteiligt waren, wie überhaupt 1926 an verschiedenen, zeitlich getrennten Tagen höhere Niederschlagssummen gemessen wurden. Aber auch 1926 war es eine Vb-artige Wetterlage, die zu außerordentlichen und verbreiteten Regenfällen und damit zum erstmaligen Überschreiten der Hochwassermarken führte [12].

Beim großen Hochwasser der Elbe im September 1890 erfolgte, ähnlich wie im Juli 1954, anfangs (am 31. 8./1. 9.) Zufuhr von Kaltluft nach Mitteleuropa. Infolge Aufgleitens feuchter Warmluft kam es anschließend vom 2. bis 4. 9. im Südosten von Mitteleuropa zu anhaltenden und ergiebigen Niederschlägen. Das stationäre Tief lag über Polen, und bei in Bodennähe nördlichen Winden war es ziemlich kühl. Im Bereich der Oder, Weichsel und oberen Elbe fielen verbreitet 150 mm bis 200 mm Niederschlag, während gleichzeitig an der unteren Oder, ebenfalls in Parallele zum Dauerregen vom Juli 1954, weniger als 10 mm niedergingen.

Wolkenbruchartige, z. T. von Gewittern begleitete Regenfälle zwischen Elbe und Oder am 29. und 30. Juli 1897 führten zu einem der größten Hochwasser in der Oder und der Neiße. Ein Vb-Tief zog über Schlesien nach Norden und verursachte außerordentliche Niederschläge. Das westliche Mitteleuropa lag gleichzeitig in einer kalten Nordweströmung. Westlich der Elbe blieb der Monat Juli 1897 meist trockener als normal, stellenweise wurden nicht einmal 50% der normalen Monatssumme erreicht, während der Südosten von Mitteleuropa (Nordösterreich, CSR, Südpolen) von dem Starkregen erfaßt wurde. In Kloster Wang (Riesengebirge) wurde am 30. früh eine 24stündige Niederschlagssumme von 219,8 mm festgestellt. Auch die Monatssumme des Niederschlags erreichte hier einen extrem hohen Betrag (s. Tabelle 3).

Tabelle 3
Höchste Monatssummen des Niederschlags

Juli 1954		In Mitteleuropa bisher bekannte höchste Werte		
Ort	mm	Ort	mm	Zeit
Schönheide . .	552	Tondern	347	Juli 1873
Bockau	478	Kloster Wang .	534	Juli 1897
Stollberg . . .	493	Wernigerode . .	308	Juni 1905
		Mündungsgebiet der Weichsel .	331	August 1912
		Labiau	356	August 1924
		Freiberg/Sa. . .	330	Juni 1926
		Fichtelberg . . .	307	Juli 1926

Im August 1924 wurde das Gebiet der Weißen Elster von dem bis zum Juli 1954 größten Hochwasser betroffen. Ursache war ein hier am 13., 14. und 15. 8. niedergehender, z. T. mit Gewittern durchsetzter Dauerregen. Die Tagessummen des Niederschlags erreichten verbreitet 50 mm bis 100 mm und lagen örtlich sogar noch darüber. Ähnlich wie im Juli 1954 war auch an den Niederschlagstagen im August 1924 die relative Feuchtigkeit der Luft anhaltend hoch (95 bis 96%), die Verdunstung dadurch verhältnismäßig gering und das Abflußverhältnis somit entsprechend hoch.

Alle aufgeführten Fälle, wie überhaupt die meisten in Mitteleuropa im Sommer auftretenden Hochwassersituationen, weisen in ihrer meteorologischen Bedingtheit gemeinsame Züge auf. Immer handelt es sich ganz oder doch zumindest zeitweise um Wetterlagen, bei denen feuchtereiche, subtropische Warmluft, die aus Ost bis Südost herangeführt wird, — sei es im Bereich eines Tiefdruckgebietes über Mitteleuropa oder einer Vb-Störung —, in die zyklonalen Prozesse einbezogen wird.

Um beurteilen zu können, inwieweit die Wetterlage vom Juli 1954 in ihrer Auswirkung auf die Wasserführung der Flüsse ein außerordentliches Ereignis darstellt, ist es am einfachsten, die bei Hochwassersituationen jeweils gemessenen Niederschlagssummen miteinander zu vergleichen. Wie die Niederschlagskarte des Dauerregens vom Juli 1954 (Abbildung 19) zeigt, wurde in den vom Hochwasser betroffenen Gebieten eine Niederschlagssumme von über 200 mm festgestellt. Einer Auswertung der Niederschlagsbeobachtungen ab 1901 für alle Meßstellen im Gebiet der Deutschen Demokratischen Republik, wurde daher als Schwelle dieser Wert (200 mm) zugrunde gelegt. Dabei ergab sich, daß während der Sommermonate Juni, Juli, August in größeren oder kleineren Gebieten der Schwellenwert in folgenden Jahren überschritten wurde. Vereinzelte Überschreitungen als Folge lokaler Gewitterregen wurden dabei nicht berücksichtigt.

Juni:	1905, 1926, 1931, 1933, 1946, 1953
Juli:	1905, 1907, 1914, 1922, 1926, 1927, 1930, 1940
August:	1912, 1917, 1922, 1924, 1925, 1927, 1937, 1946, 1948

Fast in jedem dritten Jahr ist also in einem der Sommermonate mit extrem hohen Monatssummen des Niederschlags, die den Normalwert im Flachland um das 2½- bis 3fache übersteigen, zu rechnen. In jedem zehnten Jahr sind sogar zwei der Sommermonate durch solche hohen Niederschläge ausgezeichnet.

Die Besonderheit der Niederschläge in der ersten Julihälfte 1954 lag aber nicht nur in ihrer Stärke, sondern vor allem auch in ihrer langen Dauer. Ein ununterbrochener Regen von 3 Tagen ist in unserem Klimabereich sehr selten.

Obgleich während des Dauerregens keine Gewitter auftraten, wurden doch in eng begrenzten Gebieten am Oberlauf der Weißen Elster und der Zwickauer Mulde (s. Abbildung 19) die absolut höchsten bisher in unserem Bereich bekannten Monatssummen des Niederschlags überschritten. Allein in den Tagen vom 7. bis 13. Juli 1954 wurden in den Zentren der Niederschlagstätigkeit 350 mm bis 400 mm gemessen (Schönheide 362 mm, Bockau 344 mm, Stollberg 321 mm). Tabelle 3 gibt eine Gegenüberstellung der höchsten Monatssummen des Niederschlags im Juli 1954 mit den bisher bekannten höchsten Werten.

Abschließend kann man also auf Grund der verschiedenen durchgeführten Vergleiche sagen, daß der Dauerregen im Juli 1954 in Teilen des Vorlandes der sächsischen Mittelgebirge, in den Zentren der Niederschlagstätigkeit — aber nur hier — die bisher bekannten Niederschlagsextreme erreicht oder wenig überschritten hat. In den übrigen Teilen der Republik war die Witterung im Juli 1954 zwar auch außergewöhnlich; ihre „normale Schwankungsweite" wurde jedoch nicht überboten.

3. Verlauf des Hochwassers in der Elbe

Als Folge der auch im Gebiet der Tschechoslowakei gefallenen starken Niederschläge entwickelten sich zunächst in der Moldau und später in der Eger Hochwasser, die beide zu einer Erhöhung der Elbwasserstände und infolge des sprunghaften Anstiegs — in der Moldau wurde bei Kamaik ein Wuchs von 377 cm/24^h beobachtet — zu einer steilen Hochwasserwelle im Strom führten. Der Scheitel dieser Welle erreichte das Gebiet der Deutschen Demokratischen Republik in den frühen Morgenstunden des 12. Juli mit 780 cm am Pegel Schöna (2 km unterhalb der Staatsgrenze), durchlief in den Mittagsstunden des gleichen Tages bereits Dresden und traf am 14. früh in Roßlau ein. Von hier folgte er dem in der Elbe vorauseilenden Scheitel des in der Nacht vom 12. zum 13. Juli zufließenden Hoch-

Tabelle 4. Grenz- und Mittelwerte der Wasserstände der Elbe

Pegel	Schöna	Dresden	Mühlberg	Torgau	Pretzsch-Mauken	Wittenberg	Roßlau	Aken	Barby	Schönebeck	Magdeburg-Strombrücke
Niederschlagsgebiet F_N = km²	51411	53111	54085	55162	55725	61640	62600	69849	94060	94571	94942
Pegelnull NN + m	116,21	102,73	81,71	74,98	69,30	62,48	53,86	50,24	46,45	43,97	39,92
Lage am Wasserlauf km unterhalb der Staatsgrenze	2	56	128	155	184	214	258	275	293	311	327
Stromstrecke zwischen den Pegeln [km]	54	72	27	30	30	44	17	18	18	16	6
Grenz- und Mittelwerte der Wasserstände: HHW ungehemmt – cm	960	837	1005	906	732	628	647	740	733	700	657
HHW ungehemmt – Tag	16. 3. 1940	6./7. 9. 1890	7. 9. 1890	6. 9. 1890	8. 9. 1890	5. 2. 1862	2. 4. 1845	3. 4. 1845	3. 4. 1845	14. 3. 1881	15. 4. 1865
1941/1950 – MNW	72	54	180	104	86	151	85	95	100	107	100
1941/1950 – MW	213	184	329	267	245	293	225	241	247	247	214
1941/1950 – MHW	683	556	714	664	574	531	514	556	550	540	499
HW Juli 1954 – cm	780	674	822	774	623	582	601	684	650	(636)	592
HW Juli 1954 – Tag	12. 7.	12. 7.	13. 7.	13. 7.	13. 7.	13. 7.	14. 7.	14./15. 7.	14./15. 7.	15. 7.	15./16. 7.
HW Juli 1954 – Uhrzeit	5^{00}–9^{00}	12^{00}–13^{00}	5^{00}	11^{00}	17^{00}–23^{00}	21^{00}	5^{00}–17^{00}	21^{00}–1^{00}	23^{00}–7^{00}	(12^{00})	21^{00}–3^{00}
HW Juli 1954 – Dauer	4^h	1^h	—	—	6^h	—	12^h	4^h	8^h	—	6^h
Auruferungshöhe cm	670	500	695	620	500	500	500	540	500	490	430
Ausuferungsdauer [Std.]	89	141	124	136	163	204	216	199	234	263	230
Laufzeiten des Wellenscheitels: Mittelwerte lt. HMO vom 4. 2. 1954	bei 800 cm am Pegel Torgau		15^h	22^h	von Torgau: 6^h	19^h	37^h	44^h	51^h	53^h	62^h
Laufzeiten des Wellenscheitels: HW Juli 1954	—	7^h	24^h	30^h	von Torgau: 6^h	10^h	18^h	34^h	36^h	(49^h)	58^h

Erläuterung: [1]) altes System; ( ) Werte unsicher; [2]) Jahresreihe 1943/1953 ohne 1945.

wassers aus der Mulde. Barby wurde in den Nachtstunden des gleichen Tages noch vor Eintreffen der Hochwasserwelle aus der unteren Saale, die oberhalb Halle die Hochwasserfluten der Weißen Elster übernommen hatte, passiert.

In ihrem weiteren Ablauf verflachte die Welle immer mehr und wies im Unterlauf keinen ausgeprägten Scheitel mehr auf. Der Wellenhang erstreckte sich hier auf Strecken bis zu 100 km, was auch in den langanhaltend hohen Wasserständen der unteren Elbstrecke zum Ausdruck kam.

Der zeitliche Ablauf des Hochwassers ist für die wichtigsten Pegel in Abbildung 20 (Wasserstandsganglinien) dargestellt. Darüber hinaus ermöglicht Tabelle 4 einen Vergleich der 1954 beobachteten Hochwasserstände mit den Grenz- und Mittelwerten der Wasserstände der Beobachtungsreihe 1941/1950.

Magdeburg-Rothensee	Niegripp-Neue Schleuse	Ferchland	Tangermünde	Hämerten	Sandau	Havelberg-Dommühlenholz	Wittenberge	Lenzen	Dömitz	Darchau	Boizenburg
94950	95515	97272	97780	97788	97827	97835	123532	125491	129871	131950	134512
37,31	34,44	29,94	27,59	26,26	22,47	21,34	16,60	12,41[1])	10,56[1])	5,74[1])	3,76[1])
333	344	375	388	395	416	422	455	485	504	536	559
11	31	13	7	21	6	33	30	19	32	23	
772 20. 3. 1940	933 14. 3. 1881	754 15./16. 3. 1881	736 20. 1. 1920	816 20. 1. 1920	739 16. 3. 1881	752 16. 3. 1881	729 2. 4. 1895	747 2. 4. 1895	744 24. 3. 1888	721 7. 4. 1895	670 8. 4. 1895
142 310 656	211[2]) 355[2]) 690[2])	147 299 607	151 301 592	171 319 621	187 325 590	182 325 610	117 275 556	137 296 576	66 222 496	145 301 590	10 169 487
(761) 15./16. 7. $(18^{00}-1^{00})$ (7^{h})	865 15./16. 7. $21^{00}-3^{00}$ 6^{h}	698 16. 7. $6^{00}-8^{00}$ 2^{h}	689 16. 7. $19^{00}-21^{00}$ 2^{h}	(740) 17. 7. (8^{00}) —	698 16. 7. 21^{00} —	718 16./17. 7. $19^{00}-10^{00}$ 15^{h}	667 18. 7. $6^{00}-8^{00}$ 2^{h}	680 19. 7. $5^{00}-7^{00}$ 2^{h}	569 20. 7. $2^{00}-7^{00}$ 5^{h}	654 2.1 7. $3^{00}-8^{00}$ 5^{h}	556 21./22. 7. $9^{00}-3^{00}$ 18^{h}
—	580	420	410	430	400	390	380	390	377	440	260
—	375	404	420	416	469	484	448	453	362	396	508
—	—	79^{h}	91^{h}	91^{h}	95^{h}	98^{h}	124^{h}	147^{h}	175^{h}	191^{h}	226^{h}
(55^{h})	58^{h}	67^{h}	80^{h}	(93^{h})	82^{h}	80^{h}	115^{h}	138^{h}	159^{h}	184^{h}	190^{h}

Im einzelnen ist zu dem Hochwasserablauf im Elbstrom folgendes zu sagen:

3.1 Hochwasserablauf im Elbstrom

3.11 Elbe im Oberlauf

Schöna—Dresden

Nach einem vorübergehenden Anstieg des Wasserstandes auf 200 cm am Pegel Schöna — zurückzuführen auf die Niederschlagstätigkeit im Gebiet der Tschechoslowakei bei Durchzug der ersten Vb-Störung — war ab 6. Juli zunächst wieder ein bis zum 8. Juli früh anhaltendes leichtes Fallen zu verzeichnen. Aber bereits im Laufe der nächsten 24 Stunden setzte als Folge der nunmehr anhaltenden und stärker werdenden Niederschläge ein erneuter, wenn auch zunächst nur leichter Anstieg ein, der am 9. Juli 8.00 Uhr 261 cm erreichte und damit 48 cm über MW (1941/1950) lag. Dann folgte bis in die Mittagsstunden des 11. Juli ein stärkerer Anstieg mit einem Wuchs von durchschnittlich 10 cm/h, der — allmählich wieder schwächer werdend — am 12. Juli in der Zeit von 5.00 bis 9.00 Uhr mit 780 cm den Scheitel der Hochwasserwelle aus der Tschechoslowakei brachte. MHW (1941/1950) wurde damit am Pegel Schöna zwar um 97 cm überschritten, der bekannte höchste Hochwasserstand vom 16. 3. 1940 von 960 cm bei weitem jedoch noch nicht erreicht.

Ein ähnliches Verhalten zeigten auch die Wasserstände an den Pegeln des Zwischeneinzugsgebietes bis Dresden (Tabelle 5), wenn auch gegenüber Schöna hier am 10. Juli vorübergehend ein schnelleres Ansteigen zu verzeichnen war. Ein Vergleich der eingetretenen Hochwasserstände zu MW (1941/1950) läßt außerdem eine weitere Erhöhung der Wasserführung der Elbe auf dieser Strecke erkennen. Diese Erhöhung ist allerdings weniger auf die direkten Zuflüsse aus den Niederschlägen, sondern vielmehr auf die Hochwasser der der Elbe im Raume Pirna zufließenden und ein Gebiet von etwa 560 km^2 entwässernden Vorfluter zurückzuführen (s. Abschnitt 4. 1).

Bereits sieben Stunden nach ihrem Eintreffen in Schöna durchlief die Scheitelwelle der Elbe Dresden, wo am 12. Juli in der Zeit von 12.00 bis 13.00 Uhr der Hochwasserstand von 674 cm am Pegel erreicht war. Die mittlere Geschwindigkeit betrug — durchaus normal — 2,1 m/s. Der Anstieg setzte auch in Dresden am 8. Juli ein und brachte innerhalb von vier Tagen den immerhin beachtlichen Wuchs von 515 cm. MHW (1941/1950) wurde zwar um 118 cm überschritten, die Wasserstände des Julihochwassers 1954 blieben aber trotzdem noch 163 cm unter dem Höchststand (ungehemmt) der unerhörten Sommerhochflut des Jahres 1890, in deren Verlauf in der Zeit vom 6. bis 7. September 837 cm am Pegel abgelesen wurden.

Der ersten stark ausgeprägten Scheitelwelle folgte nach etwa 35 Stunden eine zweite Welle, die ihren Ursprung in der Eger (CSR) gehabt haben dürfte. Sie wirkte sich aber auf deutschem Gebiet kaum noch aus, und war lediglich an den am 13. und 14. Juli zeitweilig stagnierenden, sonst aber allgemein fallende Tendenz zeigenden Wasserständen zu erkennen. Der leichte Wiederanstieg war fast nicht wahrzunehmen, sondern nur an Hand der Aufzeichnungen des Schreibpegels Dresden nachzuweisen (s. auch Ganglinie Dresden, Abbildung 20).

Nach Durchgang des zweiten Scheitels war noch im Laufe des 14. Juli an allen Pegeln zwischen Schöna und Dresden wieder ein starkes und bis zum 17. Juli unvermindert anhaltendes Fallen des Wassers zu verzeichnen. so daß bereits nach 89 bzw. 141 Stunden die Ausuferung an den benannten Pegeln wieder unterschritten und für dieses Gebiet die Gefahr vorüber war.

Tabelle 5
Scheitelwasserstände der Elbe im Oberlauf

	Pegel	km unterhalb der Staatsgrenze (Abstand der Pegel)	Pegelnull NN + m	MW 1941/1950 cm	MHW 1941/1950 cm	HW Juli 1954 cm	HW Juli 1954 NN + m	HW Juli 1954 Tag	HW Juli 1954 Uhrzeit	HW/MW	Gefälle absolut	Gefälle ‰
$F_N = 1700\ km^2$	Schöna	2,1	116,21	213	683	780	123,01	12. 7.	5⁰⁰— 9⁰⁰	3,67		
		(8,5)									2,38	0,280
	Bad Schandau .	10,6	114,13	206	674	750	121,63	12. 7.	8⁰⁰	3,65		
		(6,3)									1,54	0,244
	Königstein	16,3	112,40	219	683	769	120,09	12. 7.	8⁰⁰	3,51		
		(18,2)									4,73	0,260
	Pirna	34,5	108,06	236	652	730	115,36	12. 7.	8⁰⁰	3,16		
		(8,5)									2,50	0,294
	Pillnitz	43,0	105,86	202	619	700	112,86	12. 7.	8⁰⁰	3,46		
		(12,6)									3,39	0,269
	Dresden	55,6	102,73	184	556	674	109,47	12. 7.	12⁰⁰—13⁰⁰	3,67		
$F_N = 2051\ km^2$		(12,6)									3,18	0,252
	Radebeul	68,2	98,99	226	630	730	106,29	12. 7.	14⁰⁰	3,23		
		(14,0)									3,82	0,272
	Meißen	82,2	94,84	243	676	763	102,47	12. 7.	17⁰⁰—19⁰⁰	3,14		
		(15,3)									4,24	0,276
	Merschwitz	97,5	9o,63	254	670	760	98,23	13. 7.	0⁰⁰	2,99		
		(6,3)									1,60	0,254
	Grödel	103,8	89,45	245	643	718	96,63	13. 7.	0	2,92		
		(4,6)									1,01	0,220
	Riesa	108,4	88,03	275	675	759	95,62	12. 7.	19⁰⁰—23⁰⁰	2,76		
		(6,7)									1,81	0,270
	Strehla	115,1	86,52	245	602	729	93,81	12. 7.	20⁰⁰—23⁰⁰	2,97		
		(12,9)									3,88	0,300
	Mühlberg	128,0	81,71	329	714	822	89,93	13. 7.	5⁰⁰	2,51		
		(26,6)									7,21	0,271
	Torgau	154,6	74,98	267	664	774	82,72	13. 7.	11⁰⁰	2,90		
$F_N = 7438\ km^2$		(29,9)									7,19	0,240
	Pretzsch-Mauken	184,5	69,30	245	574	623	75,53	13. 7.	17⁰⁰—23⁰⁰	2,54		
		(15,7)									3,93	0,250
	Elster	200,2	66,76	165	425	484	71,60	14. 7.	(8⁰⁰)	2,93		
		(13,9)									3,30	0,237
	Wittenberg	214,1	62,48	293	531	582	68,30	13.7.	21⁰⁰	2,00		
		(22,3)									4,34	0,199
	Coswig	236,4	50,02	1021	1338	1394	63,96	14. 7.	12⁰⁰—16⁰⁰	1,37		
		(9,2)									1,36	0,148
	Vockerode	245,6	49,97	818	1166	1263	62,60	14. 7.	10⁰⁰	1,55		
		(12,2)									2,73	0,224
	Roßlau	257,8	53,86	225	514	601	59,87	14. 7.	5⁰⁰—17⁰⁰	2,67		

Dresden—Torgau

Die Zuflüsse dieses Zwischengebietes sind im einzelnen zwar nicht bedeutend; insgesamt aber entwässern sie doch ein Gebiet von etwa 2000 km². Dieses lag ab 8. Juli gleichfalls im Bereich der starken Niederschläge. Dementsprechend wurden dem Elbstrom auch auf dieser Strecke noch recht erhebliche Wassermengen zugeführt, die bis zum 11. Juli nicht nur eine wesentliche Beschleunigung des Anstiegs der Wasserstände an den Pegeln bis

Torgau brachten, sondern — nach Nordwärtsverlagerung des Hauptniederschlagsgebietes — in den Abendstunden des 12. Juli HW in Riesa und Strehla bereits vor Durchgang der Scheitelwelle aus dem Oberlauf eintreten ließen.

Der eigentliche Hochwasserscheitel der Elbe aus dem Oberlauf erreichte Torgau mit 774 cm am Pegel am 13. Juli kurz vor Mittag. Trotz Erhöhung der Wasserführung blieb hier und an den Zwischenstationen HHW vom Sommer 1890 noch um wenigstens 150 cm (Strehla) unterschritten, wenn auch die Überschreitung von MHW (1941/1950) durchweg 75 bis 100 cm betrug. Die Laufzeit des Wellenscheitels von Dresden nach Torgau dagegen war mit 30 Stunden (mittlere Wellengeschwindigkeit etwa 5,1 km/h bzw. 1,4 m/s) durchaus normal [14].

Während unterhalb Meißen — bis hierher wirkten sich noch die Zuflüsse aus Weißeritz und Triebisch aus — auf wenige Kilometer der Elbstrecke zunächst ein allmähliches Abflachen der Scheitelwelle zu beobachten war, setzte doch im Raume Riesa und dann bis Torgau anhaltend ein erhöhter Zufluß ein. Dies zeigt nicht nur die Gegenüberstellung der Wasserstände in Tabelle 5, sondern besser noch ein Vergleich der sekundlichen Höchstabflüsse in Dresden und Torgau. Mit 2430 m^3/s ($Hq = 44{,}1\ l/s\ km^2$) in Torgau ist zwar gegenüber Dresden ($HQ = 2350\ m^3/s$; $Hq = 44{,}2\ l/s\ km^2$) nur eine geringfügige, aber immerhin doch eine Zunahme von 80 m^3/s zu erkennen, obwohl in dem sich nunmehr weitenden Tal der Elbe ein gewisser Prozentsatz des oberirdischen Abflusses auch in das Grundwasser eingetreten war und eigentlich mit einer Abnahme hätte gerechnet werden müssen. Die Anreicherung des Grundwassers im oberen Elbtal während des Hochwasserablaufs dürfte mit 30 hm^3 nicht zu hoch angegeben sein. Eine Beurteilung der Grundwasserverhältnisse ermöglicht Abbildung 29 (nach Seite 72), in der das Profil bei Stromkilometer 142,9 im Raume Belgern dargestellt ist. Weitere Ausführungen hierzu werden in Abschnitt 3. 4 gebracht.

Torgau—Roßlau

Charakteristisch für den weiteren Ablauf des Hochwassers in der Elbe war die auf der Strecke unterhalb von Pretzsch zu beobachtende Beschleunigung der Wellenschnelligkeit, die den Scheitel bereits zehn Stunden nach seinem Durchgang bei Torgau den Pegel Wittenberg passieren und nach weiteren acht Stunden Roßlau erreichen ließ, wo er auf den rückwärtigen Ast des in der Nacht vom 12. zum 13. Juli im Strom durch die Hochflut der Mulde gebildeten Scheitels auflief. Durch diese Beschleunigung wurde die Welle wesentlich verlängert und abgeflacht, was auch die Gegenüberstellung der 1954 erreichten Hochwasserstände zu MHW (1941/1950) ergibt. Während in Torgau MHW noch um 110 cm überschritten wurde, betrug die Überschreitung an den unterhalb gelegenen Pegeln Pretzsch—Mauken, Elster und Wittenberg kaum mehr als 50 cm.

Lag es zunächst auch nahe, die Beschleunigung der Wellenschnelligkeit auf stärkeres Gefälle zurückzuführen, so zeigen doch allein schon die hierfür in Tabelle 5 angegebenen Verhältniswerte, daß die gegenüber der durchschnittlichen Laufzeit wesentlich verfrühten Eintrittszeiten des Wellenscheitels an den Pegeln unterhalb Pretzsch—Mauken auf andere Ursachen zurückgeführt werden müssen.

Als solche sind offensichtlich auch in diesem Gebiet die beim Ablauf des Hochwassers zu verzeichnenden stärkeren Niederschläge anzusehen. Wie die Niederschlagssummen vom 11. bis 13. Juli (Abbildung 18) zeigen, fielen mit Nordwestverlagerung des Hauptniederschlagsgebietes gerade im Raum zwischen Wittenberg und Roßlau, durch Stau an den Hängen des Fläming in ihrer Intensität noch verstärkt, so erhebliche Regenmengen (> 75 mm), daß das anfallende und dem Strom direkt zufließende Niederschlagswasser in

Wittenberg und Roßlau — ähnlich wie im Raume Riesa — HW früher eintreten ließ, als dies unter normalen Umständen zu erwarten gewesen wäre. Aus den Niederschlägen erklärt sich dann zweifellos auch die in Roßlau gegenüber Wittenberg wieder festzustellende Erhöhung des Wellenscheitels.

Die Verstärkung der Niederschlagstätigkeit im Mittellauf der Elbe bei Durchlauf der Hochwasserwelle aus dem Oberlauf (12./13. Juli) ist auch deutlich an der Niederschlagsspende der Zwischeneinzugsgebiete Torgau—Wittenberg (F_N etwa 6000 km^2) und Wittenberg—Roßlau (F_N etwa 1000 km^2) zu erkennen. Während sie am 12./13. Juli im Gesamteinzugsgebiet bis zum Pegel Torgau nur 239 l/s km^2 erreichte, stieg sie im Zwischeneinzugsgebiet Torgau—Wittenberg auf 422 und im — allerdings kleineren — Zwischeneinzugsgebiet Wittenberg—Roßlau sogar auf 644 l/s km^2 an. DieVerlagerung des Akzentes der Niederschlagstätigkeit vom Anfang auf das Ende des Dauerregens machte sich, wie Tabelle 6 erkennen läßt, auch noch in der Niederschlagsspende der Einzugsgebiete der unterhalb gelegenen Pegel deutlich bemerkbar.

Tabelle 6

Prozentualer Anteil der täglichen Niederschlagsspende an der Gesamtniederschlagsspende der Tage vom 8. bis 13. Juli 1954 (auf Grund der Tagessummen des Niederschlags)

Pegel	8. 7.	9. 7.	10. 7.	11. 7.	12. 7.	13. 7.
Schöna	29	34	19	1	13	4
Dresden	28	34	19	2	13	4
Torgau	27	34	20	2	13	4
Wittenberg . . .	25	35	19	2	14	5
Roßlau	25	34	19	2	15	5
Aken	23	33	21	4	14	5
Hämerten	18	29	22	8	16	7

Die Gesamtniederschlagsspende der angeführten Einzugsgebiete schwankt in verhältnismäßig engen Grenzen zwischen 1308 und 1436 l/s km^2.

Außer den Niederschlägen haben natürlich auch noch andere Faktoren zur Verkürzung der Laufzeit des Wellenscheitels beigetragen. So dürfte z. B. die vorangegangene langanhaltende Trockenheit nicht ganz ohne Folgen gewesen sein. Da wesentliche Niederschläge — wie bereits ausgeführt — im Raum Wittenberg erst bei Durchlauf der Hochwasserwelle einsetzten, fand in den Überschwemmungsgebieten bei den zweifellos stark ausgetrockneten Böden (genaue Angaben über die Bodenfeuchtigkeit liegen nicht vor) zunächst kaum eine Anreicherung des Grundwassers statt. Wegen der ungenügenden Durchfeuchtung und der als Folge der Überschwemmung nur langsam entweichenden Bodenluft blieb das Sickerwasser zumeist in den oberen Bodenschichten hängen, so daß dadurch nicht nur der Abfluß erhöht, sondern auch der schnellere Ablauf des Hochwassers begünstigt wurde.

Die an den Pegeln Elster, Coswig und Vockerode verspätet aufgetretenen Hochwasserstände (s. auch Tabelle 5) sind auf das Hochwasser der Schwarzen Elster, das etwa bei MHW lag, zurückzuführen. Dieses folgt der vorangegangenen Elbwelle, ohne jedoch eine Erhöhung der Wasserstände zu bewirken. Ausgenommen hiervon ist nur der kurz unterhalb der Einmündung gelegene Pegel Elster, wo der höchste Wasserstand in den Vormittagsstunden des 14. Juli mit 484 cm abgelesen wurde. HW blieb damit noch 50 cm unter HHW (534) von 1890, und die Überschreitung von MHW betrug auch nur 60 cm, so daß allein schon daraus ersichtlich wird, daß der Zufluß des Hochwassers aus der Schwarzen Elster keine zusätzliche Gefährdung für das Elbgebiet brachte.

Roßlau erreichte die nachfolgende Welle aus der Schwarzen Elster am 15. Juli kurz nach Mitternacht, wo der bereits wieder fallende Wasserstand vor einem erneuten stärkeren Fall zeitweise stagnierte.

Der Verlauf des Hochwassers der Schwarzen Elster ist in Abschnitt 4. 2 ausführlicher beschrieben.

3.12 Elbe im Mittellauf

Roßlau—Barby

Zeigt der bisherige Ablauf der Hochwasserwelle das Bild eines zunächst steilen, dann aber einer sich auch aus der Größe des Überschwemmungsgebietes zu erklärenden flacher werdenden Welle, so brachte die Hochflut der Mulde mit Scheitelwasserständen, die stellenweise noch höher lagen als bei der unerhörten Sommerhochflut vom Juli 1897, unterhalb Dessau doch einen Wuchs, der gegenüber einem weiteren normalen Ablauf der Welle, abgeleitet aus den Abflüssen am Pegel Aken (HQ = 3590 m^3/s bei HW = 684 cm) eine Erhöhung der Wasserstände von 70 bis 80 cm ausmachte. Der Einfluß der Mulde auf das Hochwasser im Elbstrom war aber trotzdem nicht so stark, daß der bekannte höchste Hochwasserstand erreicht oder gar überschritten worden wäre. Immerhin bleibt aber doch festzustellen, daß jetzt in der Elbe ein Sommerhochwasser zum Abfluß kam, wie es seit 1890 nicht mehr beobachtet wurde. Zum Vergleich sind hierzu in Tabelle 7 die am Pegel Barby in der Zeit von 1841 bis 1954 eingetretenen Hochwasser über 600 cm zusammengestellt [15].

Tabelle 7

Hochwasser über 600 cm am Pegel Barby/Elbe von 1841 bis 1954

Jahr	Monat	Wasserstand cm	Jahr	Monat	Wasserstand cm
1841	März	628	1888	März	660
1845	April	**733**	1890	September	652
1846	Februar	655	1891	März	613
1850	Februar	647	1895	März	678
1852	Februar	621	1897	August	640
1853	Mai	605	1900	April	658
1855	März	639	1915	März	625
1860	April	623	1917	Januar	613
1862	Februar	678	1920	Januar	683
1865	April	675	1923	Februar	652
1867	Februar	621	1926	Juni	639
1876	Februar	700	1940	März	659
1877	Februar	618	1941	April	635
1881	März	696	1944	April	604
1882	Februar	604	1946	Februar	643
1883	Januar	662	1947	März	649
1886	März	649	1948	Februar	625
			1954	Juli	601

Der Vergleich ist allerdings nur bedingt möglich, da der Hochwasserabfluß im Strom durch die ab Mitte des vorigen Jahrhunderts an der Elbe in verstärktem Maße durchgeführten Deichbauten und Begradigungen recht erhebliche Veränderungen erfahren haben dürfte. Immerhin aber ist zu bemerken, daß von den insgesamt 35 aufgeführten Hochwassern nur 4 (= 11,4%) als Sommerhochwasser und zwar erst ab 1890 mit dann nahezu gleich hohen Wasserständen auftraten. Die Häufigkeit von Winter- und Frühjahrshochwasser (14 bzw. 17) dagegen war fast gleich. In diesem Zusammenhang ist auch noch auf die höchste Flut im Frühjahr 1845 hinzuweisen. Daß dieses Katastrophenhochwasser nicht durchweg an allen Pegeln die überhaupt höchsten Wasserstände brachte, ist lediglich eine Folge der vielen Deichbrüche. Soweit die höchsten Hochwasserstände an den Pegeln der Elbe aus dem Jahre 1845 noch bekannt sind, wurden diese in Tabelle 8 zusammengestellt. Nach alten Aufzeichnungen durcheilte der Scheitel dieser Flutwelle die Strecke von Dresden bis zur Havelmündung (376 km) in nur 90 Stunden.

Tabelle 8
HW 1845 an den Pegeln der Elbe

Pegel	HW 1845	Tag
Bad Schandau . .	1183	31. 3.
Königsstein . . .	1238	31. 3.
Pirna	961	31. 3.
Pillnitz	994	31. 3.
Dresden	877	31. 3.
Radebeul	998	31. 3.
Meißen	1051	31. 3.
Merschwitz . . .	948	31. 3.
Roßlau	647	2. 4.
Aken	740	3. 4.
Barby	733	3. 4.

Zum weiteren Ablauf der Hochwasserwelle im Juli 1954 ist noch folgendes zu sagen:

Die Vorwelle der Mulde — der Hochwasserablauf in der Mulde wird ausführlich in Abschnitt 5 behandelt — erreichte mit 590 cm am Pegel bereits in den frühen Nachmittagsstunden des 13. Juli Barby. Die eigentliche Elbwelle, nunmehr in ihrem Ablauf durch den vorauseilenden Scheitel aus der Mulde gehemmt, folgte nur langsam nach. Während normalerweise die Scheitelwasserstände in Aken 7 Stunden nach Erreichen des Höchststandes in Roßlau eintreten, war im Juli 1954 eine Verzögerung von 9 Stunden zu beobachten, denn erst am 14. Juli gegen 21.00 Uhr wurde am Pegel Aken der Höchststand mit 684 cm erreicht. Barby durchlief der Wellenscheitel in der Nacht vom 14. zum 15. Juli mit 650 cm am Pegel. Hier war bereits ab 12. Juli, durch die hohe Wasserführung der Saale bedingt, ein stärkerer Anstieg erfolgt. Eine direkte Auswirkung der Saale, deren Hochwasser auf die Hochflut der Weißen Elster zurückzuführen war (s. Abschnitt 6), auf die Höhe des Scheitels der Elbe konnte allerdings nicht festgestellt werden. Die in den Mittagsstunden des 15. Juli der Elbe aus der Saale zufließende Hochwasserwelle wirkte sich nur insofern erheblich und nachteilig aus, als sie das Abfallen der Elbe verzögerte und zur Ausbildung eines langen Wellenhanges im Unterlauf beitrug. Die Darstellung der Abflüsse der Elbe (Abbildung 28) lassen am Pegel Hämerten, d. h. etwa 100 km unterhalb Roßlau noch kaum ein Auseinanderfließen der Welle erkennen.

Die Welle aus der Schwarzen Elster erreichte Barby erst 24 Stunden nach Durchgang des Elbscheitels. Sie wirkte sich hier allerdings kaum noch aus; lediglich am Pegel Dessau-Leopoldshafen brachte sie am 15. Juli noch den Höchststand von 962 cm (s. Tabelle 9):

Tabelle 9

Scheitelwasserstände der Elbe zwischen Roßlau und Havelberg-Dommühlenholz

Pegel	km unterhalb der Staatsgrenze (Abstand der Pegel)	Pegelnull NN+m	MW 1941/1950 cm	MHW 1941/1950 cm	HW Juli 1954 cm	HW Juli 1954 NN+m	HW Juli 1954 Tag	Uhrzeit	HW/MW	Gefälle absolut	Gefälle ‰
Roßlau	257,8	53,86	225	514	601	59,87	14. 7.	5^{00}—17^{00}	2,67		
	(3,4)									0,26	0,076
Dessau-Leopoldshafen	261,2	49,99	479[1])	814[1])	(962)	59,61	15. 7.	?	2,00		
	(13,5)									2,53	0,187
Aken	274,7	50,24	241	556	684	57,08	14./15. 7.	21^{00}— 1^{00}	2,84		
	(18,7)									4,13	0,221
Barby	293,4	46,45	247	550	650	52,95	14./15. 7.	23^{00}— 7^{00}	2,63		
	(19,6)									2,62	0,134
Schönebeck	313,0	43,57	247	540	(636)	(50,33)	15. 7.	(12^{00})	2,58		
	(12,5)									4,09	0,327
Magdeburg: Buckau	325,0	40,41	192[2])	438[2])	583	46,24	15. 7.	12^{00}	3,03		
	(1,1)									0,40	0,364
Magdeburg: Strombrücke	326,6	39,92	214	466	592	45,84	15./16. 7.	21^{00}— 3^{00}	2,76		
	(6,1)									0,92	0,151
Magdeburg: Rothensee	332,7	37,31	310	656	761	44,92	15./16. 7.	18^{00}— 1^{00}	2,45		
	(10,9)									1,83	0,168
Niegripp, Neue Schleuse	343,6	34,44	355	690	865	43,09	15./16. 7.	21^{00}—23^{00}	2,44		
	(31,2)									6,17	0,198
Ferchland	374,8	29,94	299	607	698	36,92	16. 7.	6^{00}— 8^{00}	2,33		
	(13,4)									2,44	0,182
Tangermünde	388,2	27,59	301	592	689	34,48	16. 7.	19^{00}—21^{00}	2,29		
	(6,4)									0,82	0,128
Hämerten	394,6	26,26	319	621	(740)	(33,66)	17. 7.	(8^{00})	2,31		
	(21,4)									4,21	0,197
Sandau	416,0	22,47	325	590	698	29,45	16. 7.	21^{00}	2,15		
	(6,1)									0,93	0,152
Havelberg-Dommühlenholz	422,1	21,34	325	610	718	28,52	16./17. 7.	19^{00}—10^{00}	2,21		

[1]) 1951/1954. [2]) 1948/1954.

Barby—Havelberg

Die Vorwelle aus der Mulde war deutlich nur noch bis Schönebeck zu verfolgen, wo sie in den Nachmittagsstunden des 13. Juli zu einer Beschleunigung des Anstiegs führte. In ihrem weiteren Ablauf zeichnete sie sich aber nicht mehr ab, denn etwa zur Zeit ihres Eintreffens an der Elbumflut wurde das Pretziner Wehr gezogen (13. 7. 18.55 Uhr) und dadurch eine merkliche, auch aus der Ganglinie des Pegels Schönebeck (s. auch Abbildung 21) zu erkennende Abflachung erreicht. Die Abflachung hielt auch noch am 14. Juli an, nachdem gegen 9.00 Uhr zwei weitere Joche des Wehres geöffnet wurden. Die vollständige Öffnung des Wehres erfolgte am gleichen Tage um 20.00 Uhr, konnte aber nicht verhindern, daß in den Mittagsstunden des 15. Juli bei Durchgang der Hauptwelle MHW am Pegel Schönebeck noch um etwa 100 cm überschritten wurde.

Die Angaben in Tabelle 9 über die Eintrittszeiten der Scheitelwasserstände an den unterhalb Schönebeck gelegenen Pegeln sind an sich so widerspruchsvoll, daß sich daraus kein

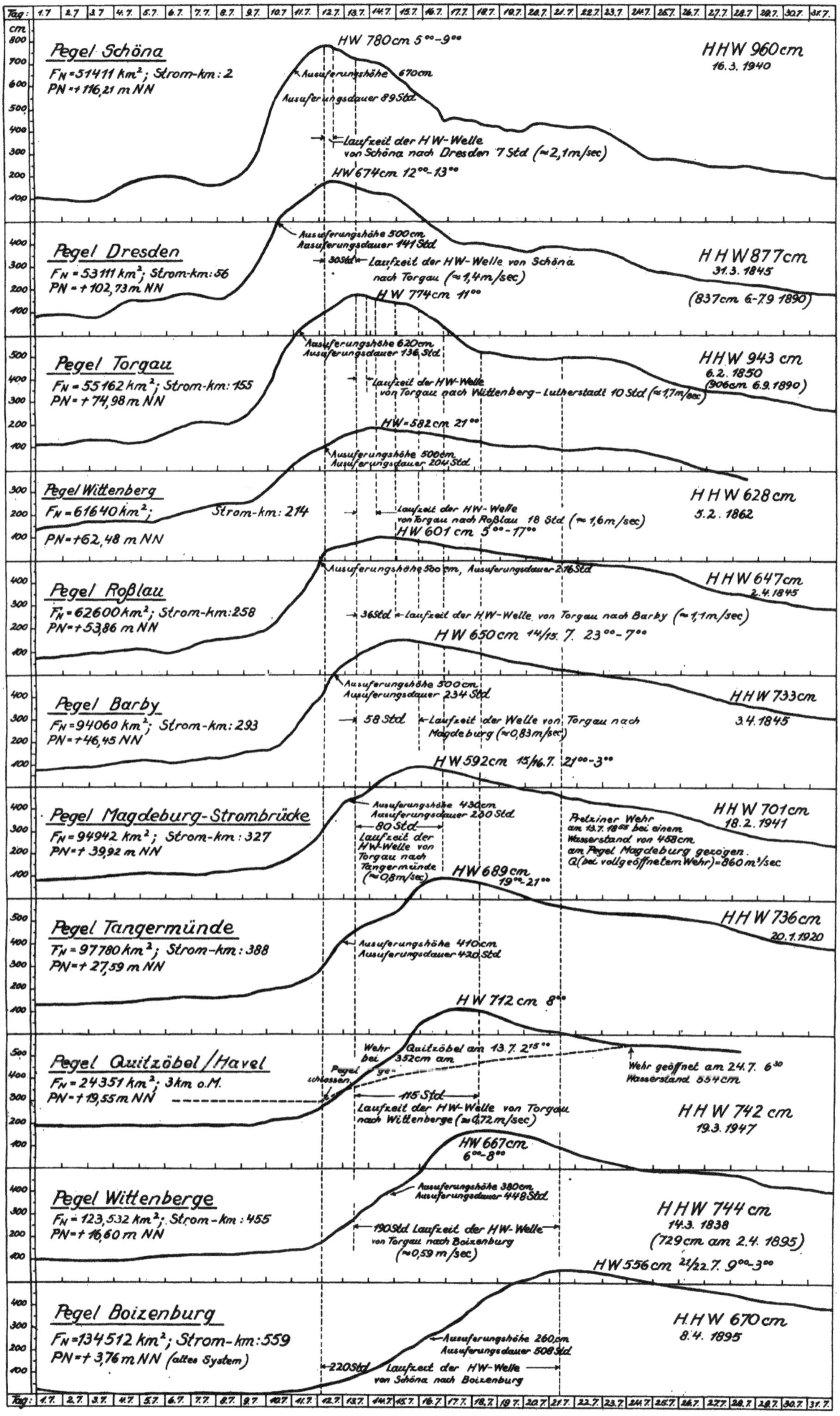

Abb. 20. Verlauf des Hochwassers der Elbe im Juli 1954

klares Bild für den weiteren Ablauf des Hochwassers ergibt. Es wurden daher in Abbildung 21 die Wasserstandsganglinien für die auf der Strecke zwischen Roßlau und Havelberg beobachteten Pegel aufgetragen (Weg — Zeit — Diagramm) und der Durchgang der Scheitelwelle konstruiert. Damit ergab sich eine Möglichkeit, nicht nur den Ablauf der

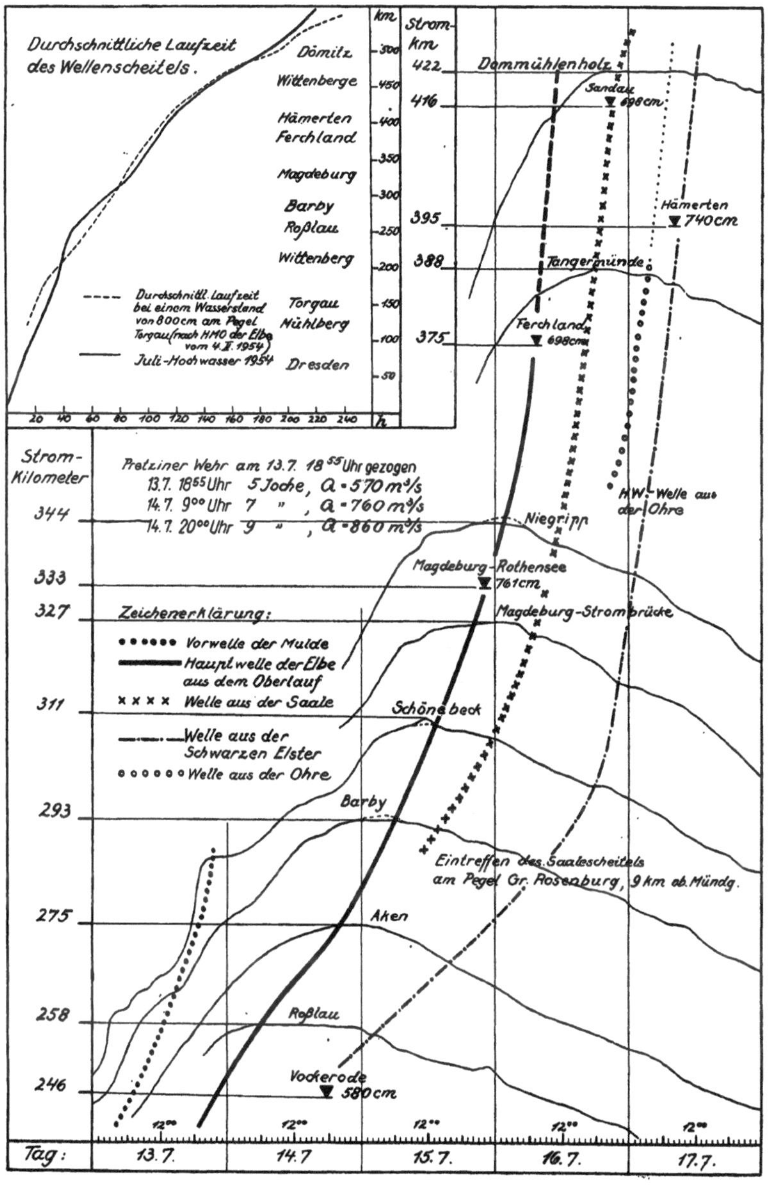

Abb. 21. Hochwasserscheitel der Elbe zwischen Roßlau und Havelberg

Welle aus dem Oberlauf der Elbe, sondern auch die Auswirkungen der Zuflüsse auf dieser Strecke nachzuweisen.

Wie schon erwähnt, war die durch die Hochflut der Mulde hervorgerufene Erhöhung der Wasserstände der Elbe noch deutlich bis Schönebeck zu verfolgen. In den Ganglinien der Pegel Magdeburg-Strombrücke und Niegripp noch aufgezeichnete kleinere Spitzen mit dem

Muldescheitel zu identifizieren dürfte wohl kaum angebracht sein; es ist vielmehr anzunehmen, daß diese auf die Bedienung des Pretziner Wehrs und die unterschiedliche Entlastung durch die Elbumflut zurückzuführen sind. Einwandfrei dagegen wieder nachzuweisen ist die Elbwelle aus dem Oberlauf, die Magdeburg in den frühen Nachtstunden des 15. Juli durchlief und kurz nach Mitternacht in Niegripp, an der Mündung des Elbe—Havel-Kanals, eintraf. Die auf dieser Strecke und auch weiter bis Ferchland beobachteten Scheitelwasserstände lagen 100 bis 125 cm über MHW (1941/1950). Ein Vergleich mit den in den letzten Jahrzehnten beobachteten Hochwasserständen im Sommer zeigt eine Überschreitung von durchweg 50 bis 60 cm. Unterhalb Ferchland war die Elbwelle aus dem Oberlauf noch bis zur Havelmündung, also bis zum Pegel Havelberg—Dommühlenholz nachzuweisen. Sie lag hier gegen Mittag des 16. Juli mit etwa 700 cm zwar schon 90 cm über MHW, brachte aber doch nicht den Höchststand. Dieser trat erst bei Durchgang des nachfolgenden, durch das Hochwasser der Saale hervorgerufenen Wellenscheitels ein. Dieser folgte, wie auch wieder die Darstellung in Abbildung 21 zeigt, in einem zeitlichen Abstand von etwa zehn Stunden. Wenn auch bis Niegripp noch kein Einfluß der Saale auf die im Verlauf dieses Hochwassers an den Pegeln eingetretenen höchsten Wasserständen zu verzeichnen war, so wirkte sich doch jetzt ihre Welle im Verein mit den der Elbe oberhalb Niegripp (bei Lostau) aus der Elbumflut wieder zufließenden Wassermengen derart erhöhend auf die Wasserführung im Strom aus, daß damit in den Abend- bzw. ersten Nachtstunden des 16. Juli die Scheitelwasserstände an den unterhalb gelegenen Pegeln eintraten. In Tangermünde (HW = 689 cm) wurde MHW um 97 cm, in Sandau (HW = 698 cm) und in Havelberg—Dommühlenholz (HW = 718 cm) um 108 cm überschritten. Nach Durchgang der Elbwelle aus dem Oberlauf betrug die Erhöhung durch die Saale am letztgenannten Pegel immerhin noch 18 cm.

Auch ein Vergleich der Höchstabflüsse in Aken (3590 m³/s) und Hämerten (3460 m³/s) läßt kaum ein Auseinanderfließen und Verflachen der Welle erkennen, wenn auch der sekundliche Abfluß bei Durchgang des Scheitels in Hämerten geringfügig abgenommen hatte (s. auch Abbildung 28).

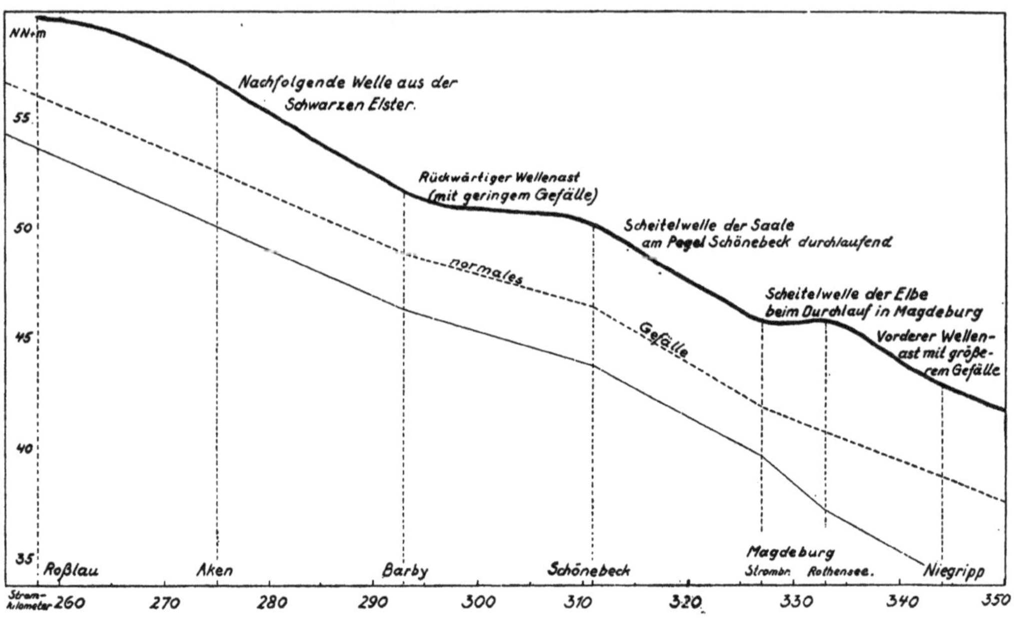

Abb. 22. Hochwasserwelle der Elbe im Längsschnitt (16. Juli 1954, 0.00 Uhr)

Während in einer im Abstand von etwa 24 Stunden nachfolgenden Welle auf der Strecke zwischen Roßlau und Havelberg noch der Einfluß der Schwarzen Elster nachzuweisen ist, sind die dem Elbstrom aus Nuthe und Ehle am 13./14. Juli zufließenden mittleren Hochwasser nicht mehr zu erkennen. Lediglich der Zufluß der Ohre (HW = 158 cm am 16. Juli am Pegel Wolmirstedt) wirkte sich noch in Tangermünde aus.

Ein in Abbildung 22 dargestellter Längsschnitt der Hochwasserwelle auf der Strecke zwischen Roßlau und Niegripp vermittelt ein Momentanbild der Situation vom 16. Juli 0.00 Uhr.

Die Scheitelwelle der Elbe aus dem Oberlauf mit dem größeren Gefälle durchlief zu diesem Zeitpunkt Magdeburg. Die nachfolgende Welle aus der Saale hatte soeben Schönebeck erreicht und verlängerte auf Grund des geringen Spiegelgefälles mit ihrem rückwärtigen Ast den Wellenhang der vorauseilenden Elbwelle bereits auf etwa 35 km. Die Welle aus der Schwarzen Elster trug nochmals zu einer Verlängerung des Wellenhanges bei, so daß sich dieser nunmehr bis Roßlau, also auf eine Gesamtlänge von rund 75 km ausdehnte.

3.13 Elbe im Unterlauf

Der Ablauf des Hochwassers im Unterlauf der Elbe zeigte an sich keine Besonderheiten. Nachteilig wirkte sich nur der lange Wellenhang aus, der z. B. am Pegel Boizenburg zu einer Ausuferungsdauer von insgesamt 508 Stunden führte. Der der Elbwelle nachfolgende Saalescheitel brachte auch hier die höchsten Wasserstände, die bis Wittenberge zwar durch-

Tabelle 10

Scheitelwasserstände der Elbe im Unterlauf

Pegel	Strom-kilometer	Pegelnull NN + m (* = altes System)	HHW		HW Juli 1954			
			cm	Jahr	cm	NN + m	Tag	Zeit
Abbendorf	**434,7**	**20,55**	**623**	**1947**	**540**	**25,95**	**17. 7.**	**(10^{00})**
Gnevsdorf	437,9	20,15	548	1920	524	25,39	17. 7.	(12^{00})
Beuster-Camps	442,6	19,40	526	1920	496	24,36	17. 7.	18^{00}—21^{00}
Scharlenck	446,6	18,85	561	1920	526	24,11	17. 7.	19^{00}
Steinfelde	450,0	18,21	550	1954	550	23,71	17. 7.	(12^{00})
Wittenberge	**454,6**	**16,60**	**729**	**1895**	**667**	**23,27**	**18. 7.**	**6^{00} — 8^{00}**
Wahrenberg	459,6	16,79	596	1954	596	22,75	18. 7.	5^{00}—19^{00}
Müggendorf	464,0	16,15	588	1954	588	26,03	18. 7.	8^{00}
Cumlosen	469,9	15,30*	591	1954	592	21,22	18. 7.	(12^{00})
Lütkenwisch	472,8	14,98*	574	1954	574	20,72	18./19. 7.	21^{00}—22^{00} 2^{00}— 8^{00}
Lenzen N. Haus	477,1	14,35*	606	1954	606	20,41	19. 7.	5^{00}
Lenzen	**484,6**	**12,41***	**747**	**1895**	**680**	**19,21**	**19. 7.**	**5^{00}— 7^{00}**
Klein-Wootz	491,8	12,50*	542	1954	542	17,92	19. 7.	8^{00}—21^{00}
Besandten	498,2	11,70*	534	1954	534	17,04	19. 7.	17^{00}—18^{00}
Dömitz	**504,4**	**10,56***	**744**	**1888**	**569**	**16,25**	**20. 7.**	**2^{00}— 7^{00}**
Broda	507,0	10,27*	730	1888	568	15,95	20. 7.	2^{00}—12^{00}
Bohnenburg	515,1	8,31*	650	1954	650	14,81	20. 7.	9^{00}—22^{00}
Strachau	517,8	8,01*	641	1954	641	14,42	20. 7.	13^{00}—24^{00}
Bitter	523,8	7,21*	669	1954	669	13,90	21. 7.	2^{00}— 3^{00}
Neu-Schutschur	532,0	6,22*	655	1954	653	12,75	20./21. 7.	12^{00}—12^{00}
Darchau	**535,8**	**5,47***	**721**	**1895**	**654**	**12,28**	**21. 7.**	**(3^{00}— 8^{00})**
Viehle	540,4	5,12*	656	1954	656	11,68	20. 7.	19^{00}
Stiepelse	545,6	4,50*	639	1954	639	10,89	21. 7.	2^{00}—12^{00}
Boizenburg	**559,3**	**3,76***	**670**	**1895**	**556**	**9,32**	**21./22. 7.**	**9^{00}— 3^{00}**

weg noch 110 cm, in Darchau und Boizenburg aber nur noch etwa 70 cm über MHW (1941/1950) lagen. Das Auseinanderfließen der Welle setzte stärker bereits unterhalb Hämerten ein und wurde durch das Ergebnis einer am 17. Juli bei einem Wasserstand von 667 cm in Wittenberge durchgeführten Abflußmessung bestätigt. Noch augenscheinlicher allerdings wird das Auseinanderfließen bei einer Gegenüberstellung der Abflüsse von Hämerten und Darchau, wie sie in Abbildung 28 gegeben ist.

Die an den Pegeln im Unterlauf der Elbe eingetretenen Scheitelwasserstände sind in Tabelle 10 zusammengestellt [17]. Bei den Pegeln Abbendorf, Wittenberge, Lenzen, Dömitz, Darchau und Boizenburg handelt es sich um Stationen höherer Ordnung (Fettdruck); die übrigen als Pegel III. Ordnung werden nur bei Hochwasser abgelesen. Die Lage der aufgeführten Pegel am Strom ergibt sich aus der Übersichtskarte (s. Anlage).

Wenn es auch für die Beurteilung des Hochwasserablaufs im Juli 1954 — im Gegensatz natürlich zu einem Winterhochwasser, wo durch Eisversetzungen gefährliche Situationen auftreten können — nicht unbedingt erforderlich war, die an den Hochwasserpegeln eingetretenen Scheitelwasserstände zu kennen, so wurde es doch im Hinblick auf eine gegebenenfalls noch notwendige Untersuchung über die Auswirkungen der Bedienung des Wehrs Quitzöbel für erforderlich gehalten, die Zahlenwerte zu veröffentlichen. Entgegen der Bedienungsvorschrift wurde das Wehr nämlich am 13. Juli geschlossen.

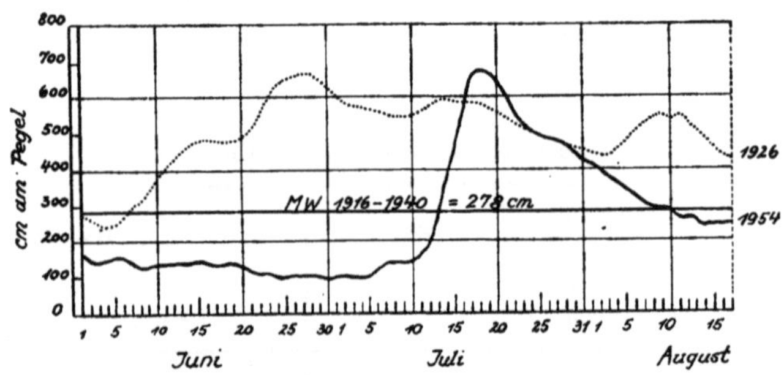

Abb. 23. Wasserstandsganglinien Pegel Wittenberge/Elbe (Vergleich 1926 : 1954)

Während an einer Vielzahl der Hochwasserpegel HHW im Juli 1954 überhaupt zum ersten Male festgestellt wurde, läßt sich doch allgemein sagen, daß im Unterlauf der Elbe trotz der beachtlichen Zuflüsse aus Mulde und Saale die Höhe des hier bekannten höchsten Hochwassers vom April 1895 nicht erreicht wurde [18]. Die Wasserstände blieben durchweg 60 cm, in Boizenburg sogar 114 cm unter HHW. Ein Vergleich zu dem letzten hohen Sommerhochwasser vom Jahre 1926 allerdings zeigt, daß z. B. in Wittenberge die Wasserstände im Juli 1954 noch 13 cm über dem bisher höchsten Hochwasserstand des Sommerhalbjahres lagen (Abbildung 23). Diese Tatsache läßt gewisse Rückschlüsse auf die Schwere des letzten Hochwassers zu, wenn auch nicht verkannt werden darf, daß die Hochflut von 1926 allein schon durch ihre lange Dauer — die Elbe war z. B. am Pegel Lenzen, kurz unterhalb der Havelmündung mehr als zwei Monate fast ununterbrochen aus den Ufern getreten — nicht minder folgenschwer war [12]. 1954 konnte im Vergleich dazu von einem ausgesprochen raschen Ablauf der Hochflut gesprochen werden. Bereits am 16. Tage nach Erreichen des Höchststandes war am Pegel Boizenburg (letzter Pegel der Elbe im Gebiet der Deutschen Demokratischen Republik) die Ausuferungshöhe schon wieder unterschritten (s. auch Abbildung 20).

Die Annahme, daß ein Öffnen des Wehres in Quitzöbel den Hochwasserverlauf in der unteren Elbe maßgeblich beeinflußt hätte, dürfte irrig sein. Eine ohne Gefährdung des

Bauwerks mögliche Entlastung von 150 m³/s hätte — errechnet nach Angaben des Gewässerkundlichen Jahrbuches [13] — auf der Elbstrecke zwischen Havelberg und Wittenberge höchstens eine Absenkung der Scheitelwasserstände um etwa 10 cm zur Folge gehabt. Damit wäre zwar der Anfang des Elbscheitels gebrochen worden, der Höchststand letzten Endes aber doch eingetreten, wenn auch einige Stunden später und verkürzt. Bei einer Auffüllung der Havelniederung bis zur Krone der Sommerdeiche an der Dosse stand bei einem Eigenabfluß der Havel von 50 m³/s nur eine freie Stauhöhe von etwa 225 cm zur Verfügung, die aber bereits nach 60 bis 70 Stunden erreicht worden wäre. Es sprach somit alles dafür, das Wehr zu schließen, zumal dadurch größere landwirtschaftlich genutzte Flächen vor Schäden bewahrt blieben.

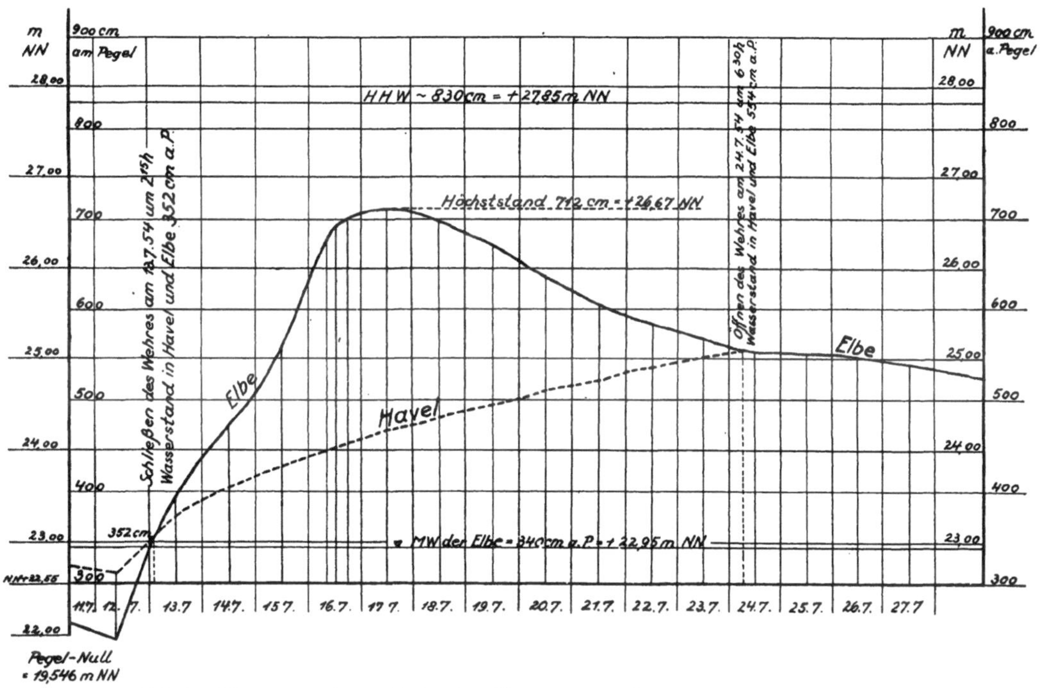

Abb. 24. Wasserstandsganglinien der Elbe und der Havel bei Quitzöbel (Juli 1954)

Ob es allerdings in jedem Falle richtig ist, bei Wasserständen, wie sie das Sommerhochwasser 1954 gebracht hat, das Wehr zu schließen, muß noch dahingestellt bleiben. Ein Entscheid hierüber hängt im wesentlichen von dem Zustand der unterhalb der Havelmündung gelegenen Elbdeiche ab. Während bei einem schnell ablaufenden Hochwasser keine direkte Gefährdung der Deiche zu erwarten sein dürfte, könnte durch langanhaltende höhere Wasserstände wie z. B. beim Ablauf des Sommerhochwassers von 1926 die Standfestigkeit der Deiche doch gemindert werden. In diesem Zusammenhang spielt natürlich auch noch die vor und während der Hochwassersituation herrschende Witterung eine nicht unbedeutende Rolle [19].

Die Abbildungen 25 und 26 sollen ein Bild von den Auswirkungen des Hochwassers der Elbe im Unterlauf vermitteln. Entgegen anders lautenden Berichten sei auch an dieser Stelle nochmals ausdrücklich darauf hingewiesen, daß Winterdeiche in keinem Falle überflutet wurden. Wenn von Überflutungen die Rede war, so bezieht sich das nur auf einzelne Sommerdeiche und die zwischen den Deichen liegenden Grünländer bzw. Ackerflächen.

Die rechten Nebenflüsse der Elbe im Unterlauf führten kein eigenes Hochwasser. Die im Unterlauf der Havel beobachteten höheren Wasserstände waren auf das in den frühen

Abb. 25. Überfluteter Sommerdeich bei Lenzen

Abb. 26. Schiffsverkehr auf den überschwemmten Löcknitzwiesen

Nachtstunden des 13. Juli erfolgte Schließen des Wehres Quitzöbel zurückzuführen, eine Maßnahme die erforderlich wurde, um 30 000 ha landwirtschaftlich genutzter Fläche in der Havelniederung vor Hochwasser zu schützen. Gleichzeitig damit wurden auch die übrigen Havelwehre bis Brandenburg hinauf so bedient, daß zwar die bestehende Höchststandregelung überschritten wurde, abgesehen aber von niedrigen Grünlandflächen keine Gefahr für landwirtschaftliche Flächen bestand. Es gelang so, den Unterlauf der Havel von der Eigenwasserführung weitgehend zu entlasten. Das Wehr Quitzöbel wurde am 24. Juli, 6.30 Uhr bei gleichen Wasserständen am Binnen- und Außenpegel (553 cm) wieder geöffnet (s. auch Abbildung 24).

Ein in der Zeit vom 8. bis 11. Juli im Oberlauf der Spree und ihrer Nebenflüsse sich entwickelndes Hochwasser, bei dem die Wasserstände durchweg 50 cm über MHW lagen, wirkte sich nur noch bis zum Mittellauf aus. Ab Beeskow führte die Spree lediglich Mittelwasser, ein Umstand, der sich für den Unterlauf der Havel nur günstig auswirkte. Der Rückstau der Elbe in der Sude, Rögnitz und Krainke wurde von KARBAUM untersucht [17]. Festzustellen ist, daß nahezu gleichzeitig mit dem Durchgang des Scheitels am Pegel Boizenburg (556 cm) auch in der Sude und ihren Zuflüssen der Höchststand erreicht war und gegenüber dem schnellen Anstieg das Fallen der Wasserstände als Folge des langen Wellenhangs der Elbe nur langsam einsetzte. Die Pegel Garlitz/Sude, Laave/Rögnitz und Caarssen/Krainke lagen schon nicht mehr im Bereich des Rückstaus.

Die an den Pegeln der genannten Wasserläufe eingetretenen Höchststände sind in Tabelle 11 zusammengestellt.

Tabelle 11

Scheitelwasserstände der Sude und ihrer Nebenflüsse beim Ablauf des Sommerhochwassers 1954 in der Elbe

Gewässer	Pegel	Lage am Wasserlauf km oberhalb der Mündung (Stromkilometer)	Pegelnull NN + m altes System	HHW		HW Juli 1954			
				cm	Jahr	cm	NN + m	Tag	Zeit
Elbe	Boizenburg	(559,3)	3,76	670	1895	556	9,32	21./22. 7.	9^{00}— 3^{00}
Sude	Besitz	12	5,80	454	1947	380	9,60	21. 7.	12^{00}
	Preten	16	6,15	475	1888	334	9,49	21./22. 7.	20^{00}—10^{00}
	Sückau	19	6,87	331	1947	264	9,51	21. 7.	12^{00}—14^{00}
	Garlitz	24	8,24	—	—	140	9,64	19., 26. 7.	12^{00}
Rögnitz	Rosien	2,5	7,71	188	1948	180	9,51	22. 7.	7^{00}—12^{00}
	Gudow	5	7,45	245	1946	212	9,57	22. 7.	12^{00}
	Laave	12	9,22	258	1941	166	10,88	29. 7.	12^{00}
	Schlonsberge	20	12,47	140	1953	118	13,65	27./28. 7.	12^{00}
Krainke	Neuhaus	10	6,43	345	1946	320	9,63	22. 7.	8^{00}
	Caarssen	25	8,90	160	1948	98	9,88	26./29. 7.	12^{00}

Während die rechtselbischen Nebenflüsse also selbst kein Hochwasser führten, brachte der Aland aus der Biese ein zwar zunächst nur mäßiges Hochwasser, das sich dann aber zur Mündung hin durch den Stau der Elbe am Pegel Groß-Wanzer (7 km oberhalb der Mündung) bis auf 568 cm erhöhte und damit nur 57 cm unter HHW des Jahres 1920 blieb. Auch in der Jeetze kam mit 150 cm am Pegel Salzwedel ein mittleres Hochwasser zum Abfluß.

3.2 Hochwasser-Wahrscheinlichkeit und Häufigkeit

In Abschnitt 3.12 wurde bereits kurz auf die Häufigkeit des Auftretens hoher Wasserstände am Pegel Barby hingewiesen. Um genauere Aussagen über die Wahrscheinlichkeit von Sommerhochwasser machen zu können, wurde für den Pegel Wittenberge, der als repräsentativ für den Unterlauf der Elbe angesehen werden kann, die Ausgleichsgerade berechnet und in Abbildung 27 dargestellt. Die Korrelation beträgt 0.99, ist also sehr günstig.

Die Wahrscheinlichkeit, daß Hochwasser im Sommerhalbjahr (Mai bis Oktober) über MHW $\approx$ 550 cm ansteigen, ist mit 10% recht beachtlich. Aber auch die Wahrscheinlichkeit, daß am Pegel Wittenberge der durchschnittliche höchste Hochwasserstand (DHW für das Sommerhalbjahr $\approx$ 420 cm) überschritten wird, ist mit 50% noch sehr hoch. Da sich die als Folge von Hochwasser auftretenden Schäden aber nicht in jedem Falle gleich nachteilig auswirken, interessiert in diesem Zusammenhang vor allem noch die Frage, in welchen Monaten des Halbjahres mit der größten Häufigkeit des Eintretens hoher Wasserstände zu rechnen ist. Es wurden daher die Häufigkeiten der Wasserstände über 200 cm für die Monate Mai bis Oktober (1848 bis 1954) ausgezählt und in Tabelle 12 zusammengestellt.

Wenn an der Zusammenstellung zunächst auch auffällt, daß höhere Wasserstände am häufigsten im Monat Mai auftreten, so ist dies doch an sich durchaus natürlich. Allein schon infolge der Zunahme der Niederschläge in den Monaten April und Mai ist — bei meist noch höherer Wasserführung nach einem Frühjahrshochwasser — zu Beginn des Sommerhalbjahres damit zu rechnen, daß der angegebene Schwellenwert des öfteren erreicht bzw. überschritten wird (28%). Dagegen sind die in den Monaten Juni bis Oktober eingetretenen höheren Wasserstände zweifellos auf besondere Naturereignisse (Starkregenfälle) zurückzuführen und dementsprechend seltener. Damit soll aber durchaus nicht gesagt sein, daß solche Ereignisse nicht auch im Mai auftreten können, denn wie Tabelle 12 zeigt, sind extreme Hochwasser ($\geqq$ 600 cm) hier genau so häufig wie in den übrigen Monaten des Sommerhalbjahres.

Tabelle 12

Häufigkeiten der Wasserstände am Pegel Wittenberge/Elbe (1848/1954)

Wasserstand $\geq$ cm	Mai	Juni	Juli	August	Sept.	Okt.	Summe
200	63	13	13	5	4	9	107
250	62	13	13	5	4	9	106
300	56	12	12	5	4	8	97
350	48	11	10	4	4	8	85
400	35	6	7	3	3	7	61
420	**30**	**6**	**6**	**3**	**2**	**7**	**54**
450	23	3	4	3	2	4	39
500	9	2	2	2	1	2	18
550	3	2	2	1	1	—	9
600	1	1	1	1	1	—	5
650	—	1	1	—	—	—	2

Immerhin bleibt aber doch festzustellen, daß nur 22,5% aller Hochwasser als ausgesprochene Sommerhochfluten auftraten. Sie verteilen sich nahezu gleichmäßig auf die Monate Juni, Juli (je 5,6%) und Oktober (6,5%), bleiben aber auch nicht im August (2,8%) und September (1,9%) aus. Bemerkenswert allerdings ist, daß der Monat August nach der Jahrhundertwende keine Hochwasser ($\geqq$ 420 cm) mehr aufzuweisen hatte und sich das

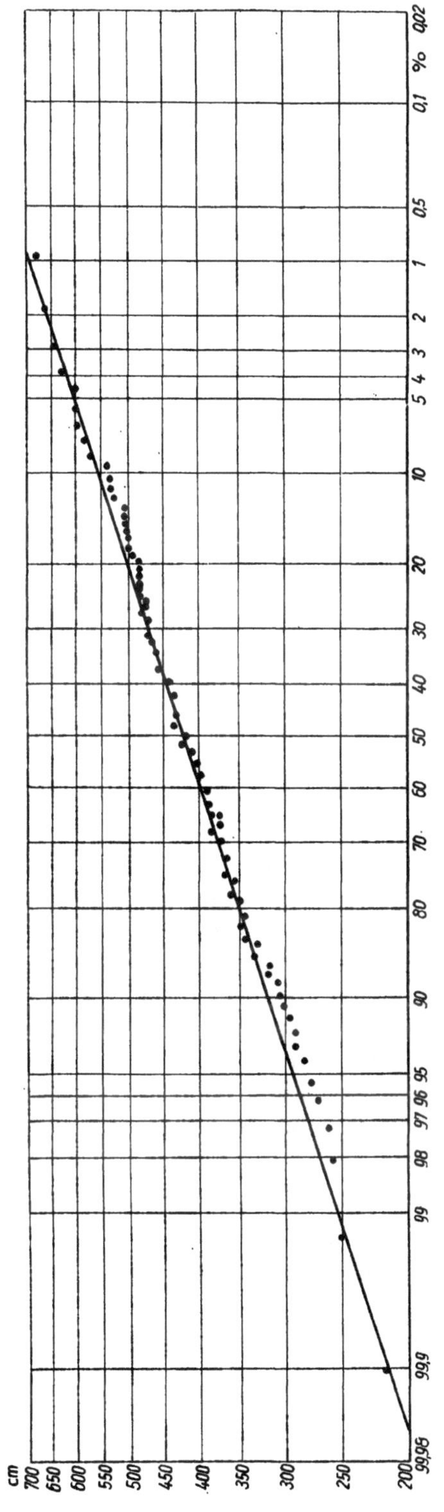

Abb. 27. Sommerhochwasser der Elbe am Pegel Wittenberge (1848/1954)

Schwergewicht auf den Juni verlagerte. Das Sommerhochwasser von 1955 mit einbezogen, blieb das Verhältnis im Juli mit 4 : 4 unverändert. Auffallend ist auch die Zunahme der Häufigkeiten im Oktober (s. Tabelle 13).

Tabelle 13

Jahreszahlen der Sommerhochwasser über 420 (400) cm am Pegel Wittenberge/Elbe

Juni	Juli	August	September	Oktober
1856	1854	1858	1890	1882
1872	1871	1860	(1925)	1894
1926	1884	1897	1938	1905
1932	1886			1906
1939	1907			1915
1941	(1909)			1922
	1954			
	1955			

Der Vollständigkeit wegen sei noch erwähnt, daß auch im Monat Mai die Hochwasser nach 1900 seltener geworden sind (19 : 11).

Diese Verteilung der Hochwasser auf die einzelnen Sommermonate in den verschiedenen Zeiträumen (vor bzw. nach 1900) erklärt sich nicht nur aus der Höhe der jeweiligen Monatssummen der Niederschläge, sondern steht in engem Zusammenhang mit den wesentlichen Schwankungen, welche die monatlichen Niederschlagsmengen zweifellos in den letzten Jahrzehnten erfahren haben. Konnte LAMMERT in einem für Westdeutschland angestellten Vergleich nachweisen, daß der August seine Stellung als niederschlagsreichster Monat an den Juli abgetreten hat [20], so fand SCHUBERT bei einer ähnlichen Untersuchung für das Gebiet der Deutschen Demokratischen Republik, daß in diesem Raum der Juni als regenreichster Monat anzusehen ist [21]. Wenn auch die letzte Feststellung zunächst anfechtbar war, da sie auf den Beobachtungsergebnissen von nur 20 Stationen beruhte und somit nicht ganz den allgemein an derartige Untersuchungen zu stellenden Ansprüchen genügte, so bestätigen doch gerade die ab 1926 im Juni vermehrt auftretenden Hochwasser eine Zunahme der Niederschläge in diesem Monat. In gleicher Weise finden aber auch die höheren Niederschläge im Oktober ihre Bestätigung. Allgemein läßt sich also feststellen, daß die Häufigkeiten der Hochwasser die wahrscheinlich durch Änderungen der allgemeinen Zirkulation verursachten Modifikationen der Niederschlagsverteilung widerspiegeln.

Die vorliegende Beobachtungsreihe noch auf Perioden hin zu untersuchen, dürfte sich erübrigen. Hochwasser sind ebenso wie Niedrigwasser sowohl hinsichtlich der extremen Wasserführung als auch ihres zeitlichen Auftretens keinen regelmäßigen Schwankungen unterworfen. Sie tragen vielmehr ein stark individuelles Gepräge [22]. Festzustellen ist lediglich, daß ausgesprochene Sommerhochwasser ($\geqq 420$ cm) am Pegel Wittenberge meist mehrere Jahre nacheinander auftraten und nach extremen Sommerfluten im folgenden Jahr nicht etwa niedrige Wasserstände zu erwarten waren. Im ganzen gesehen aber ließ sich doch hinsichtlich der Höhe der Wasserstände eine fallende Tendenz für den beobachteten Zeitraum nachweisen, wenn auch der Fall nur unbedeutend war und in 100 Jahren nicht mehr als 12 cm betrug. Auffallend ist noch die geringe Zahl der Sommer, in denen die höchsten Wasserstände $\leqq 275$ cm — also ohne ausgesprochene Hochwassererscheinungen — blieben. Hierzu zählen die Jahre 1864, 1866, 1893, 1921, 1931 und 1943, die als Trockenjahre bekannt geworden sind.

3.3 Hochwasserabflüsse der Elbe

Die Abflüsse der Elbe während des Hochwassers im Juli 1954 sind in Abbildung 28 dargestellt. Viel besser noch als die Wasserstandsganglinien in Abbildung 20 lassen die Abflußganglinien die Entwicklung und den Aufbau der Hochwasserwelle der Elbe sowie deren Auseinanderfließen im Unterlauf erkennen.

Bereits am Pegel Torgau zeigte sich infolge der Zuflüsse aus dem Zwischeneinzugsgebiet gegenüber den Abflüssen am Pegel Dresden eine Zunahme des HQ (s. auch Abschnitt 3. 12). Die Erhöhung der Wasserführung der Elbe als Auswirkung des Hochwassers aus der Mulde wird deutlich an der für den Pegel Aken aufgetragenen Ganglinie mit einem HQ von 3590 m^3/s. Der Einfluß des Saalehochwassers spiegelt sich in dem von UTH für den Pegel Barby mit 3800 m^3/s angegebenen HQ wider [28]. Die Ganglinie für diesen Pegel konnte nicht dargestellt werden, da zuverlässige Abflußwerte für diese Meßstelle fehlen.

Das beginnende Auseinanderfließen und Verflachen der Hochwasserwelle zeigen die Abflüsse in Hämerten. Noch stärker allerdings setzte es unterhalb Hämerten ein. Besonders augenfällig wird das Auseinanderfließen dann an den Abflüssen in Darchau. Es wird außerdem bestätigt durch das Ergebnis einer am 17. Juli bei einem Wasserstand von 667 cm am Pegel Wittenberge durchgeführten Abflußmessung. Bei einer mittleren Geschwindigkeit von 0.902 m/s wurde in dem Abflußquerschnitt von 3480 m^2 HQ mit 3140 m^3/s ermittelt. Als größte Oberflächengeschwindigkeit wurden 1,76 m/s gemessen [16].

Der Gesamtabfluß am Pegel Darchau, berechnet für die Zeit vom 11. Juli, dem Tag des eigentlichen Beginns der Hochwassersituation in der Elbe, bis zum 31. Juli ergibt eine Abflußsumme von 2934 hm^3.

Tabelle 14
Hochwasser (HQ) der Elbe im Juli 1954

Pegel	Größe des Niederschlagsgebietes F_N	HQ	Hq	HHQ	HHq	Datum	HQ	Hq
		Juli 1954					Sommerhalbjahr 1936/1950	
	km^2	m^3/s	$l/s\,km^2$	m^3/s	$l/s\,km^2$		m^3/s	$l/s\,km^2$
Dresden	53111	2350	44,3	4350	81,9	6./7. 9. 1890	1760[1])	33,1
Torgau	55162	2430	44,1	3400	61,6	18. 3. 1940	1650	29,9
Aken	69849	3590	51,4	3900	55,8	19. 1. 1920	2220	31,8
Barby	94061	(3800)	(40,4)	—	—	—	—	—
Magdeburg Rothensee	94950	2170	22,9	—	—	—	—	—
Hämerten	97788	3460	35,4	4500	46,0	20. 1. 1920	2420	24,7
Wittenberge	123532	3140	25,4	—	—	—	—	—
Darchau	131950	2890	21,9	4070	30,8	7. 4. 1895	2290	17,4

[1]) 1931/1950

In Tabelle 14 sind die für 1954 ermittelten HQ-Werte der Elbe zusammengestellt. Zum Vergleich wurde außerdem HHQ und das bisherige HQ des Sommerhalbjahres (1936/1950) angegeben. Wenn HHQ auch in keinem Falle erreicht wurde, so ist doch das HQ für das Sommerhalbjahr durchweg um 30 (im Oberlauf) bis 60% (im Mittellauf) überschritten worden. Diese Zahlen zeugen auch von der Schwere der Sommerflut der Elbe im Juli 1954.

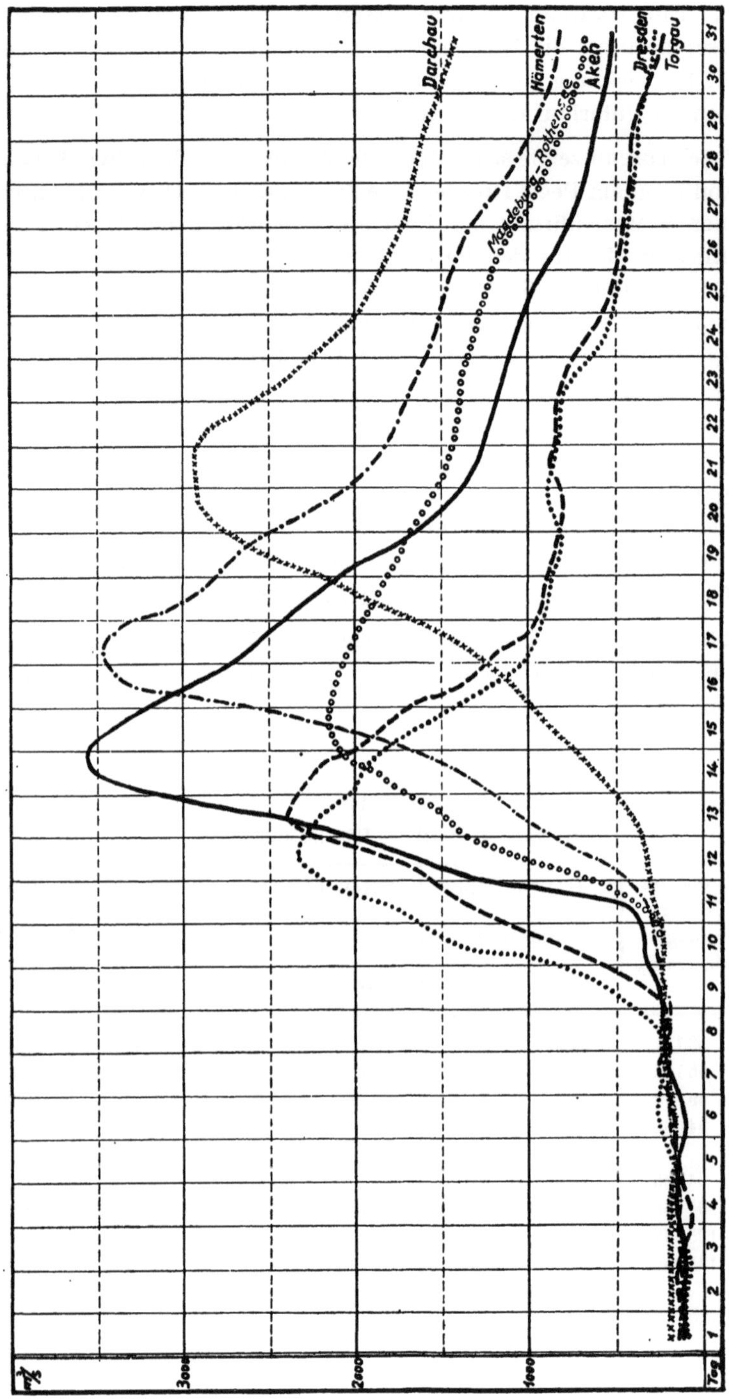

Abb. 28. Abflüsse der Elbe (m³/s) während des Julihochwassers 1954

Die Ergebnisse der erstmalig seit Bestehen des Pretziener Wehres hier durch den Meteorologischen und Hydrologischen Dienst (Amt für Meteorologie und Hydrologie Halle) ausgeführten Abflußmessungen werden in Tabelle 15 mitgeteilt. Ein Vergleich des Durchflusses bei vollgeöffnetem Wehr (9 Joche) mit den Hochwasserabflüssen am Pegel Aken zeigt, daß

Tabelle 15
Durchfluß am Wehr Pretzien (Elbumflut)

Datum	Uhrzeit	Zahl der geöffneten Joche	Abgabe an die Elbumflut m^3/s
13. 7.	18^{55}	5	570
14. 7.	9^{00}	7	760
14. 7.	20^{00}	9	860

etwa 24% des Abflusses der Elbe durch die Umflut geleitet wurden. Der Höchstabfluß in Magdeburg betrug dementsprechend nur etwa 2200 m^3/s (bei HW 761 cm am Pegel Rothensee). Die durch die Umflut erzielte Absenkung der Hochwasserwelle zeigt sich auch deutlich in der in Abbildung 28 für den Pegel Magdeburg aufgetragenen Ganglinie.

3.4 Auswirkungen auf das Grundwasser

Bei der Beurteilung eines Hochwassers wird meist nur die oberirdisch abfließende Welle mit in die Betrachtung einbezogen und dabei nur allzu leicht vergessen, daß das Grundwasser neben dem allgemeinen Kreislauf kein Sonderdasein führt — also etwa stagniert — sondern dessen unterirdischer Strang ist, der im allgemeinen zwar aus den Niederschlägen, bei Ablauf eines Hochwassers aber auch weitestgehend aus den Flüssen gespeist wird. Diese Vernachlässigung des Grundwassers dürfte in erster Linie wohl darauf zurückzuführen sein, daß zunächst einmal schon seine mengenmäßige Erfassung größere Schwierigkeiten bereitet, zum anderen aber auch die seine Entstehung begünstigenden Faktoren — mit Ausnahme des Niederschlags — schwer meßbare Größen sind. Meist fehlen aber schon von vornherein in den Talauen der Flüsse entsprechend den Erfordernissen angelegte Grundwassermeßstellen. Nur dem Umstand, daß seinerzeit von der Wasserstraßendirektion Magdeburg im Zuge der Niedrigwasserregelung der Elbe ein Beobachtungsnetz eingerichtet wurde, ist es zu verdanken, daß jetzt erstmalig bei Ablauf eines Hochwassers, neben dem oberirdischen auch der unterirdische Abfluß, wenn auch zunächst nur in seiner Gesamtmenge, erfaßt werden konnte.

Ziel einer Untersuchung von HAMANN war es, die quantitative Grundwasseranreicherung in der Elbniederung während des Durchganges der Hochwasserwelle und den Anteil des unterirdischen Abflusses am Gesamtabfluß zu ermitteln. Mit hinreichender Genauigkeit konnte die Berechnung für die Elbstrecke zwischen Merschwitz (Stromkilometer 97,5) und Boizenburg (Stromkilometer 560,0) bei einer Tallänge von 380 km durchgeführt werden. Für den Oberlauf erfolgte nur eine überschlägige Ermittlung, da hier entsprechende Unterlagen fehlten. Das Ergebnis der Untersuchungen wird nachstehend mitgeteilt [23].

3.41 Grundwasserstände im Elbtal

Der Auswertung lagen die Beobachtungsergebnisse der Meßstellen zugrunde, die im Zuge der Niedrigwasserregulierung auf der Strecke Merschwitz—Boizenburg errichtet wurden. Bei einer mittleren Talbreite von etwa 5 km werden in 85 Querprofilen mit jeweils 4 bis 8 Beobachtungsrohren die Grundwasserstände in Abständen von 8 bis 14 Tagen gemessen, so daß damit nicht nur halbwegs genaue Angaben über die Grundwasserstandsverhältnisse während des Hochwasserablaufs, sondern auch entsprechende Unterlagen für die mengenmäßige Berechnung der Grundwasseranreicherung zur Verfügung standen. Vier der genannten Querprofile sind in den Abbildungen 29 bis 32 dargestellt und vermitteln für einige besonders interessante Abschnitte der Elbstrecke ein Bild über die Situation im Grundwasser vor (1. 7. gestrichelt), während (15. 7. punktiert) und nach dem Ablauf des Hochwassers (1. 8. ausgezogen). Während mit dem Stichtag 15. Juli die Situation zu dem Zeitpunkt dargestellt wird, als im Strom die höchsten Wasserstände zu verzeichnen waren, zeigt der Stichtag 1. August bei dem überwiegenden Teil der Beobachtungsstellen als Auswirkung des Hochwasserablaufs (12. bis 22. 7. 1954) die höchsten Grundwasserstände. Die Lage der Grundwasserquerprofile und der zugehörigen Meßstellen ergibt sich aus den beigefügten Lageplänen. Für einzelne Meßstellen wurden außerdem die Grundwasserstandsganglinien dargestellt.

Übereinstimmend zeigen die Grundwasserstandsganglinien die tiefe Absenkung des Grundwasserspiegels als Folge der vorangegangenen langanhaltenden Trockenheit, und deutlich ist in dem zum Strom gerichteten Gefälle (Stichtag 1. 7.) zu erkennen, wie die Elbe, die selbst kaum Mittelwasser führte, noch aus dem Grundwasser gespeist wurde. Erst mit dem sprunghaften Anstieg am 10. Juli und nach Überschreiten der Ausuferungshöhe (s. auch Tabelle 4) setzte die Grundwasseranreicherung und damit ein Anstieg der Grundwasserstände ein. Mit 80 bis 100 cm im Mittel war dieser Anstieg allerdings nur gering, immerhin aber doch beträchtlich höher als im übrigen Gebiet, wo die als Folge der starken Niederschläge festzustellende Erhöhung im Mittel durchweg 15 cm betrug. In größerer Entfernung vom Strom, aber noch in den Talauen zu verzeichnender geringer Grundwasseranstieg war vornehmlich auf Rückstau des von den Hängen zufließenden Grundwassers zurückzuführen.

Bei der starken Austrocknung der Böden setzte die Anreicherung des Grundwassers zunächst nur zögernd ein. Selbst in den Überschwemmungsgebieten — von tiefer liegenden Niederungen abgesehen — wurde der Boden nicht völlig durchtränkt, denn bei der plötzlichen Überflutung des Gebietes konnte die Bodenluft nicht rechtzeitig mehr entweichen, und das Sickerwasser blieb vorerst in den oberen Bodenschichten hängen. Der Hochwasserablauf selbst erfolgte aber — letzten Endes auch bedingt durch die erhöhte Abflußbereitschaft der ausgetrockneten Böden — derart schnell, daß schon nach wenigen Tagen die Ausuferungshöhe wieder unterschritten war und bereits vor dem Entweichen der Bodenluft und einer damit möglichen stärkeren Anreicherung wieder ein Rücklauf des Grundwassers zur Elbe hin einsetzte. Die in den Abbildungen 29 bis 32 für den 1. August dargestellte Lage der Grundwasseroberfläche läßt ebenso wie die aufgetragenen Wasserstandsganglinien die in den wenigen Tagen nach Erreichen des Höchststandes erfolgte Absenkung des Grundwassers in unmittelbarer Nähe des Stromes erkennen. In den weiter entfernt liegenden Beobachtungsrohren hielt zwar der Anstieg noch bis etwa Mitte August an (Stichtag 15. 8.), von diesem Zeitpunkt an aber war die Fließrichtung des Grundwassers wieder grundsätzlich zur Elbe hin gerichtet, und aus dem nur mäßig gefüllten Speicherraum erfolgte bei stetig fallenden Grundwasserständen erneut eine Speisung des Elbstromes aus dem Grundwasser.

Zur Erläuterung der einzelnen Abbildungen sei hier noch folgendes ausgeführt:

Charakteristisch ist zunächst das Querprofil Nr. 62 bei Stromkilometer 142,9 im Raum Belgern (Abbildung 29). Während die Elbe von der Staatsgrenze bis etwa in den Raum von

Riesa durch Steilhänge flankiert wird, erreicht sie hier nunmehr die Niederung des Magdeburger Urstromtals, und in den sich weitenden Talauen findet sich erstmalig ein Grundwasserspeicherraum, der größere Wassermengen aufzunehmen vermag. Zur Erfassung der Grundwasserstandsbewegung sind bei einer Talbreite von etwa 4 km vier Beobachtungsrohre abgeteuft, von denen die Rohre R 2 bis R 4 in der alluvialen Talaue, das Rohr R 1 auf der diluvialen Hochfläche steht.

Während zu Beginn des Monats Juli (Stichtag 1. 7.) noch eindeutig die Fließrichtung des Grundwassers zur Elbe hin zu erkennen ist, setzte nach Durchgang des Hochwasserscheitels, der dieses Profil am 13. Juli etwa gegen 10 Uhr mit einer Höhe von 86,95 m über NN erreichte, ein bis in die äußersten Rohre R 1 und R 4 feststellbarer Anstieg ein, der auch am 1. August, als die Ausuferungshöhe an dem nur 12 km unterhalb gelegenen Pegel Torgau (620 cm) bereits wieder unterschritten und das Gefälle zwischen den Meßstellen R 2 und R 3 wieder zum Strom gerichtet war, noch anhielt. Bis Anfang August also floß das Grundwasser zwischen den Rohren R 2 und R 1 (linkselbisch) sowie R 3 und R 4 (rechtselbisch) dem Hinterland zu. Doch bereits Mitte August speiste das Grundwasser wieder den Elbstrom. Die allgemeinen Ausführungen über die Auswirkungen der Hochwasserwelle finden somit hier bereits ihre Bestätigung.

Die übrigen Darstellungen wurden so gewählt (Abbildungen 30 bis 32), daß nur noch Einblicke in die sich besonders ergebenden Situationen gegeben werden. Eine solche ergab sich oberhalb Barby im Mündungsgebiet der Saale. Das Grundwasserquerprofil Nr. 38 bei Stromkilometer 290,9 schneidet bei einer Breite von über 7 km nicht nur die Elbe, sondern außerdem die Saale an drei Stellen (s. Abbildung 30). Es erstreckt sich dabei von Klein-Rosenburg bis Walternienburg, das auf der diluvialen Hochfläche liegt. Während des Hochwasserablaufs (Stichtag 15. 7.) war das Profil auf einer Breite von etwa 5,5 km überflutet. Hieraus erklärt sich auch die hohe Grundwasseranreicherung in diesem Gebiet, die sich nicht nur in den Wasserstandsganglinien der Meßstellen zwischen den Hochwasserdeichen, sondern auch in dem Verhalten der Wirtschaftsbrunnen in Klein-Rosenburg (W 384) widerspiegelt. Die Ganglinien der Meßstelle R 385 bei Walternienburg zeigt mit ihrem viel geringeren Anstieg lediglich die Auswirkung der starken Niederschläge, die in diesem Gebiet im wesentlichen erst nach der Überflutung einsetzten.

Im Zusammenhang mit der Bedienung des Pretziener Wehres ist die Darstellung des Profils N 44 bei Stromkilometer 321,8 im Raume Magdeburg zu sehen (Abbildung 31). Es schneidet die Elbe bei Magdeburg—Prester, den Umflutkanal bei Zipkeleben und die Ehle östlich Gübs. Sämtliche Grundwassermeßstellen, bis auf den Wirtschaftsbrunnen W 447 (Menz), der in diluvialen Sanden der Hochfläche steht, liegen in der alluvialen Talaue, deren Untergrund aus kiesigem Sand und Kies besteht, welche wiederum vom sandigen Ton bzw. Ton mit einer Mächtigkeit von 0,50 bis 1,00 m überlagert werden.

Das Grundwasser speiste vor dem Hochwasser auch hier die offenen Gewässer, also die Elbe, den Zipkelebener See, der unterhalb Heyrothsberge in die in den Umflutkanal eintretende Ehle entwässert und die Ehle selbst. Die Grundwasseranreicherung erfolgte zwar in erster Linie durch die Stromelbe, im geringen Umfange aber auch durch den Umflutkanal (das Wehr bei Pretzien war vorübergehend gezogen) und durch die Ehle, wobei die Auffüllung des Grundwassers im Tal zwischen Prester und Zipkeleben am 1. August anhielt.

Die Grundwasserganglinien der Meßstellen W 441, W 442 und W 443 zeigen übrigens sehr anschaulich, daß die Anreicherung des Grundwassers bei einem Hochwasser im Sommer weit geringer ist als im Frühjahr, denn dem im Juli 1954 um 88 cm höheren Scheitelwasserstand am Pegel Magdeburg-Strombrücke steht — wie auch die Ganglinien erkennen lassen — ein geringerer Grundwasseranstieg gegenüber als im Frühjahr 1953, wo der Höchststand nur 500 cm am Pegel erreichte. Wenn auch der Ablauf des Frühjahrshochwassers 1953 den Wasserstand von 350 cm in Magdeburg an 24 Tagen, im Juli 1954 dagegen nur an 15 Tagen überschritten wurde, so war doch eigentlich anzunehmen, daß der höhere Wasserstand ausgleichend wirken würde. Daß dies nicht geschah, ist zweifellos in der Austrocknung des Bodens infolge der vorangegangenen langen Trockenperiode zu sehen, eines Faktors also, der außer der Höhe der Flußwasserstände und deren Zeitdauer von ausschlaggebender Bedeutung für die Beurteilung der Auswirkungen eines Hochwassers auf das Grundwasser ist.

Zur Charakterisierung der Grundwasserverhältnisse im Unterlauf der Elbe wurde das besonders für die wasserwirtschaftlichen Verhältnisse der Wische aufschlußreiche Profil Nr. 28 bei Stromkilometer 459,5 dargestellt (Abbildung 32). Sämtliche Beobachtungsstellen dieses Profils stehen im Alluvium der Talaue, die besonders linksseitig mit einer dünnen Decke aus Lehm bzw. Ton überzogen ist. Diese wird von Sanden verschiedener Korngröße unterlagert. In dieser Darstellung ist der äußerst ungünstige Einfluß des Elbhochwassers im Gebiet zwischen Elbe und Aland zu erkennen, denn das Hochwasser der Elbe, sowie der Rückstau des erheblich angestiegenen Alands füllen das ohnehin oberflächennahe Grundwasser bis dicht unter Gelände; eine bekannte Erscheinung übrigens, die eine Bearbeitung des Wische-Bodens für längere Zeit unmöglich macht. Es zeigt sich wieder einmal mehr, wie dringend notwendig es doch ist, in der Wische wasserwirtschaftliche Maßnahmen zur Verbesserung der Vorflut durchzuführen.

Rechtsseitig reichte der Einfluß der Elbe vermutlich bis zum Talrand.

3.42 Anreicherung des Grundwassers

Die von der Elbe während des Hochwassers, das heißt von Beginn des Anstieges bis zum Unterschreiten der Ausuferungshöhe, in das Grundwasser übergetretenen Wassermengen wurden auf Grund der vorliegenden Beobachtungsunterlagen berechnet. Da der Anteil der in das Grundwasser eingesickerten Flußwassermengen im Verhältnis zur Abflußsumme auf der zu behandelnden Strecke sehr unterschiedlich war, andererseits aber nur für die Pegel I. Ordnung Torgau, Wittenberg, Aken, Hämerten und Darchau einwandfreie Abflußkurven vorlagen, wurden fünf Abschnitte gebildet und wie folgt begrenzt:

1. Merschwitz bis Torgau (Eintritt in das Magdeburger Urstromtal)
   Stromkilometer 97,5 bis 154,6
2. Torgau bis Wittenberg
   Stromkilometer 154,6 bis 214,1
3. Wittenberg bis Aken
   Stromkilometer 214,1 bis 274,7
4. Aken bis Hämerten
   Stromkilometer 274,7 bis 394,6
5. Hämerten bis Boizenburg
   Stromkilometer 394,6 bis 560,0

Ein Vergleich mit den Auswirkungen des letzten höheren Sommerhochwassers im Juni 1926 war übrigens nicht möglich, da seinerzeit noch keine Grundwasserstandsbeobachtungen im Elbtal angestellt wurden und somit Meßergebnisse nicht vorliegen. Bei der Berechnung mußten der Anteil des Niederschlags an der Grundwasseranreicherung, das Wasseraufnahmevermögen des Bodens (Porenraum) und die Erhöhung des Grundwasserspiegels durch Rückstau berücksichtigt werden.

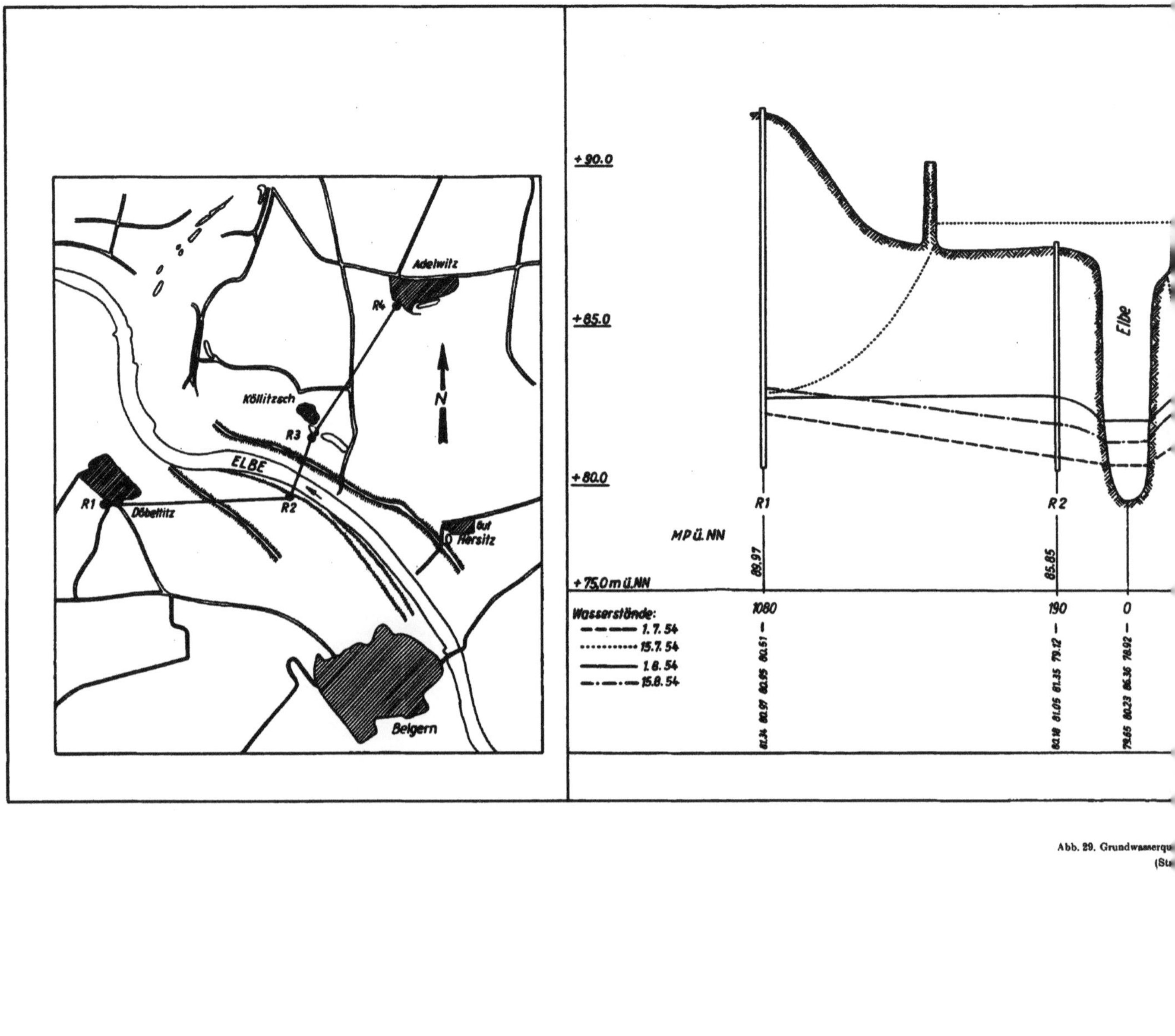

Abb. 29. Grundwasserqu
(St

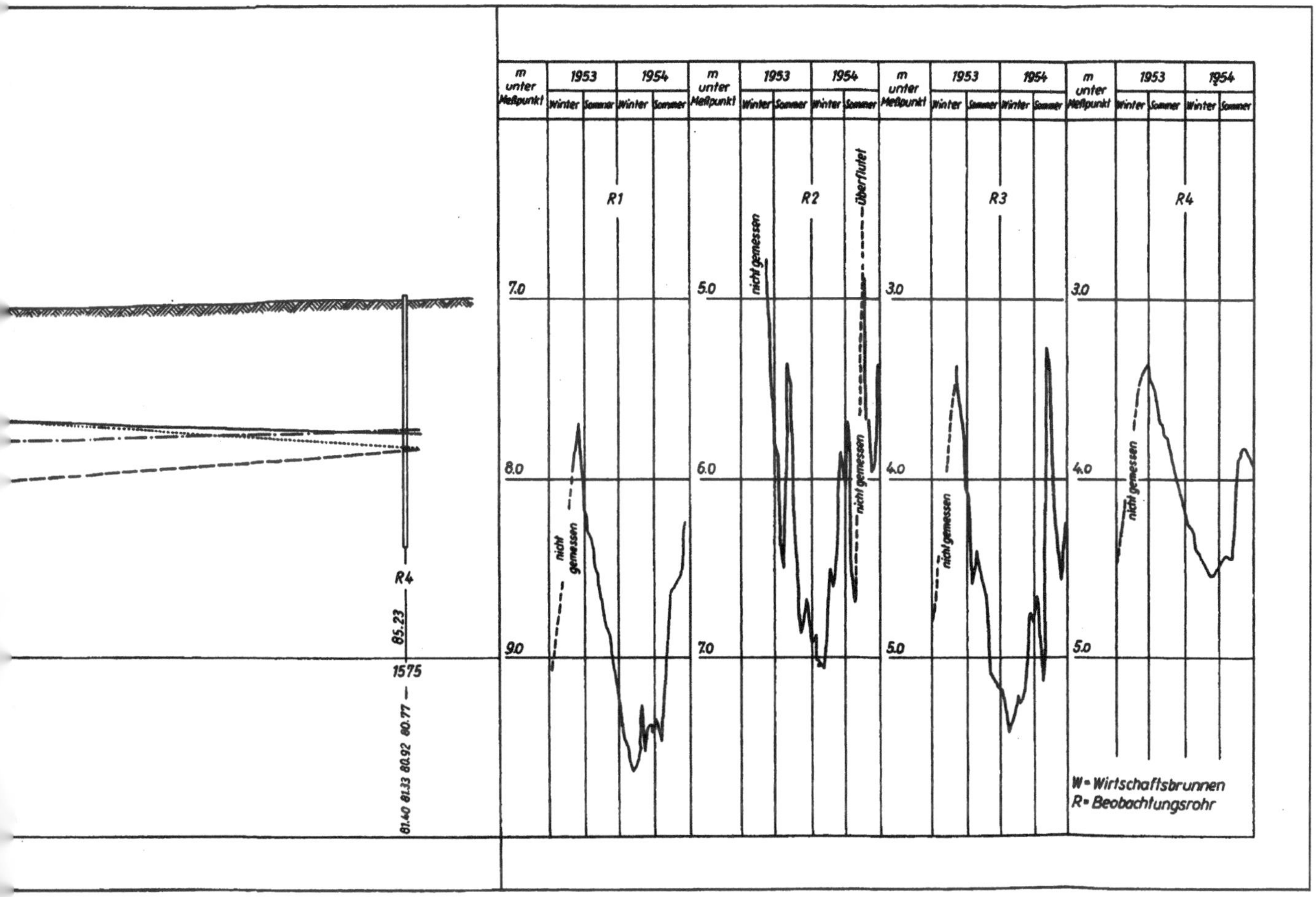

…t 62 „Döbelitz-Adelwitz"
…42,9)

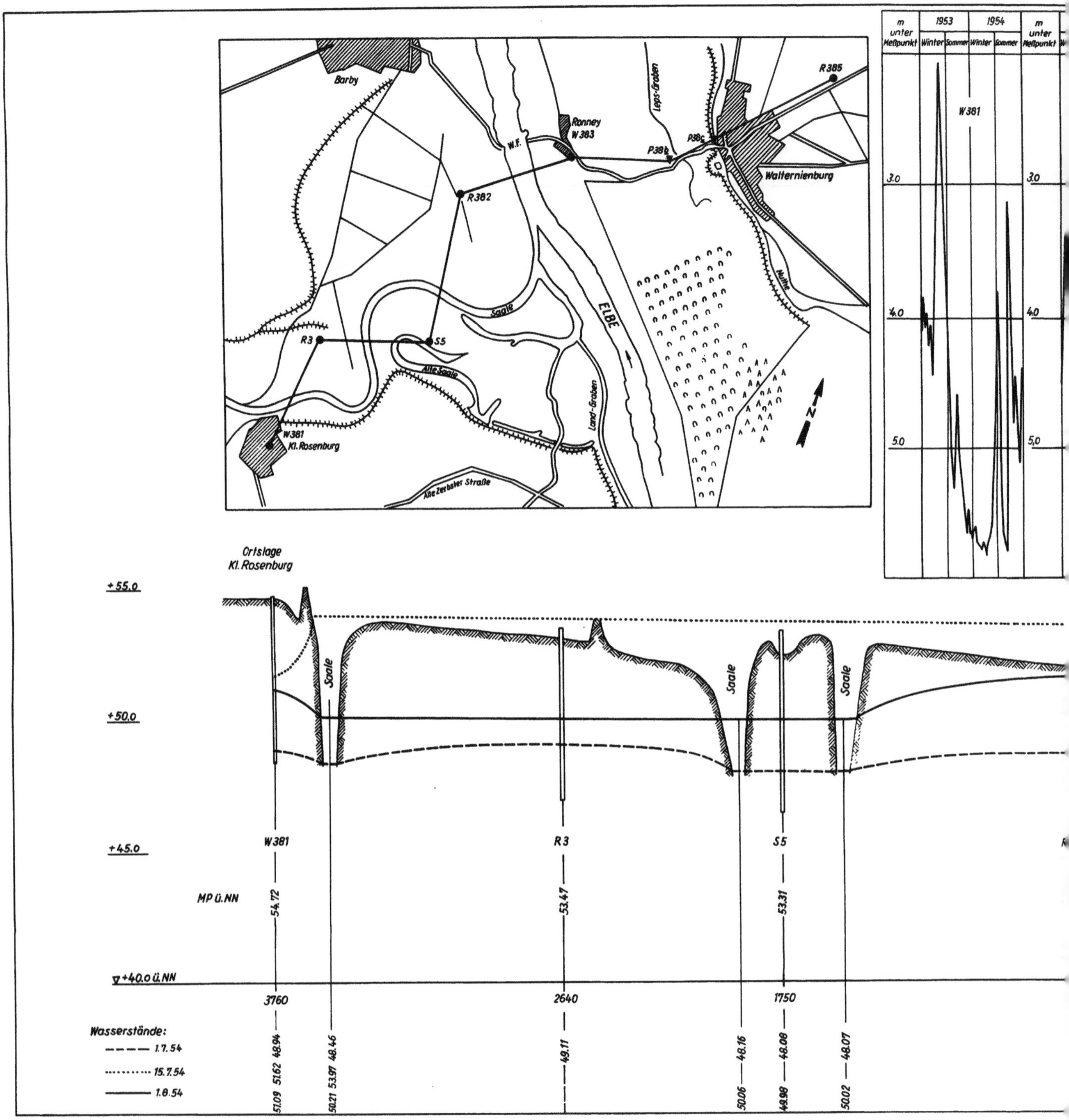

Abb. 30. Grundwasserquerpro

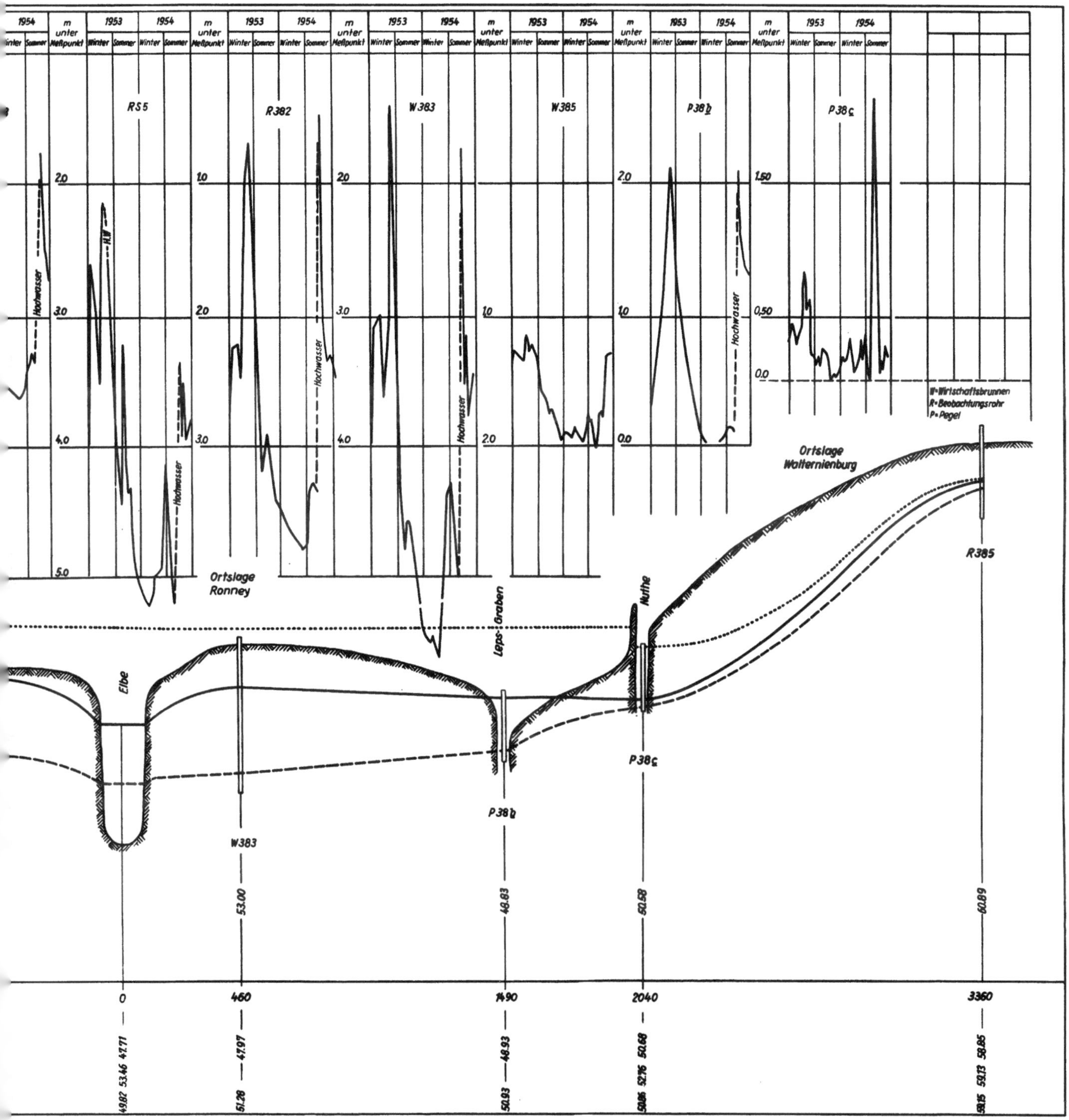

Barby" (Stromkilometer 290,9)

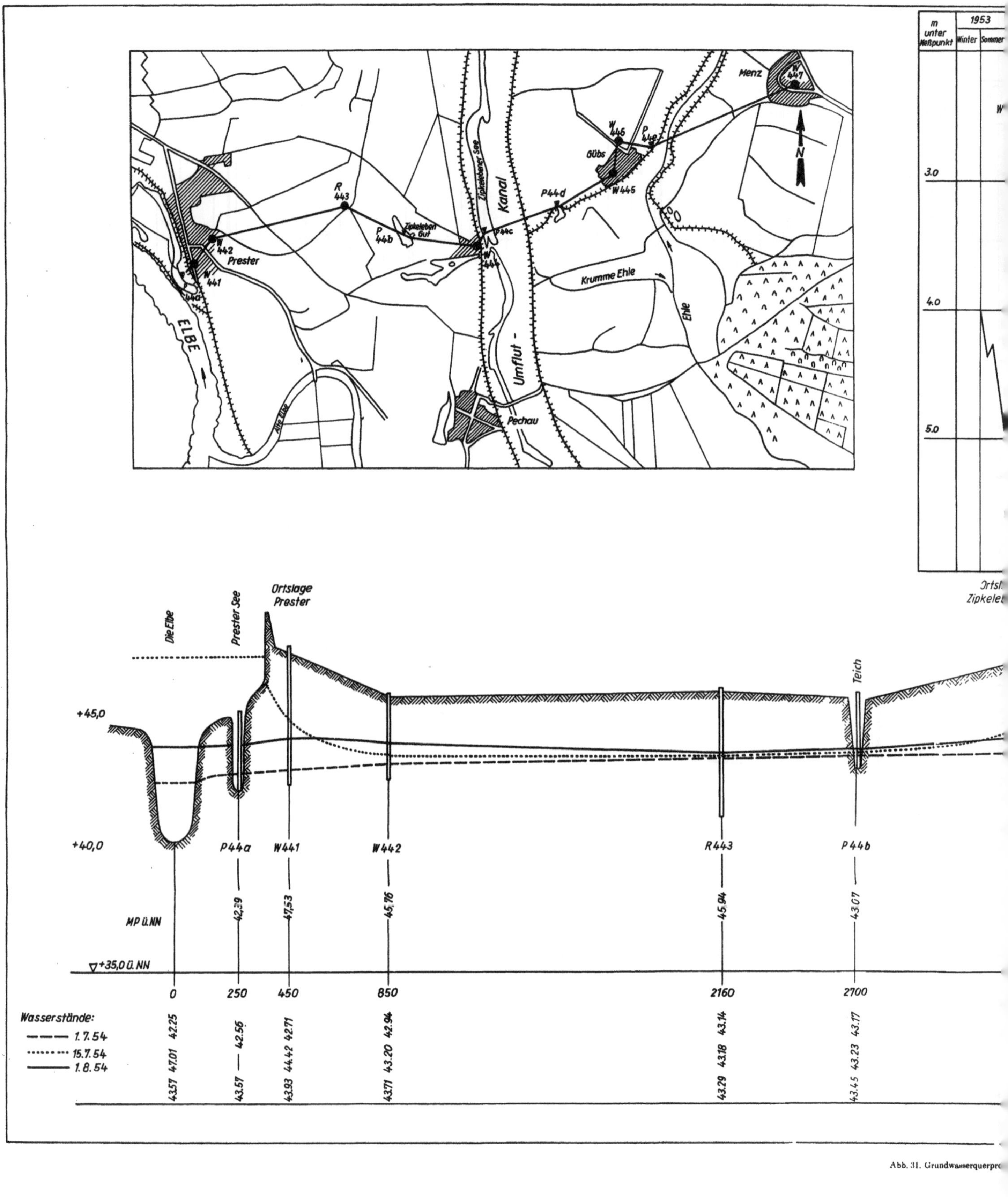

Abb. 31. Grundwasserquerpro

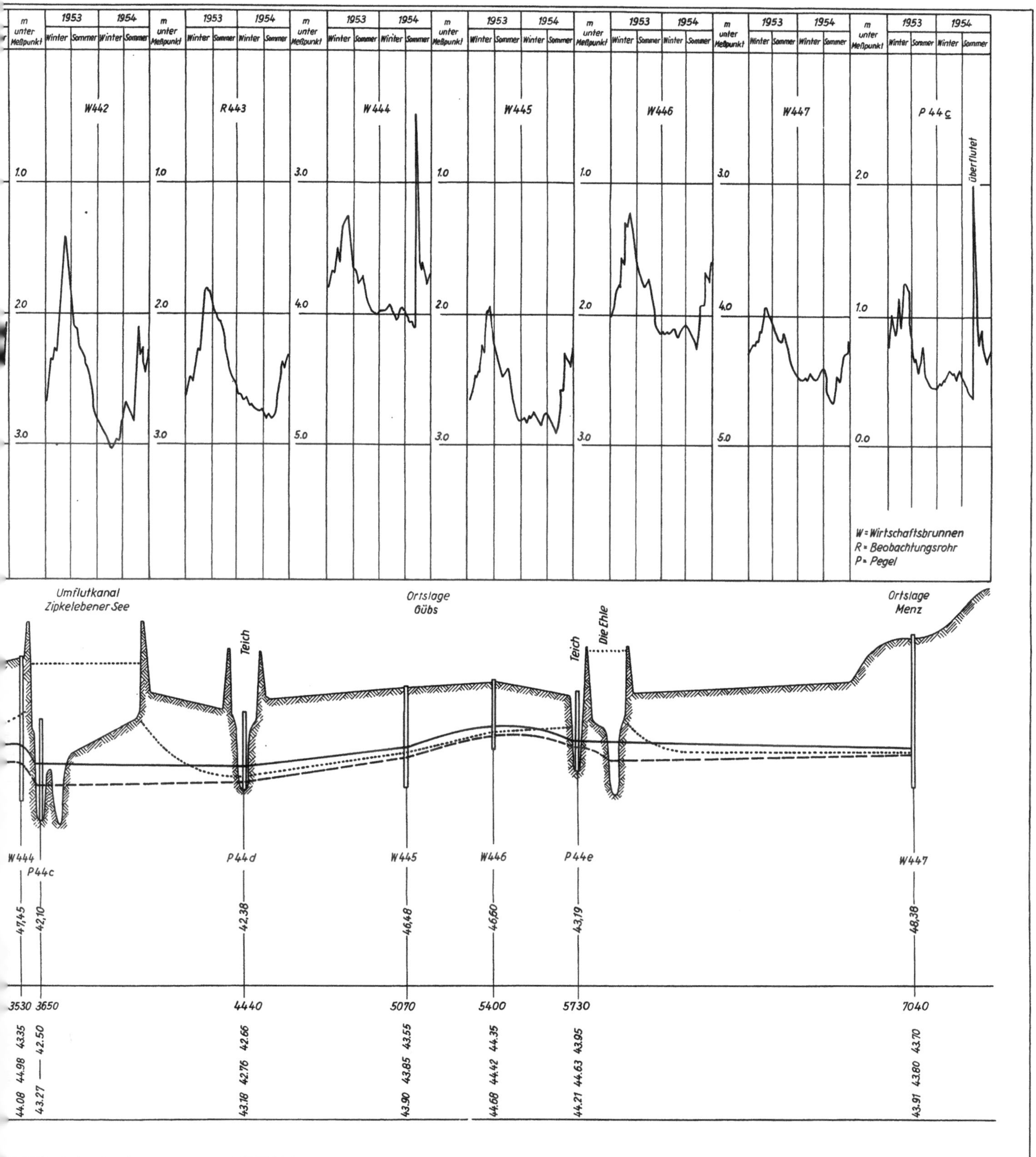

„Preester" (Stromkilometer 321,8)

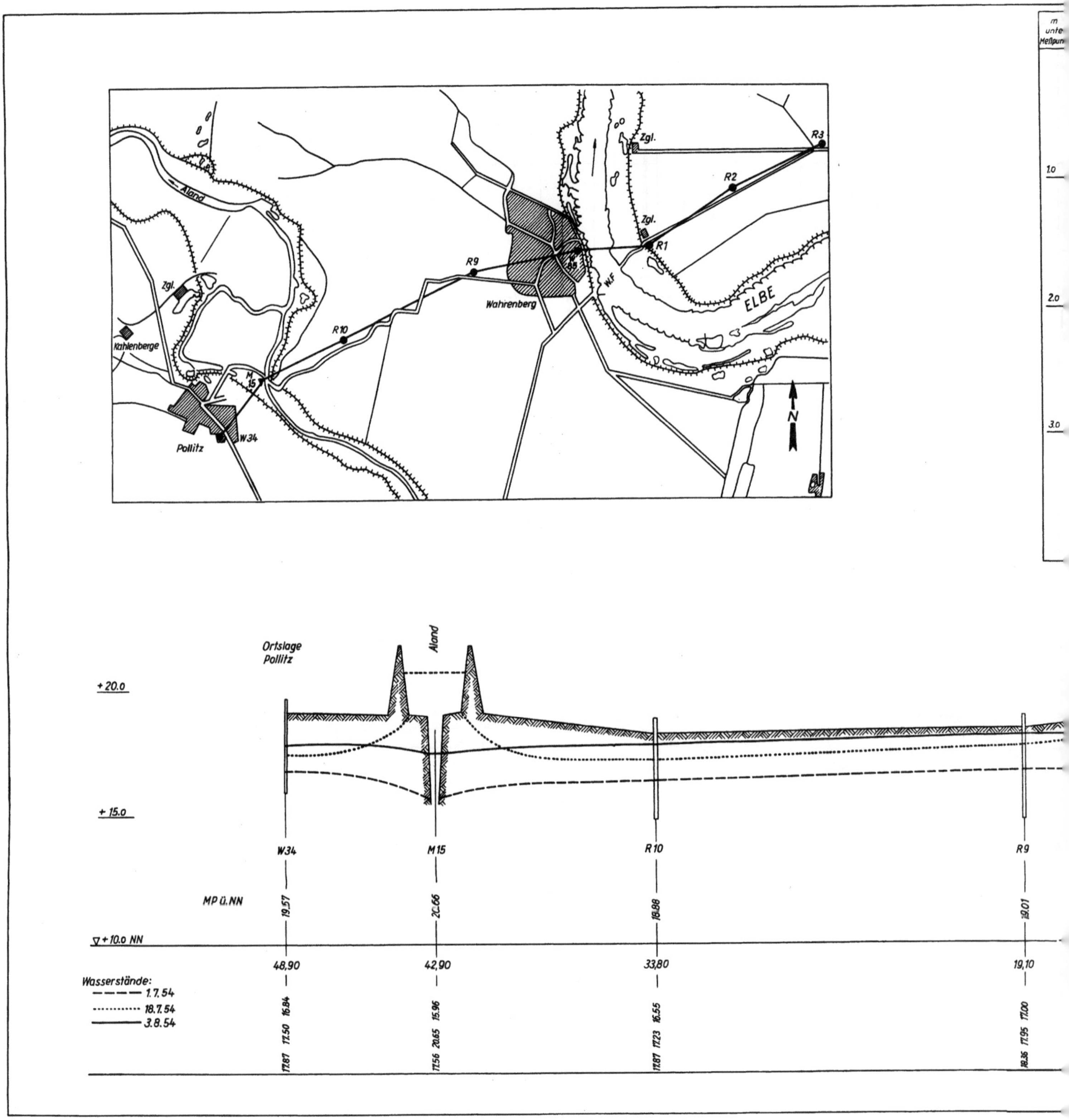

Abb. 32. Grundwasserquerprofil

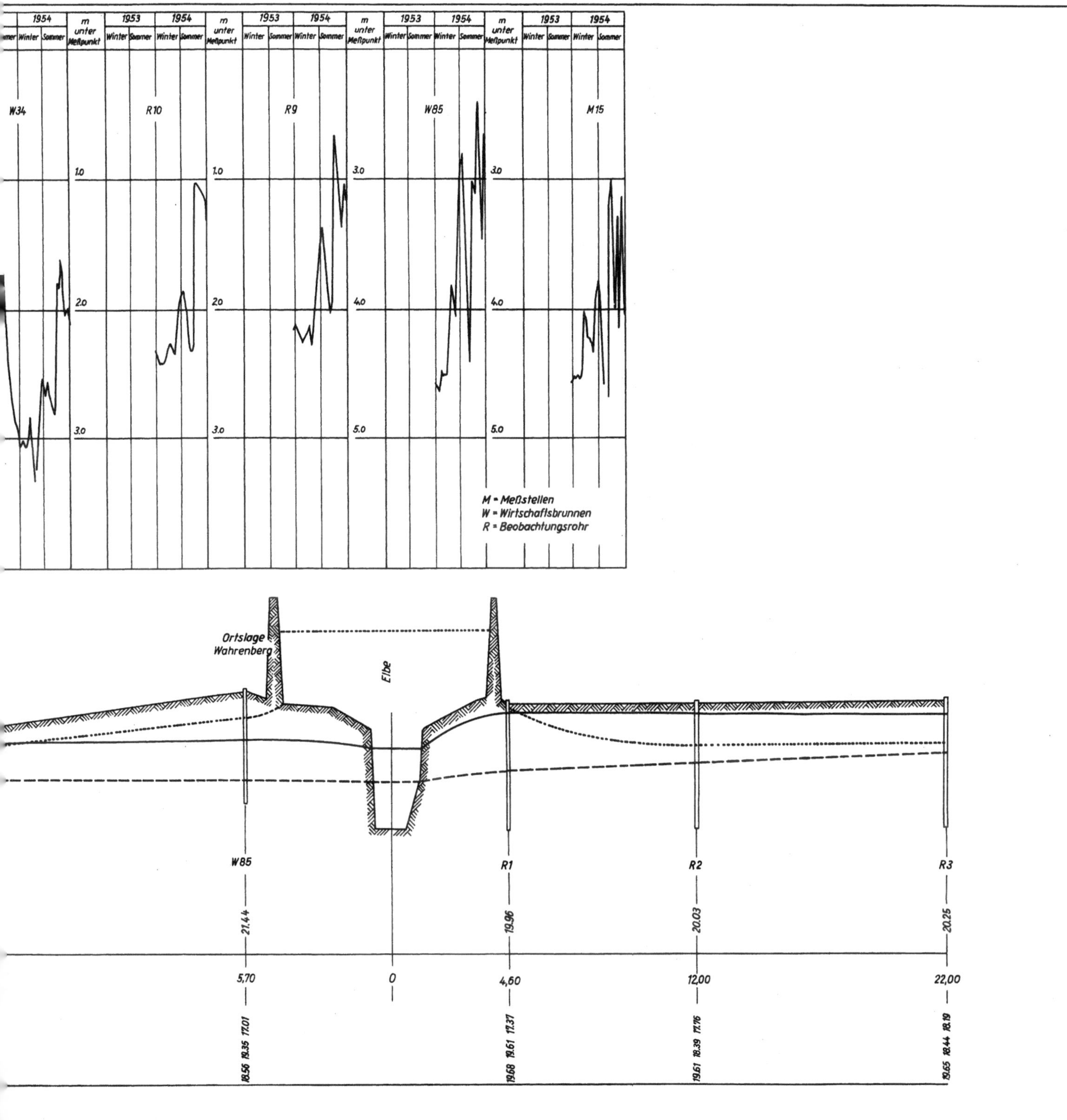

…hrenberg" (Stromkilometer 459,8)

a) *Anteil des Niederschlags an der Grundwasseranreicherung.*

Bei einer ganzen Anzahl repräsentativer Grundwasserbeobachtungsstellen aus den Bezirken Halle, Leipzig und Magdeburg, die im Einzugsgebiet der Elbe, jedoch außerhalb von Flußtälern liegen, wurde in der Zeit vom 1. bis 31. Juli als Folge der überdurchschnittlichen Niederschläge (175 bis 300% der Normalwerte) ein Grundwasseranstieg von 15 cm im Mittel festgestellt. Dieser Wert ist von dem für die einzelnen Abschnitte ermittelten Grundwasseranstieg als nicht durch das Hochwasser verursacht abzuziehen.

b) *Wasseraufnahmevermögen des Bodens.*

Zur Errechnung des nutzbaren Hohlraumgehaltes (Porenvolumen = P_n) im Boden schreibt KOEHNE wie folgt [24]:

„Bei einem Steigen des Grundwassers um 100 cm hat ein Kubikmeter Sandboden im allgemeinen etwa 200 Liter Wasser aufgenommen, eine Fläche von 1 km² also 200 000 Liter. Die dabei in Frage kommenden Wassermengen hängen vom „nutzbaren Hohlraumgehalt" P_n ab. Bei P_n = 20% entspricht ein Meter Wasserstandsänderung, also eine reine Wassersäule von 200 mm einer Auffüllung von 100%".

Und an anderer Stelle:

„Es ist bemerkenswert, daß der amerikanische Forscher (gemeint ist Wenzel) dieselbe Zahl von rd. 20% festgestellt hat, mit der ich auch schon seit Jahren rechne."

G. THIEM rechnet bei Sand- und Kiesablagerungen mit einem Wert, der zwischen 0,25 und 0,40 schwankt [25].

Auf Grund dieser Angaben wurde im Nachstehenden mit dem Wert P_n = 25% gerechnet, der bei den im Elbtal vorherrschenden Bodenverhältnissen wohl einen guten Mittelwert darstellen dürfte.

c) *Erhöhung des Grundwasserspiegels durch Rückstau.*

Das der Elbe von den Talhängen zuströmende Grundwasser wurde durch das vom Elbstrom in das Grundwasser einsickernde Wasser gestaut. Es wurde daher in einer mittleren Breite von beiderseits 750 m, insgesamt also 1,5 km, mit einer Aufhöhung durch Rückstau von 5 cm gerechnet. Diese Grundwasseraufhöhung durch Rückstau ist gleichfalls von dem für die einzelnen Abschnitte ermittelten Grundwasseranstieg abzuziehen.

Somit läßt sich also für die Berechnung der quantitativen Grundwasseranreicherung (ΣQ_u) folgende Formel aufstellen:

$$\Sigma Q_u = \left[(\overline{\Delta W} - \overline{\Delta W_N}) \cdot b - (\overline{\Delta W_{St}} \cdot b_{St})\right] \cdot l \cdot P_n \qquad (1)$$

In dieser Gleichung bedeuten:

$\overline{\Delta W}$ = mittlerer Grundwasseranstieg

$\overline{\Delta W_N}$ = mittlerer Grundwasseranstieg als Folge der Niederschläge (N)

$\overline{\Delta W_{St}}$ = mittlerer Grundwasseranstieg als Folge des Rückstaus

b = Talbreite

b_{St} = Talbreite, in der das Grundwasser durch Rückstau erhöht wird

l = Tallänge

P_n = nutzbarer Hohlraumgehalt = 0.25

Abschnitt Merschwitz bis Torgau

Der aus den Grundwasserquerprofilen zwischen Merschwitz und Torgau auf einer Tallänge von 45 km errechnete Grundwasseranstieg betrug im Mittel 81 cm und erstreckte sich beiderseits der Elbe auf eine Gesamtbreite von 3,8 km. Nach Gleichung (1) errechnet sich damit die Grundwasseranreicherung zu 27,4 hm^3.

Im Vergleich dazu betrug die Abflußsumme (Σ Q_0) am Pegel Torgau für die Dauer der Ausuferung — für die Zeit also, in der eine Grundwasseranreicherung erfolgte (10.—16. 7.) — 1021 hm^3. Unter Berücksichtigung der Gesamtsumme ($\Sigma Q = \Sigma Q_0 + \Sigma Q_u$) ergibt sich somit auf der Strecke von Merschwitz bis Torgau eine Anreicherung des Grundwassers von 2,6%. Bei dieser Berechnung muß allerdings berücksichtigt werden, daß die zwischen dem 17. und 31. Juli vom Grundwasser wieder in die Elbe zurückgeflossene Wassermenge nicht erfaßt wurde.

Für die Strecke von Schöna bis Torgau errechnet sich der Verlust der oberirdisch abfließenden Hochwasserwelle an das Grundwasser auf etwa 47,4 hm^3. Zugrunde gelegt wurde hier die Annahme, daß zwischen Schöna (Staatsgrenze) und Riesa auf der von Steilhängen flankierten oberen Elbstrecke keine großen Speichermöglichkeiten vorhanden sind und daher — nach überschlägiger Berechnung — nicht mehr als 20 hm^3 an das Grundwasser abgegeben wurden.

Abschnitt Torgau bis Wittenberg

Die Tallänge dieses Abschnittes beträgt 44 km bei einer durchschnittlichen Breite von 5,4 km. Einem mittleren Anstieg des Grundwassers von 92 cm entspricht eine Anreicherung von 44,9 hm^3. Die Abflußsumme für den Pegel Wittenberg errechnete sich für die Zeit vom 10. Juli (Beginn des Anstieges) bis 20. Juli (Unterschreiten der Ausuferungshöhe 500 cm) mit 459 hm^3, so daß in diesem Abschnitt die Anreicherung der in dem genannten Zeitraum abgeflossenen Wassermenge 3,0% betrug.

Abschnitt Wittenberg bis Aken

Hier beträgt die Tallänge 41 km und der mittlere Grundwasseranstieg 96 cm auf einer mittleren Breite von 5,2 km. Die Grundwasseranreicherung ergibt somit 42,4 hm^3.

Am Pegel Aken kamen seit Beginn des Anstieges am 10. Juli und der Wiedererreichung des Ausuferungswasserstandes von 540 cm am 20. Juli 2000 hm^3 zum Abfluß, so daß auf dieser Strecke die in das Grundwasser abgegebene Wassermenge 2,1% des Gesamtabflusses ausmachte. Die auf der Strecke zwischen Schöna und Aken eingesickerte Wassermenge von 134,7 hm^3 dagegen betrug 6,3% des Gesamtabflusses am Pegel Aken.

Abschnitt Aken bis Hämerten

Bei einer Tallänge von 105 km, einem mittleren Grundwasseranstieg von 88 cm in einer durchschnittlichen Breite von 5,8 km ergibt sich eine Grundwasseranreicherung von 109,2 hm^3. Abgeflossen sind am Pegel Hämerten von Beginn des Anstieges am 10. Juli bis zum Unterschreiten der Ausuferungshöhe (430 cm) am 30. Juli 2900 hm^3, so daß die Grundwasseranreicherung in diesem Abschnitt 3,6% und auf der gesamten Strecke (Schöna bis Hämerten) 7,8% des Gesamtabflusses ausmachte.

Abschnitt Hämerten bis Boizenburg

In diesem Abschnitt betrug die Grundwasseranreicherung 188,1 hm^3. Das Tal der Elbe ist hier 145 km lang. Der Grundwasseranstieg betrug in einer durchschnittlichen Breite von 6,5 km im Mittel 96 cm.

Am Pegel Darchau kamen in der Zeit vom 14. Juli (Beginn des Anstiegs) bis 1. August (Rückgang bis zur Ausuferungshöhe 440 cm) 2934 hm³ zum Abfluß. Es sind somit auf dieser Strecke 6% Elbewasser in das Grundwasser übergetreten. Die Grundwasseranreicherung auf der gesamten Strecke von Schöna bis Boizenburg betrug 432,0 hm³, das sind 12,8% der Gesamtabflußsumme am Pegel Darchau.

Die Ergebnisse der angestellten Untersuchungen sind in Tabelle 16 nochmals zusammengefaßt.

Tabelle 16

Grundwasseranreicherung im Elbtal

Streckenabschnitt der Elbe	Bezugspegel	Summe des oberirdischen Abflusses (ΣQ_0) am Bezugspegel	Grundwasseranreicherung (ΣQ_u) bezogen auf den Streckenabschnitt [hm³]	Abflußsumme ($\Sigma Q_F = \Sigma Q_o + \Sigma Q_u$) des Zwischeneinzugsgebietes [hm³]	ΣQ_u in % von ΣQ_F	Abflußsumme ($\Sigma Q = \Sigma Q_o + \Sigma Q_u$) von der Staatsgrenze bis zum Bezugspegel [hm³]	Grundwasseranreicherung (ΣQ_u) von der Staatsgrenze bis zum Bezugspegel [hm³]	ΣQ_u in % von ΣQ	Mittl. Grundwasseranreicherung pro km der bezeichneten Streckenabschnitte [hm³]
1	2	3	4	5	6	7	8	9	10
Schöna—Merschwitz	—	—	≈ 20,0	—	—	—	—	—	0,22
Merschwitz—Torgau ...	Torgau	1021	27,4	1048,4	2,6	1068,4	47,4	4,4	0,61
Torgau—Wittenberg	Wittenberg	1459	44,9	1503,9	3,0	1551,3	92,3	6,0	1,02
Wittenberg—Aken......	Aken	2000	42,4	2042,4	2,1	2134,7	134,7	6,3	1,03
Aken—Hämerten .	Hämerten	2900	109,2	3009,2	3,6	3143,9	243,9	7,8	1,04
Hämerten—Boizenburg	Darchau	2934	188,1	3122,1	6,0	3366,0	432,0	12,8	1,30

4. Verlauf des Hochwassers in den Nebenflüssen der Elbe im Oberlauf

4.1 Nebenflüsse der oberen Elbe

Während die rechten Nebenflüsse Kirnitzsch, Lachsbach, deren Quellgebiete südlich bzw. östlich der Niederschlagsmaxima des 9. Juli lagen (s. Niederschlagskarte, Abbildung 17) kaum mehr als mittleres Hochwasser führten, brachten die Wesenitz und die linkselbischen Zuflüsse Gottleuba und Müglitz, aus einem Gebiet maximaler Niederschläge kommend, Hochwasser, die in den letztgenannten Flußläufen zwar nicht das Ausmaß des bekannten Katastrophenhochwassers vom 9. Juli 1927 erreichten, in ihrer Höhe aber doch immerhin

Abb. 33. Hochwasser der Wesenitz am Pegel Elbersdorf (10. 7. 1954)

beträchtlich über MHW einer langen Beobachtungsreihe lagen (s. Tabelle 17). So wurde z. B. am 10. Juli in der Gottleuba am Pegel Pirna—Neundorf MHW um 69 cm (HW = 222 cm) und in der Müglitz am Pegel Dohna sogar um 135 cm (HW = 290 cm) überschritten. Die entsprechenden Abflüsse lagen am Pegel Pirna—Neundorf mit 53,4 m^3/s 93% und am Pegel Dohna mit 140 m^3/s 216% über MHQ. Ein Vergleich der Abflußspende, die für die in den Mündungsgebieten der Zuflüsse gelegenen Pegel berechnet wurden, läßt das Ausmaß der einzelnen Hochwasser erkennen. Mit einer Abflußspende von 718 $l/s\,km^2$ brachte die Müglitz von allen Vorflutern der Elbstrecke zwischen Schöna und Dresden das größte Hochwasser. Diese Zahl ist zugleich auch ein Maß der Niederschlagsintensität in dem doch relativ kleinen Einzugsgebiet der Müglitz (F_N = 195 km^2).

Je nach Lage ihrer Einzugsgebiete zu den Hauptniederschlagszentren brachten die übrigen Vorfluter auf der weiteren Elbstrecke bis Torgau mehr oder minder starke Hochwasser.

Diese wirkten sich vor allem in der Weißeritz, aber auch noch in der weiter nördlich zufließenden Wilden Sau und Triebisch aus. So entwickelte die Weißeritz, die noch im Raume Dresden in die Elbe einmündet, in der Zeit vom 9. zum 10. Juli einen Hochwasserscheitel, der am Pegel Dresden-Döltzschen, 6 km oberhalb der Mündung, mit 173 cm HHW (30. Mai 1941) noch um 61 cm überschritt. Der Abfluß wurde hier mit 108 m^3/s (Hq = 292 l/s km^2) geschätzt; HHQ lag bisher bei 66,1 m^3/s. Trotz des Vorhandenseins der Talsperren

Abb. 34. Uferabbrüche an der Roten Weißeritz im Raume Hainsberg

Malter und Klingenberg, die aber als ausgesprochene Versorgungssperren zu Beginn der Situation nur einen freien Stauraum von etwa 1,6 hm^3 hielten und naturgemäß bei der andrängenden Wasserflut bald überlaufen mußten, wurde HHW in der Roten und Wilden Weißeritz, die unterhalb Hainsberg zusammenfließen, durchweg um 80 cm überschritten. Die für das Mündungsgebiet der Vereinigten Weißeritz berechnete Abflußspende von 292 l/s km^2 (Pegel Dresden-Dölzschen) ist bei der Größe des Niederschlagsgebietes (F_N = 370 km^2) im Vergleich zu Hq der übrigen in Tabelle 6 aufgeführten Pegel als relativ hoch anzusehen. Sie gibt zugleich einen Anhalt für die Beurteilung der Schwere des Hochwassers in diesem Gebiet.

Das Ausmaß der Hochflut im Tal der Weißeritz lassen aber auch die Abbildungen 34 und 35 erkennen. Angaben über die Geschiebeführung würden in diesem Zusammenhang zweifellos interessieren; wegen fehlender Messungen kann jedoch nichts darüber ausgesagt werden. Abbildung 35, aufgenommen nach Ablauf des Hochwassers, läßt lediglich ahnen, wie groß die Geschiebefracht gewesen sein muß, noch dazu, wenn man bedenkt, daß das Profil kurz vor Eintritt des Hochwassers geräumt worden war.

Abb. 35. Vereinigte Weißeritz an der Mündung nach Ablauf des Hochwassers

Während die Weißeritz als Folge der starken Niederschläge im Juli 1954 das bisher höchste Hochwasser brachte, in der Wilden Sau und Triebisch MHW (1941/1950) noch um 39 cm (Pegel Wilsdruff) bzw. 80 cm (Pegel Munzig) überschritten wurde, entwickelten sich in den weiteren Zuflüssen Ketzerbach, Jahna und Döllnitz keine ausgesprochenen Hochwasser mehr, wenn auch hier MHW vereinzelt noch überschritten wurde (Ketzerbach). Die geringen Abflüsse dieser Vorfluter allein dürften daher kaum das Hochwasser der Elbe beeinflußt haben, sondern erst in Verbindung mit dem dem Strom aus dem Zwischeneinzugsgebiet unterhalb Riesa noch zufließenden Niederschlagswasser zur Erhöhung des Abflusses in Torgau geführt haben. Mit einer Fläche von etwa 660 km² — ein Drittel des Teilgebiets zwischen den Pegeln Dresden und Torgau — lag dieses Gebiet, wie auch die Karte in Abbildung 15 erkennen läßt, wesentlich mehr im Bereich der stärkeren Niederschläge als die Einzugsgebiete der letztgenannten Zuflüsse der Elbe.

Tabelle 17.

Grenz- und Mittelwerte der Wasserstände und Abflüsse der Nebenflüsse der oberen Elbe

Gewässer	Pegel	F_N km²	Grenz- und Mittelwerte der Wasserstände HHW		MW	MHW	HW 1954		Grenz- und Mittelwerte der Abflüsse HHQ	MQ	MHQ	HQ 1954	Hq 1954	Bemerkungen
					1941/1950					1941/1950		m³/s	l/s km²	
			cm	Tag	cm	cm	cm	Tag						
Kirnitzsch	Bad Schandau	155	200	16. 4. 1917	49	135	85	12. 7.	36,4	1,46	14,1	5,9	37,9	
Lachsbach	Porschdorf	268	241	17. 3. 1947	70	178	182	10. 7.	61,4	3,00	27,7	28,9	108	
Gottleuba	Pirna-Neundorf	134	(378)	9. 7. 1927	47	148	222	10. 7.	(433)	1,64[1])	27,7[1])	53,4	399	
Wesenitz	Elbersdorf	228	214	8. 2. 1946	47	156	181	10. 7.	60,0	2,12[2])	25,1[2])	42,8	192	
Müglitz	Dohna	195	(410)	9. 7. 1927	41	142	290	10. 7.	(330)	2,48	44,1	140	718	
Vereinigte Weißeritz	Dresden-Dölzschen	370	173	10. 7. 1954	15	65	173	10. 7.	108	4,10[1])	25,5[1])	108	292	bish. HHW = 112 cm HHQ = 66,1 m³/s (31. 5. 1941)
Wilde Sau	Wilsdruff	26	230	30. 7. 1897	29	131	170	10. 7.	—	—	—	—	—	
Triebisch	Munzig	113	330	8. 2. 1946	77[3])	235[3])	315	10. 7.	—	—	—	—	—	
Jahna	Seerhausen	155	(288)	30. 5. 1941	64	218	168	10. 7.	11,7	0,58[4])	6,6[4])	5,8	37,4	
Döllnitz	Riesa-Merzdorf	210	303	14. 3. 1947	56	192	130	11. 7.	39,5	0,87	10,1	6,2	29,5	

[1]) 1931/1950. [2]) 1921/1950. [3]) 1946/1950. [4]) 1926/1950.

4.2 Schwarze Elster

In der Schwarzen Elster kam — wie bereits erwähnt — nur ein mittleres Hochwasser zum Abfluß, dessen Scheitelwelle am 11. Juli Neuwiese mit 216 cm und am 12. Juli Senftenberg mit 210 cm sowie Bad Liebenwerda mit 256 cm durchlief. Die Wasserstände lagen durchweg nur 110 bis 130 cm über Mittelwasser. Die höchsten Wasserstände der Jahre 1938 bzw. 1946 wurden bei weitem nicht erreicht; HHW blieb an allen Stellen um etwa 80 cm unterschritten.

Am 14. Juli erreichte die Hochwasserwelle mit 283 cm den Pegel Jessen, 12 km oberhalb der Mündung. Infolge des Rückstaus der Elbe bildete sich im Unterlauf ein langer Scheitel aus, der bis zum 16. Juli anhielt. Erst als im Strom ein stärkerer Fall der Wasserstände einsetzte, war auch ein merkliches Fallen in der Schwarzen Elster zu verzeichnen.

Aber nicht nur im Hauptfluß, sondern auch in den Nebenflüssen kam es im Gebiet der Schwarzen Elster zur Ausbildung von teilweise sogar über MHW liegenden Hochwassern. Während am Pegel Prischwitz/Schwarzwasser die Wasserstände am 10. Juli mit 248 cm 43 cm über MHW (1946/1952) lagen, wurde in der Großen Röder, die drei aufeinanderfolgende Wellen ausbildete, an den Pegeln Groß-Dittmannsdorf und Radeburg MHW nur um 30 cm überschritten. Die bekannten Höchststände des Sommerhochwassers vom 16. Juli 1926 wurden aber in keinem Falle erreicht.

Der Höchstabfluß der Großen Röder am Pegel Dittmannsdorf betrug am 10. Juli 12.00 Uhr bei einem Wasserstand von 208 cm 32,6 m^3/s (Abflußspende 109 l/s km^2).

Eine allerdings nur geringfügige Überschreitung des MHW war auch in der Pulsnitz an den Pegeln Reichenau und Königsbrück in der Nacht vom 8. zum 9. Juli und in den frühen Morgenstunden des 10. Juli zu verzeichnen. Die dritte, sich am 12. Juli ausbildende Welle brachte am Pegel Königsbrück lediglich noch einen Wasserstand von 100 cm = 63 cm über Mittelwasser. Dem Höchststand von 164 cm am Pegel Königsbrück (am 8. Juli gegen 21.00 Uhr) entspricht ein Abfluß von 11,9 m^3/s bzw. eine Abflußspende von 129 l/s km^2.

Der hier beschriebene Hochwasserablauf in der Schwarzen Elster und ihren bekanntesten Nebenflüssen erklärt sich im wesentlichen aus der Lage der Einzugsgebiete dieser Vorfluter zu den rechtselbisch gelegenen niederschlagsreichen Gebieten. Sie lagen durchweg noch außerhalb des Gebiets maximaler Niederschläge, wie dies auch aus den Niederschlagskarten in den Abbildungen 17 bis 19 zu ersehen ist.

5. Verlauf des Hochwassers im Gebiet der Mulde

Die am 7. Juli vornehmlich über dem Vorland des sächsischen Mittelgebirges einsetzenden und fast ohne Unterbrechung bis zum 12. anhaltenden Starkregenfälle führten innerhalb kurzer Zeit in allen Flußläufen des vorbezeichneten Raumes zu einem raschen Anstieg der Wasserführung. Während zu Beginn des Monats die Wasserstände kaum über Mittelwasser lagen, entwickelten die Wassermassen aus den Niederschlägen Hochwasser, die vor allem in der Zwickauer Mulde und ihren Nebenflüssen sowie in der Vereinigten Mulde die bisher bekannten höchsten Wasserstände weit überschreiten ließen. Geschichtlich lassen sich zwar verschiedene große Hochfluten in diesem Gebiet nachweisen — die Stadtchronik von Zwickau berichtet 1316 zum ersten Male von einer Hochflut [26] — aber seit Menschengedenken wurden in diesem Gebiet nicht derart hohe Wasserstände wie beim Ablauf des Sommerhochwassers 1954 beobachtet. In der Freiberger Mulde, deren Einzugsgebiet nur zeitweilig im Bereich des Hauptniederschlagsgebietes lag (s. Abbildung 15), blieben die Hochwasserstände, von einigen kleineren Zuflüssen abgesehen, noch unter dem für das Muldegebiet bisher bekannten höchsten Hochwasser von 1897.

Der zeitliche Ablauf des Hochwassers in den genannten Flußläufen ist in den Abbildungen 36 bis 40, 43, 52, 53 und 54 dargestellt; die Tabellen 18 und 19 bringen außerdem eine Zusammenstellung der Hochwasserscheitel sowie eine Gegenüberstellung zum bisherigen HHW.

5.1 Hochwasserentwicklung in der Mulde und ihren Nebenflüssen

5.11 Freiberger Mulde

Als Folge des Aufgleitvorgangs am Gebirge (Steigungsregen vom 7./8. Juli) kam es zuerst in der Natschung und der Schwarzen Pockau, beides Nebenflüsse der Flöha, zur Ausbildung von Hochwasserwellen, die noch in der Nacht zum 9. Juli die Flöha erreichten und hier zur Ausbildung eines mittleren Hochwassers führten. Die Scheitelwasserstände blieben im Oberlauf jedoch noch 10 bis 20 cm, im Unterlauf sogar noch durchweg 50 cm unter dem HW der Hochwasserperiode. Im Oberlauf der Mulde sowie in ihren Nebenflüssen Bobritzsch und Striegis kam es etwa zur gleichen Zeit zur Entwicklung von Wellenscheiteln, die in ihrer Höhe allerdings einige Zentimeter über MHW lagen. Auch am Pegel Streckewalde an der Preßnitz bildete sich in der Nacht vom 8. zum 9. Juli eine Hochwasserspitze aus. MHW (1921/1950) blieb noch um 6 cm unterschritten.

In ihrem weiteren Ablauf waren die ersten sich entwickelnden Flutscheitel bei den allgemein als Folge der verbreiteten Niederschläge schnell steigenden Wasserständen an den unterhalb gelegenen Pegeln nicht mehr zu erkennen.

Nach vorübergehend gleichbleibenden bzw. für nur kurze Zeit fallenden Wasserständen entwickelte sich im Laufe des Nachmittags (9. Juli) eine zweite Hochwasserwelle, die in der Freiberger Mulde in den frühen Morgenstunden des 10. Juli die höchste Spitze brachte. Diese erreichte zwar nicht die Höhe des Julihochwassers von 1897 (HHW), überschritt am Pegel Berthelsdorf MHW (1936/1950) aber immerhin um 71 cm. Eine Stunde später etwa passierte die Welle bereits den 8 km unterhalb gelegenen Pegel Freiberg-Muldenhütte und bewegte sich von dort bei nahezu gleichbleibendem Gefälle ($4{,}12^0/_{00}$) mit einer mittleren Geschwindigkeit von 13,9 km/h weiter talwärts.

Gegen 9.00 Uhr erreichte die Scheitelwelle dann Nossen, wo sich der erste deutlich ausgeprägte Scheitel mit 316 cm am Pegel einstellte. Sie blieb trotz des Zuflusses aus der Bobritzsch, die an diesem Tage ihre zweite und mit 200 cm am Pegel Naundorf höchste Welle brachte, damit noch 6 cm unter HHW vom 30. Mai 1941. Die Welle aus der Bobritzsch ist noch deutlich in der Wasserstandsganglinie des Pegels Nossen zu erkennen. Sie setzte sich, wie auch Bild 36 erkennen läßt, auf die vorauslaufende Scheitelwelle der Mulde auf und brachte eine Verlängerung des Scheitels in Nossen.

Das vorzeitige Eintreten des Scheitelwasserstandes (HW = 370 cm) am Pegel Niederstriegis ist zweifellos auf die der Freiberger Mulde in diesem Raum zufließende Flut aus der Striegis zurückzuführen, die sich bei den anhaltenden, starken Niederschlägen nach Ablauf von zwei Spitzen erneut entwickelt hatte. Diese lag am Pegel Böhrigen zwar noch 74 cm unter HHW (1897), brachte aber kurz vor der Einmündung in die Mulde am Pegel Niederstriegis/Striegis noch Wasserstände, die 37 cm über dem MHW (1926/1950) lagen.

Mit einer mittleren Wellengeschwindigkeit von etwa 3,5 km/h lief die erhöhte Flutspitze in Richtung Fischendorf (12 km oberhalb der Mündung) weiter, wo sie gegen 16.30 Uhr eintraf und mit 280 cm am Pegel noch 32 cm unter HHW (1897) blieb. Hier setzte sich ihr die sich zur gleichen Zeit in der Zschopau, vornehmlich aber durch deren Zuflüsse gebildete Welle

Tabelle 18

Hochwasserscheitel der Freiberger Mulde und ihrer Nebenflüsse

Gewässer	Pegel	Pegelnull	F_N	Hochwasserscheitel 1954			HHW (bisher)			
									Über- (+) bzw. Unter- (−) schreitung	Dauer der Überschreitung
		NN + m	km²	cm	Tag	Uhrzeit	cm	Datum	cm	Std.
Mulde	Mulda	420,21	82,9	158	10. 7.	3^{45}— 5^{50}				
		a. S.								
Chemnitzbach	Dorfchemnitz-Wolfsgrund	468,83	35,5	138	10. 7.	9^{30}—10^{30}	162	2. 1. 1922	− 24	—
		a. S.		143	11. 7.	11^{00}—12^{00}			− 19	
				137	12. 7.	0^{15}			− 25	
Mulde	Berthelsdorf	376,73	244	193	19. 7.	3^{45}	(201)	14. 3. 1947	− 8	19
		a. S.		231	10. 7.	5^{00}			+ 30	
				198	11. 7.	15^{00}			− 3	
				192	12. 7.	3^{15}			− 9	
	Freiberg-Muldenhütten	344,03	264	273	9. 7.	4^{25}— 6^{00}	431	30. 7. 1897	−158	—
		a. S.		328	10. 7.	6^{30}			−103	
				276	11. 7.	16^{30}—17^{30}			−155	
				268	12. 7.	3^{30}— 4^{00}			−163	
Bobritzsch	Naundorf	—	120	170	9. 7.	5^{30}	Beobachtet erst ab 1953			
				185	9. 7.	21^{00}—22^{00}				
				200	10. 7.	8^{00}				
				150	11. 7.	14^{30}—18^{00}				
Mulde	Nossen	203,89	588	293	9. 7.	17^{00}	322	30. 5. 1941	− 29	—
		a. S.		316	10. 7.	9^{00}—10^{00}			− 6	
				321	10. 7.	19^{45}			− 1	
				275	11. 7.	18^{00}—19^{00}			− 47	
Striegis	Böhrigen	219,68	251	184	9. 7.	2^{00}	334	31. 7. 1897	−150	—
		a. S.		238	9. 7.	19^{00}			− 96	
				260	10. 7.	5^{00}			− 74	
				278	11. 7.	1^{00}			− 56	
				228	11. 7.	13^{00}			−106	
				208	12. 7.	6^{00}			−126	
	Niederstriegis	181,39	283	135	9. 7.	1^{00}	(224)	12. 7. 1937	− 89	5
		a. S.		193	9. 7.	19^{00}			− 31	
				224	10. 7.	6^{00}			± 0	
				241	10. 7.	20^{45}			+ 17	
				186	11. 7.	14^{00}			− 38	
				176	12. 7.	5^{00}			− 48	
Mulde	Niederstriegis	179,40	910	265	9. 7.	6^{00}— 7^{00}	419	31. 7. 1897	−154	—
		a. S.		370	10. 7.	9^{00}			− 49	
				370	10. 7.	23^{00}			− 49	
				285	11. 7.	17^{00}—19^{00}			−134	
Zschopau	Schönbrunn	393,75	497	310	10. 7.	8^{00}—11^{00}	440	4. 2. 1909	−130	—
		a. S.		400	11. 7.	13^{00}			− 40	

Tabelle 18

Hochwasserscheitel der Freiberger Mulde und ihre Nebenflüsse (Fortsetzung)

		Gewässer	Pegel	Pegelnull	F_N	Hochwasserscheitel 1954			HHW (bisher)		Über- (+) bzw. Unter- (−) schreitung	Dauer der Überschreitung
				NN + m	km²	cm	Tag	Uhrzeit	cm	Datum	cm	Std.
Zschopau		Preßnitz	Streckewalde	409,95	206	133	8. 7.	15^{00}	(186)	4. 1. 1932	− 53	4
				a. S.		140	9. 7.	0^{30}			− 46	
						173	10. 7.	4^{30}			− 13	
						206	11. 7.	12^{15}			+ 20	
		Zschopau	Hopfgarten	356,93	531	160	9. 7.	20^{00}	226	4. 1. 1932	− 66	—
				a. S.		198	10. 7.	8^{00}—12^{00}			− 28	
						218	11. 7.	14^{00}			− 8	
			Zschopau	319,20	644	200	10. 7.	15^{00}	290	5. 2. 1909	− 90	—
				a. S.		230	11. 7.	15^{30}			− 60	
		Flöha	Cämmerswalde-Neuwernsdorf	575,78	68,4	115	8. 7.	14^{30}	165	8. 7. 1927	− 50	—
				a. S.		106	10. 7.	3^{00}			− 59	
						113	11. 7.	14^{00}			− 52	
	Flöha	Natschung	Rothenthal	535,69	76,4	103	8. 7.	15^{15}	159	4. 1. 1932	− 56	—
				a. S.		116	10. 7.	4^{15}			− 43	
						123	11. 7.	12^{45}			− 36	
		Flöha	Olbernhau-Kirchberg	475,65	134	151	8. 7.	21^{45}	196	4. 1. 1932	− 45	—
				a. S.		161	10. 7.	5^{00}— 7^{45}			− 35	
						151	11. 7.	16^{00}—17^{00}			− 45	
			Pockau-Süd	397,15	387	163	8. 7.	24^{00}	260	4. 1. 1932	− 97	—
				a. S.		220	10. 7.	7^{00}— 8^{00}			− 40	
						213	11. 7.	15^{45}			− 37	
		Schwarze Pockau	Zöblitz	440,86	125	109	8. 7.	20^{00}—21^{15}	158	12. 7. 1937	− 49	—
				a. S.		134	10. 7.	4^{30}			− 24	
						130	10. 7.	8^{30}			− 28	
						156	11. 7.	12^{15}			− 2	
		Flöha	Borstendorf	355,64	641	170	9. 7.	1^{00}— 1^{30}	256	4. 1. 1932	− 86	—
				a. S.		208	10. 7.	7^{30}			− 48	
						208	11. 7.	15^{00}—15^{30}			− 48	
			Breitenau-Hetzdorf	283,70	757	242	9. 7.	1^{30}— 3^{00}	439	31. 7. 1897	−197	—
				a. S.		282	10. 7.	6^{00}— 8^{00}			−157	
						276	11. 7.	18^{00}			−163	
		Zschopau	Flöha	262,06	1530	295	10. 7.	7^{30}—10^{45}	417	31. 7. 1897	−122	—
				a. S.		300	11. 7.	17^{00}—19^{45}			−117	
			Lichtenwalde	252,94	1573	271	9. 7.	7^{00}	438	4. 1. 1932	−167	—
				a. S.		378	10. 7.	10^{00}			− 60	
						384	11. 7.	18^{30}—19^{00}			− 54	
			Kriebstein OP	222,46	1693	332	9. 7.	12^{00}	(382)	12. 7. 1937	− 50	32
				a. S.		432	10. 7.	11^{00}			+ 50	
						430	11. 7.	19^{30}			+ 48	
			Kriebstein UP	182,95	1755	250	9. 7.	5^{00}	(294)	12. 7. 1937	− 44	42
				a. S.		281	9. 7.	20^{00}			− 13	
						333	10. 7.	12^{30}			+ 39	
						334	11. 7.	22^{00}			+ 40	
		Mulde	Fischendorf	144,96	2880	280	10. 7.	16^{30}—19^{45}	312	31. 7. 1897	− 32	—
				a. S.		246	11. 7.	8^{00}			− 66	
						260	12. 7.	0^{30}			− 52	

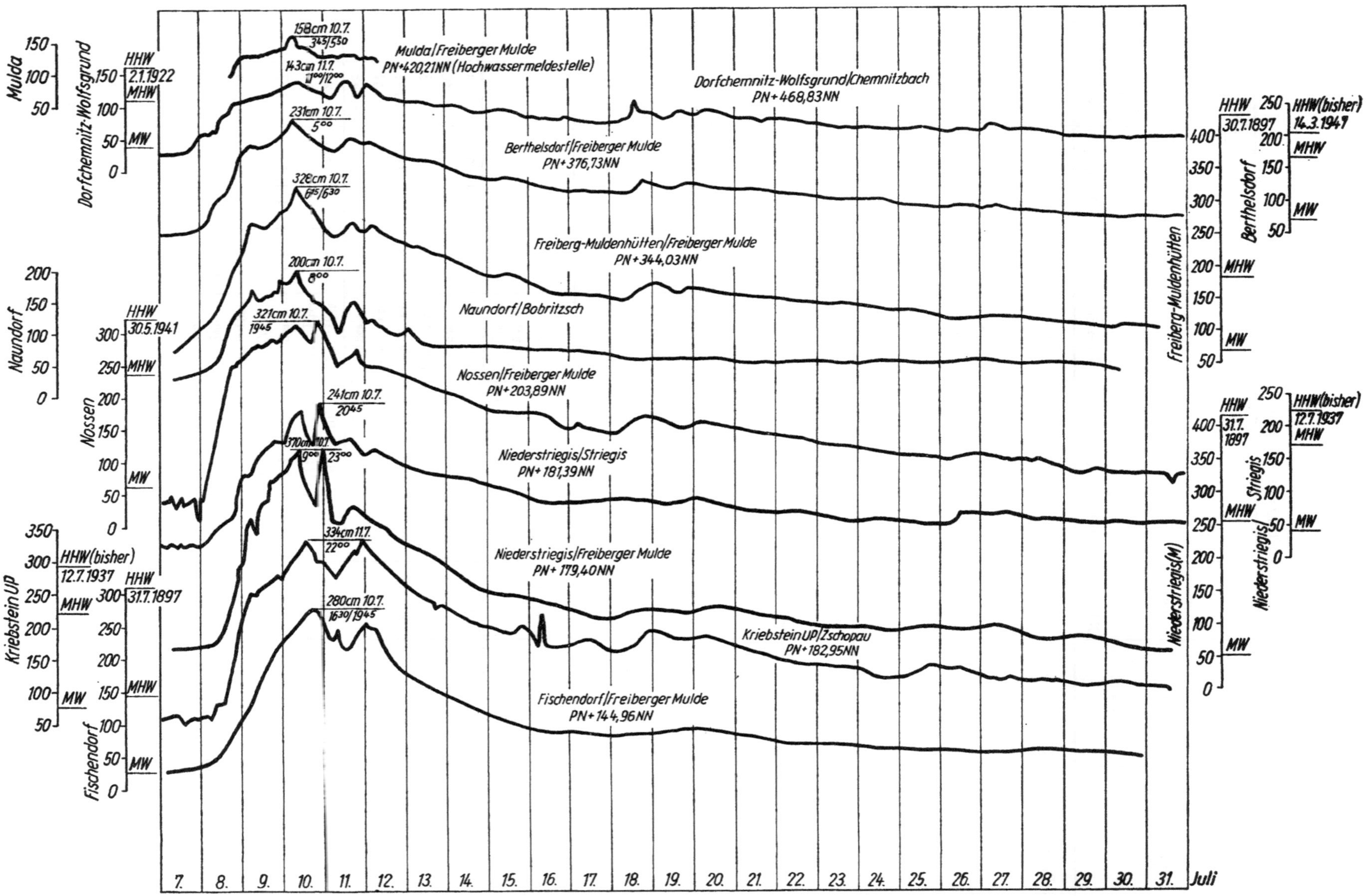

Abb. 36. Wasserstandsganglinien der Freiberger Mulde und ihrer Nebenflüsse im Oberlauf

auf, deren höchste Wasserstände im Oberlauf 50 bis 75 cm, unterhalb der Einmündung der Flöha aber etwa 120 bis 130 cm über MHW lagen (s. Abbildung 37).

Über die Hochwasserentwicklung in der Zschopau ist im einzelnen noch folgendes zu sagen:

Der Anstieg der Wasserstände setzte auch hier bereits in den frühen Morgenstunden des 8. Juli ein, ohne daß es jedoch hierbei zur Ausbildung eines direkten Scheitels gekommen wäre. Der erste ausgeprägte Scheitel wurde erst am 10. Juli morgens am Pegel Hopfgarten mit 198 cm (54 cm über MHW 1941/1950) festgestellt. Der langanhaltende, hohe Scheitelwasserstand an diesem Pegel (8.00 bis 12.00 Uhr) ist nicht nur auf die Zuflüsse der Zschopau im Oberlauf zurückzuführen, sondern vornehmlich als Folge der anhaltenden und in diesem Gebiet ohne Rückhalt sofort wieder abfließenden Niederschläge anzusehen. Eine ähnliche Situation ergab sich am Pegel Zschopau, wo gegen 15.00 Uhr der Scheitel mit 200 cm eintrat. Im Mittel- und Unterlauf der Zschopau führte, wie dies auch die für den Pegel Flöha aufgetragene Wasserstandsganglinie erkennen läßt (Abbildung 38), die zweite und höchste Welle der Flöha mit 282 cm am Pegel Breitenau-Hetzdorf — der hier beobachtete, gegenüber dem normalen Ablauf des Hochwassers in der Flöha verfrühte Eintritt des HW (6.00 bis 8.00 Uhr) ist auf nicht bekanntgewordene, zweifellos den Abfluß hemmende Vorkommnisse zurückzuführen — etwa zur gleichen Zeit wie im Oberlauf zur Ausbildung des ersten Scheitels.

Mit einer Geschwindigkeit von etwa 17 km/h durchlief diese Welle die Strecke bis Kriebstein, wo am Oberpegel der Talsperre bereits um 11.00 Uhr HW mit 432 m (127 cm über MHW 1941/1950) eintrat. Die Welle aus dem Oberlauf wirkte sich hier nicht mehr aus; sie brachte in der Nacht vom 10./11. Juli lediglich eine vorübergehende, sich bis Flöha auswirkende Verzögerung des Fallens der Wasserstände.

Der weitere Ablauf der Hochwasserwelle wurde im wesentlichen beeinflußt durch die Talsperre Kriebstein, die, obgleich nicht als Hochwasserspeicher gedacht, doch eine gewisse Verzögerung des Hochwasserablaufes und damit eine Minderung der Scheitelhöhe bewirkte. Der Einfluß der Talsperre spiegelt sich auch in der Wasserstandsganglinie des Pegels Fischendorf/Freiberger Mulde wieder, an dem, nach Zufluß des Hochwassers aus der Zschopau, ein fast drei Stunden anhaltender, gleich hoher Wasserstand zu beobachten war (s. Abbildung 36).

Das im Laufe des 10. Juli rückläufig werdende Hauptniederschlagsgebiet brachte begrenzt auch dem Einzugsgebiet der Freiberger Mulde wieder stärkere Regenfälle, die in den Abend- bzw. ersten Nachtstunden vor allem im Mündungsgebiet der Striegis zu einem erneuten starken Anstieg der Wasserstände führten. Die Niederschläge waren derart intensiv, daß in der Freiberger Mulde auf der Strecke zwischen Nossen und Niederstriegis und in der Striegis am Pegel Niederstriegis die höchsten Wasserstände im Verlauf der Hochwassersituation beobachtet wurden .

Da die Zschopau sich ruhig verhielt, waren die Auswirkungen dieser Welle im Unterlauf der Mulde gering und bis zum Pegel Fischendorf bereits eine merkliche Abflachung zu verzeichnen. Wenn auch am Pegel Nossen HHW einer kürzeren Beobachtungsreihe nahezu erreicht wurde — am Pegel Niederstriegis/Striegis wurde HHW sogar um 17 cm überschritten —, so blieben doch an dem Muldepegel in Niederstriegis die Hochwasserstände des Jahres 1954 noch 49 cm unter HHW vom 31. Juli 1897.

Eine ähnliche Situation wie am 10. Juli ergab sich auch am 11. Juli für dieses Gebiet, wo, bei noch weiterer Verlagerung des Hauptniederschlagsgebietes nach Süden, sich die Regenfälle im Oberlauf der Mulde und der Bobritzsch sowie in der Zschopau einschließlich ihrer

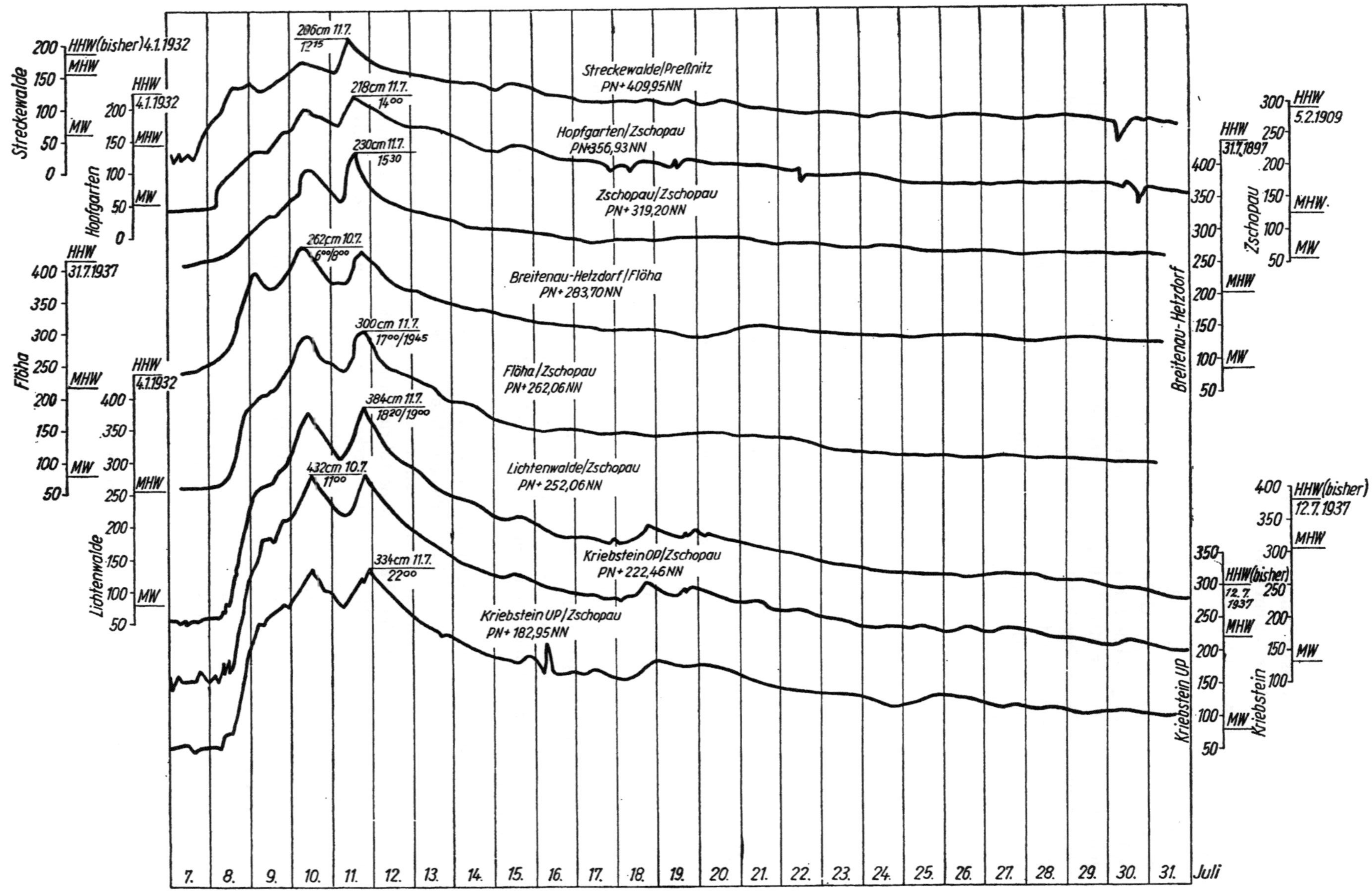

Abb. 37. Wasserstandsganglinien der Zschopau

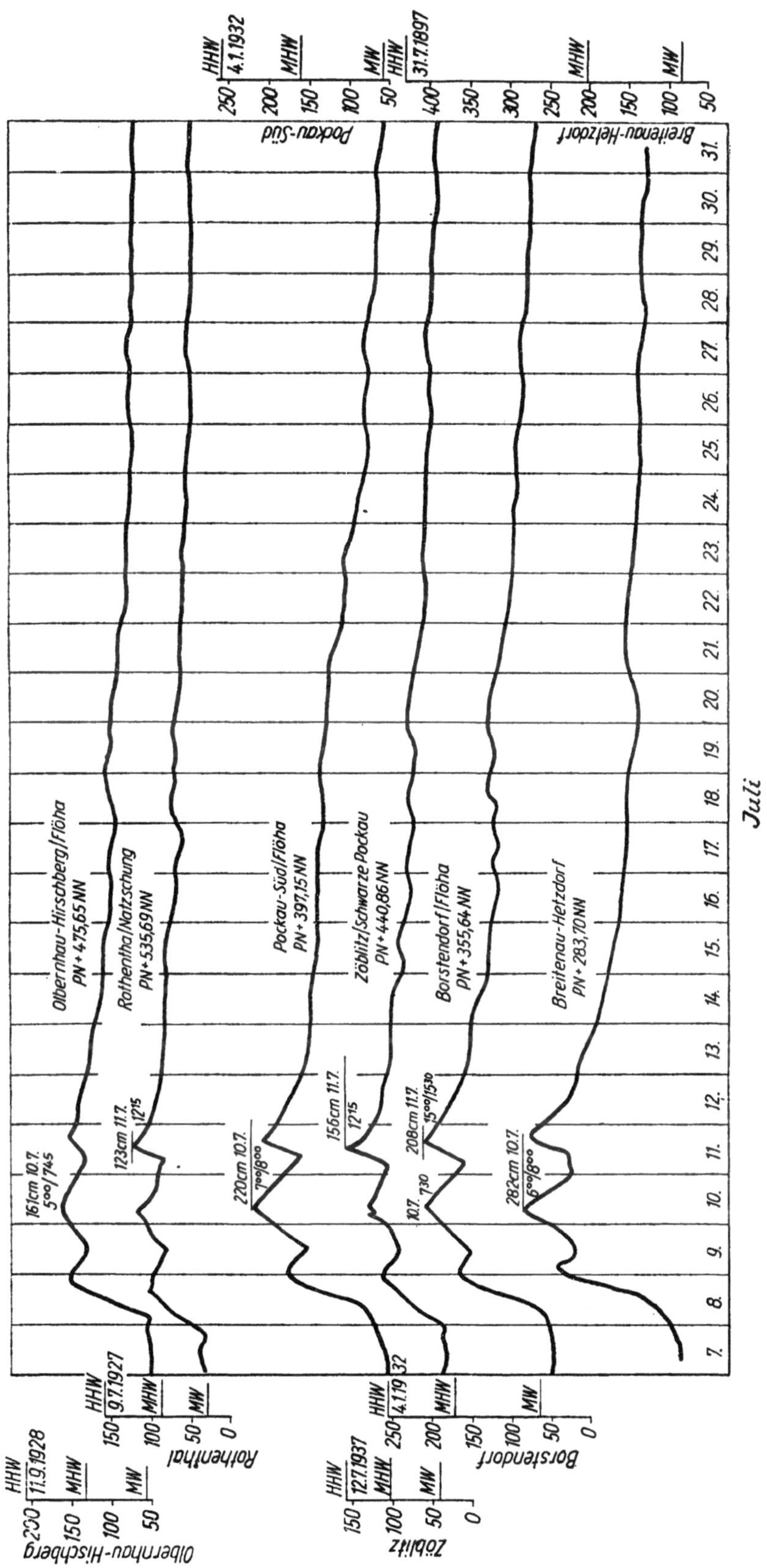

Abb. 38. Wasserstandsganglinien der Flöha und ihrer Nebenflüsse

Nebenflüsse auswirkten und hier zur Entwicklung einer zweiten durchlaufenden Hochwasserwelle führten.

Bereits am frühen Nachmittag kam es aus dem Chemnitzbach heraus zur Ausbildung eines neuen Flutscheitels, der gegen 15.00 Uhr mit 198 cm am Pegel Berthelsdorf passierte und drei Stunden später auch schon Nossen erreichte. Die mittlere Wellengeschwindigkeit auf dieser 42 km langen Strecke betrug 14 km/h. MHW (1941/1950) wurde durchweg noch um 40 cm überschritten, die Höhe der ersten durchlaufenden Flußwelle aber nicht mehr erreicht. Die Wasserstände am Pegel Nossen (275 cm) zeigten die Beeinflussung durch den Zufluß aus der Bobritzsch, wo am Pegel Naundorf in der Zeit von 14.30 bis 18.00 Uhr gleichbleibend hohe Wasserstände von 150 cm beobachtet wurden.

Im Oberlauf der Striegis hatte sich zur gleichen Zeit auch wieder ein Scheitel ausgebildet, der gegen 14.00 Uhr am Pegel Niederstriegis mit 186 cm eintrat (15 cm über MHW 1942/1950). Diese Welle aus der Striegis erreichte die Freiberger Mulde wieder vor Eintreffen deren Flutspitze aus dem Oberlauf, so daß sich im weiteren Ablauf der Muldescheitel, ähnlich wie am Vortag, auf den der Striegis aufsetzte. Dies zeigen auch die in der Zeit von 17.00 bis 19.00 Uhr am Pegel Niederstriegis/Mulde gleichbleibend hohen Wasserstände (285 cm).

Im Gegensatz zum Vortag wurde am 11. Juli auch das Einzugsgebiet der Zschopau wieder von Niederschlägen betroffen, und als Folge der durch erneute Aufgleitvorgänge verstärkten Regenfälle bildeten sich jetzt in allen Flußläufen des Gebietes wieder neue Scheitel aus, die zunächst einmal an allen Pegeln der Zschopau bis Lichtenwalde, entsprechend ihrer Lage zu den Niederschlagsmaxima, aber auch an einigen Pegeln ihrer Zuflüsse die während des Julihochwassers höchsten abgelesenen Wasserstände brachten (s. Abbildungen 37 und 38). Die Höhe des Flutscheitels der Zschopau wurde einmal durch die Zuflüsse der Preßnitz (206 cm am Pegel Streckewalde) und der Flöha (276 cm am Pegel Breitenau-Hetzdorf), zum anderen durch die direkten Zuflüsse aus den Niederschlägen bestimmt. MHW (1941/1950) wurde im Oberlauf um 75 bis 100 cm, im Mittel- und Unterlauf bis 130 cm überschritten, HHW vom 31. Juli 1897, wie ein entsprechender Vergleich für den Pegel Flöha zeigt, dagegen nicht erreicht.

In den Nachtstunden vom 11./12. Juli trat die Hochwasserwelle der Zschopau in die Freiberger Mulde ein und lief hier mit der etwa zur gleichen Zeit eintreffenden Welle der Mulde zusammen. Sie zeigte im Unterlauf bereits ein Auseinanderfließen, das z. T. wohl durch die Talsperre Kriebstein bedingt war. Am Pegel Fischendorf wurde mit 260 cm ein HW erreicht, das noch 20 cm unter dem des ersten durchlaufenden Scheitels vom 10. Juli blieb.

Trotz der nun langsam einsetzenden Verlagerung des Hauptniederschlagsgebietes nach Norden kam es infolge des anhaltenden erzwungenen Aufgleitens im Vorland des sächsischen Mittelgebirges stellenweise doch noch zu stärkeren Niederschlägen, die in den frühen Nachtstunden des 12. Juli im Oberlauf der Freiberger Mulde und in der Striegis wieder zur Entwicklung einer — für dieses Gebiet nun vierten — Hochwasserwelle führten. Während in der Striegis die dabei beobachteten Wasserstände aber kaum noch MHW erreichten, lagen diese in der Mulde im Raum Freiberg doch immerhin noch 100 cm über MHW. In ihrem weiteren Ablauf verflachte diese letzte Welle aber sehr bald, so daß sie an den unterhalb gelegenen Pegelstationen kaum mehr zu erkennen war.

5.12 Zwickauer Mulde

Die Starkregenfälle führten auch in der Zwickauer Mulde und ihren Nebenflüssen zu einem raschen Anstieg der Wasserstände. Bereits im Laufe des 8. Juli wurde an den Pegeln am Oberlauf der Mulde, des Schwarzwassers und der Chemnitz MHW beachtlich überschritten. Schon in den Nachmittagsstunden bildete sich im Raum Aue (Mulde und Schwarzwasser) nach vorübergehend nachlassenden Niederschlägen eine Scheitelwelle aus, die aber infolge der dann wieder einsetzenden stärkeren Überregnung des gesamten Gebietes bei dem an allen Pegeln zu beobachtenden sprunghaften Anstieg der Wasserführung nicht mehr in Erscheinung trat.

Im Bereich des Hauptniederschlagsgebietes, das bis zum 9. Juli ziemlich stationär im Raum Aue blieb, kam es noch im Laufe des Tages entsprechend der wechselnden Intensität der Niederschläge verschiedentlich zur Entwicklung von sich in ihrer Höhe ständig steigernden Flutscheiteln.

Schwarzwasser und Zwönitz, aber auch die Mulde bei Aue brachten am 9. Juli sowohl in den frühen Nachtstunden als auch im Verlauf des Nachmittags zwei ausgeprägte Wellenscheitel. Die weiter östlich liegende Mittweida entwickelte die erste Spitze erst am 10. Juli, das Pöhlwasser sprang aber auch bereits am 9. stark an. Die östliche Begrenzung des Hauptniederschlagsgebietes zeichnete sich damit ziemlich genau ab.

Bei der Vielzahl der sich ständig und an den verschiedenen Stellen ausbildenden Scheitel ist es natürlich schwer, den Ablauf des Hochwassers genau zu erfassen. Mit Sicherheit aber ist anzunehmen, daß eine erste durchlaufende Hochwasserwelle vom Nachmittag des 9. Juli mit ihrem Ursprung im Gebiet des Schwarzwassers den Zusammenfluß der beiden Mulden in den ersten Nachtstunden des 10. Juli erreichte und hier noch vor der Flut aus der Freiberger Mulde einlief.

Sie durchlief die 100 km lange Strecke von Aue bis Rochlitz in etwa 21 Stunden, was einer mittleren Wellengeschwindigkeit von 1,4 m/s entspricht.

Die Hauptwelle in der Zwickauer Mulde entwickelte sich, wie auch Abbildung 39 erkennen läßt, in den ersten Nachtstunden des 10. Juli. In der Mulde, nach zeitweilig stehenden, sonst aber ständig steigende Tendenz zeigenden Wasserständen, im Schwarzwasser und in der Zwönitz, nach vorübergehendem, nur 4 bis 5 Stunden anhaltendem Fallen, setzte in allen Gewässern ein rascher und starker Wuchs ein, der im Hauptfluß und seinen Zubringern Flutscheitel ausbildete, die, mit Ausnahme von Rittersgrün am Pöhlwasser, die bisher bekannten höchsten Wasserstände erreichten bzw. überschritten. Fast gleichzeitig liefen die Wellen aus dem Oberlauf der Mulde und dem Schwarzwasser am Zusammenfluß in Aue ein.

In ihrem weiteren Ablauf setzte sich die so erhöhte Muldewelle auf den rückwärtigen Ast einer sich vorzeitig im Raume Niederschlema—Zwickau durch zufließendes Hangwasser entwickelnden Welle und erhöhte deren Scheitel. Mit 478 cm am Pegel Pölbitz erreichte die Welle dann in den Mittagsstunden das Stadtgebiet von Zwickau, wo HHW um 61 cm überschritten wurde. Am Pegel Bierbrücke wurde mit 652 cm der höchste Wasserstand seit Menschengedenken abgelesen! Dammbrüche führten zu weiten Überschwemmungen in der Innenstadt, der Bockwaer Senke und des Pölbitzer Brückenkopfes. Auf dem Hauptmarkt in Zwickau stand das Wasser zeitweilig 2,10 m hoch (s. auch Abbildung 41). Der Umfang der Überschwemmung ist aus der Lageplanskizze in Abbildung 42 zu entnehmen.

Von allen Gemeinden wurde die Stadt Zwickau zweifellos am schwersten von der Hochwasserkatastrophe des Jahre 1954 betroffen. Das Ausmaß der Katastrophe jedoch wird erst klar bei einem Vergleich mit den Hochwassern früherer Jahre. Hochfluten, bei denen derartige Ausuferungen stattfanden und die elementaren Kräfte großer Wassermassen in so außerordentlichem Maße entfesselt wurden, gehen als Naturereignisse meist in die Geschichte der betroffenen Siedlung ein, und so weiß auch der Chronist von Zwickau von einer Reihe von Hochwassern zu berichten [25]: Als erste Hochflut wird in der Chronik die vom 19. Juni 1316 genannt. Ihr folgten bis zum Jahre 1529 in Abständen von wenigen Jahr-

Tabelle 19

Hochwasserscheitel der Zwickauer und Vereinigten Mulde einschließlich ihrer Nebenflüsse

Gewässer	Pegel	Pegelnull	F_N	Hochwasserscheitel 1954			HHW (bisher)			
									Über- (+) bzw. Unter- (−) schreitung	Dauer der Überschreitung
		NN + m	km²	cm	Tag	Uhrzeit	cm	Datum	cm	Std.
Mulde	Morgenröthe-Rautenkranz	613,66 a. S.	88,7	132	8. 7.	17^{00}	(210)	13. 9. 1899	− 78	8
				250	10. 7.	4^{15}			+ 40	
				208	11. 7.	7^{00}			− 2	
				154	12. 7.	6^{30}			− 56	
	Schönheide-(Schönheider Hammer)		150	305	10. 7.	6^{00}	Beobachtet erst ab 1953			—
				270	10. 7.	17^{00}				
				260	11. 7.	7^{00}				
	Aue	342,45 a. S.	681	220	9. 7.	3^{00}—10^{00}	190	3. 1. 1948	+ 30	88
				420	10. 7.	7^{00}— 8^{00}			+230	
				340	11. 7.	9^{00}			+150	
				225	12. 7.	8^{00}			+ 35	
Schwarzwasser										
Schwarzwasser	Johanngeorgenstadt	671,26 a. S.	75,7	190	9. 7.	3^{00}	(225)	6. 7. 1931	− 35	
				182	9. 7.	17^{00}			− 43	
				226	10. 7.	4^{40}— 5^{00}			+ 1	0, 5
				192	11. 7.	8^{00}			− 33	
Große Mittweida	Markersbach	485,81 a. S.	42,7	150	10. 7.	5^{00}— 6^{50}	(152)	31. 7. 1897	− 2	7
				154	10. 7.	13^{00}—17^{00}			+ 2	
				162	11. 7.	10^{00}			+ 10	
Pöhlwasser	Rittersgrün	602,72 a. S.	38,8	140	9. 7.	17^{30}	210	31. 7. 1897	− 70	—
				165	10. 7.	4^{30}— 6^{00}			− 45	
				150	11. 7.	10^{00}			− 60	
Schwarzwasser	Schwarzenberg	406,38 a. S.	316	186	9. 7.	4^{00}	300	31. 7. 1897	−114	—
				300	10. 7.	7^{00}			± 0	
				256	11. 7.	10^{00}—11^{00}			− 44	
	Aue	349,20 a. S.		217	8. 7.	18^{00}	(364)	4. 1. 1932	−147	1
				344	9. 7.	20^{30}			− 20	
				382	10. 7.	8^{00}			+ 18	
				294	11. 7.	11^{00}			− 70	
Mulde	Niederschlema	314,36 a. S.	758	510	10. 7.	8^{15}	(419)	4. 1. 1932	+ 91	41
				470	11. 7.	11^{30}			+ 51	
	Zwickau-Pölbitz	255,28 a. S.	1023	478	10. 7.	12^{15}	(417)	4. 1. 1932	+ 61	30
				410	11. 7.	15^{30}			− 7	
	Wolkenburg	210,05 a. S.	1417	375	10. 7.	7^{00}—20^{30}	(240)	2. 7. 1948	+135	76
				320	11. 7.	15^{30}—20^{00}			+ 80	
	Lunzenau	173,51	1536	418	10. 7.	17^{30}—19^{30}	310	5. 1. 1932	+108	26
Zwönitz	Zwönitz-Niederzwönitz	486,44 a. S.	31,3	110	9. 7.	2^{30}— 3^{00}	(158)	31. 7. 1897	− 48	2
				146	9. 7.	16^{45}			− 12	
				190	10. 7.	4^{45}			+ 32	
				110	11. 7.	8^{15}			− 48	
	Burkhardtsdorf	393,50 a. S.	98,3	285	9. 7.	21^{00}	(220)	28. 12. 1947	+ 65	68
				322	10. 7.	8^{00}				
				265	11. 7.	10^{00}				

Tabelle 19

Hochwasserscheitel der Zwickauer- und Vereinigten Mulde einschließlich ihrer Nebenflüsse (Fortsetzung)

Gewässer		Pegel	Pegelnull	F_N	Hochwasserscheitel 1954			HHW (bisher)		Über- (+) bzw. Unter- (−) schreitung	Dauer der Überschreitung
			NN + m	km²	cm	Tag	Uhrzeit	cm	Datum	cm	Std.
Chemnitz	Chemnitz	Karl-Marx-Stadt	287,22 a. S.	403	180	8. 7.	8^{00}	(310)	4. 1. 1932	−130	29
					380	10. 7.	2^{00}— 7^{00}			+ 70	
					380	10. 7.	15^{00}			+ 70	
					325	11. 7.	11^{00}			+ 15	
					325	11. 7.	13^{00}—14^{30}			+ 15	
		Göritzhain	170,81 a. S.	533	104	8. 7.	4^{15}	(225)	4. 1. 1932	−121	38
					304	10. 7.	5^{30}			+ 79	
					304	10. 7.	17^{30}			+ 79	
					236	11. 7.	13^{45}			+ 11	
Mulde		Wechselburg	159,82 a. S.	2100	461	10. 7.	6^{00}	(413)	5. 1. 1932	+ 48	56
					531	10. 7.	20^{00}			+118	
					480	11. 7.	13^{00}			+ 67	
		Rochlitz	150,93 a. S.	2163	522	10. 7.	11^{00}	587	13. 6. 1871	− 65	—
					528	10. 7.	19^{00}			− 59	
					480	11. 7.	13^{00}—16^{00}			−107	
Mulde		Grimma	123,45 a. S.	5416	508	10./11. 7.	21^{00}— 3^{00}	598	1. 7. 1771	− 90	—
					456	12. 7.	1^{30}— 4^{30}			−142	
		Golzern	117,70 a. S.	5434	700	11. 7.	0^{01}— 0^{30}	603	5. 1. 1932	+ 97	72
					629	12. 7.	3^{00}— 4^{00}			+ 26	
		Wurzen	109,60	5626	508	10./11. 7.	23^{00}— 1^{30}	404	3. 2. 1950	+104	88
					474	11./12. 7.	22^{40}— 1^{00}			+ 70	
		Düben	82,23 a. S.	6154	722	11. 7.	7^{00}	666	5. 1. 1932	+ 56	34
					670	12. 7.	14^{00}			+ 4	
		Raguhn UP	64,60 a. S.	6996	658	12. 7.	9^{00}—10^{00}	nicht bekannt			
		Dessau-Muldebrücke	56,27 a. S.	7155	575	11. 7.	22^{00}—24^{00}	547	3. 8. 1858	+ 28	55
					582	12. 7.	14^{30}			+ 35	
Elbe		Roßlau	53,86 n. S.	62600	601	14. 7.	5^{00}—17^{00}	647	2. 4. 1845	− 46	—

zehnten weitere neun Fluten. Als schweres, große Verluste verursachendes Hochwasser wird die Flut vom 12. August 1573 bezeichnet. Das Wasser soll damals $1^1/_4$ Elle, also etwa 105 cm hoch, in der Katharinenkirche gestanden haben. Gleiche Höhen erreichten auch die kurz hintereinanderfolgenden Hochwasser von 1617 und 1618. Nach 43 Jahren wird wieder das Jahr 1661 genannt und dann 1694 von einer Hochflut berichtet, die sich am 20. Juli nach vier Tage anhaltenden, starken Regengüssen entwickelte. Das Wasser stand dabei noch rund 42 cm höher als im Jahre 1573.

Das bisher höchste Hochwasser in Zwickau trat dann in der Zeit vom 31. Juli zum 1. August 1858 ein. Große Verwüstungen wurden angerichtet und nicht weniger als 37 Ge-

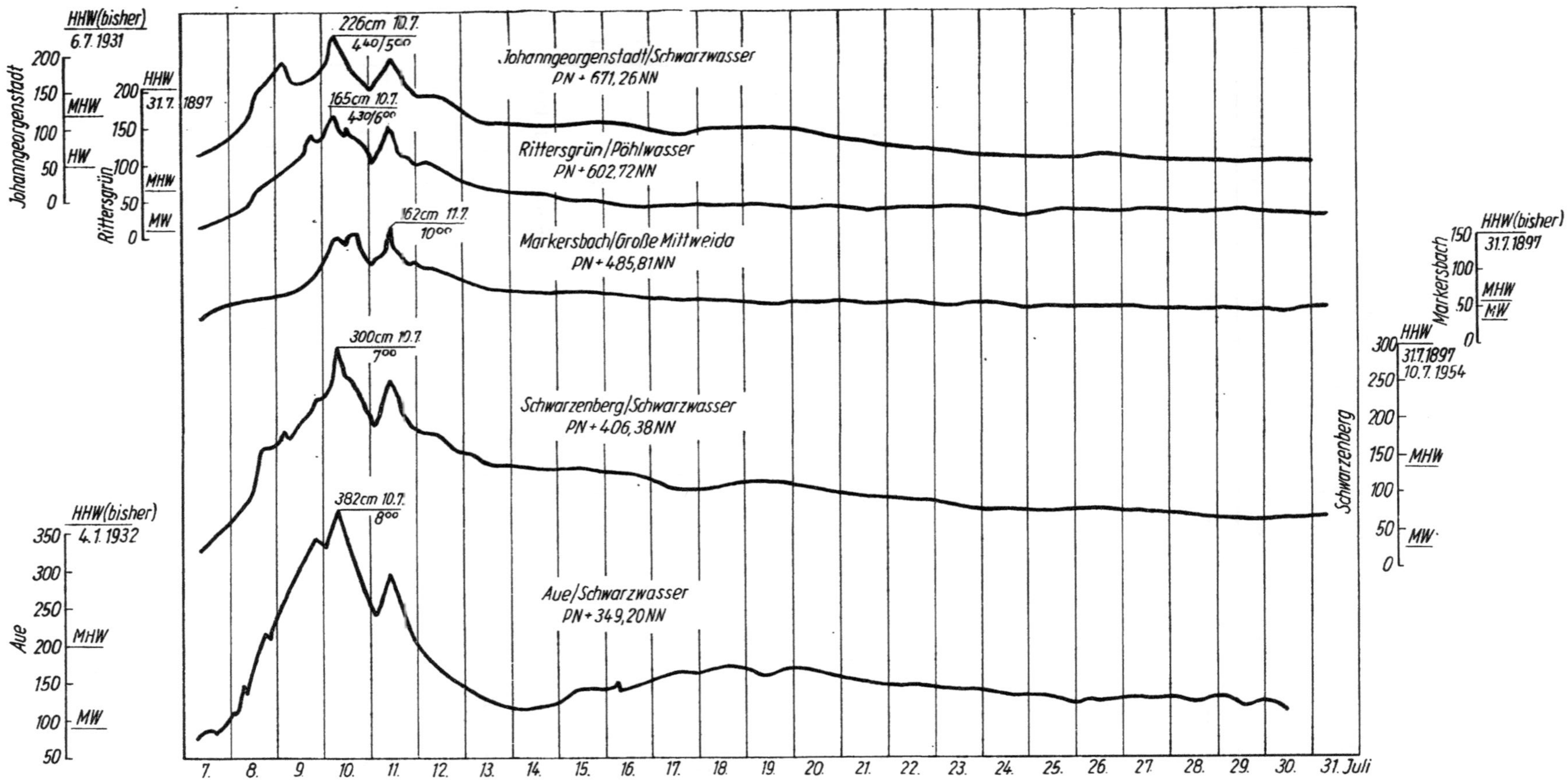

Abb. 40. Wasserstandsganglinien des Schwarzwassers und seiner Nebenflüsse

bäude zerstört. Über 70 Häuser der Innenstadt und der angrenzenden Stadtteile erlitten größere Beschädigungen.

In der Folgezeit ist dann noch die Hochflut aus dem Jahre 1897 zu erwähnen, die sich zwar in der Zwickauer Mulde nicht so sehr auswirkte, als Folge des Zuflusses der Freiberger Mulde (Hochwasser aus der Zschopau) in der Vereinigten Mulde aber das aus neuerer Zeit bekannte höchste Hochwasser brachte [29].

Abb. 41. Hauptmarkt in Zwickau während der Überschwemmung im Juli 1954

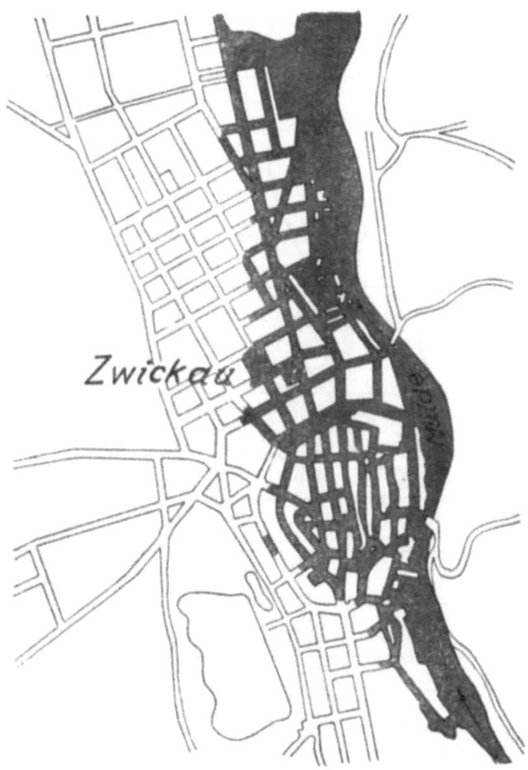

Abb. 42. Umfang der Überschwemmung im Stadtgebiet Zwickau im Juli 1954

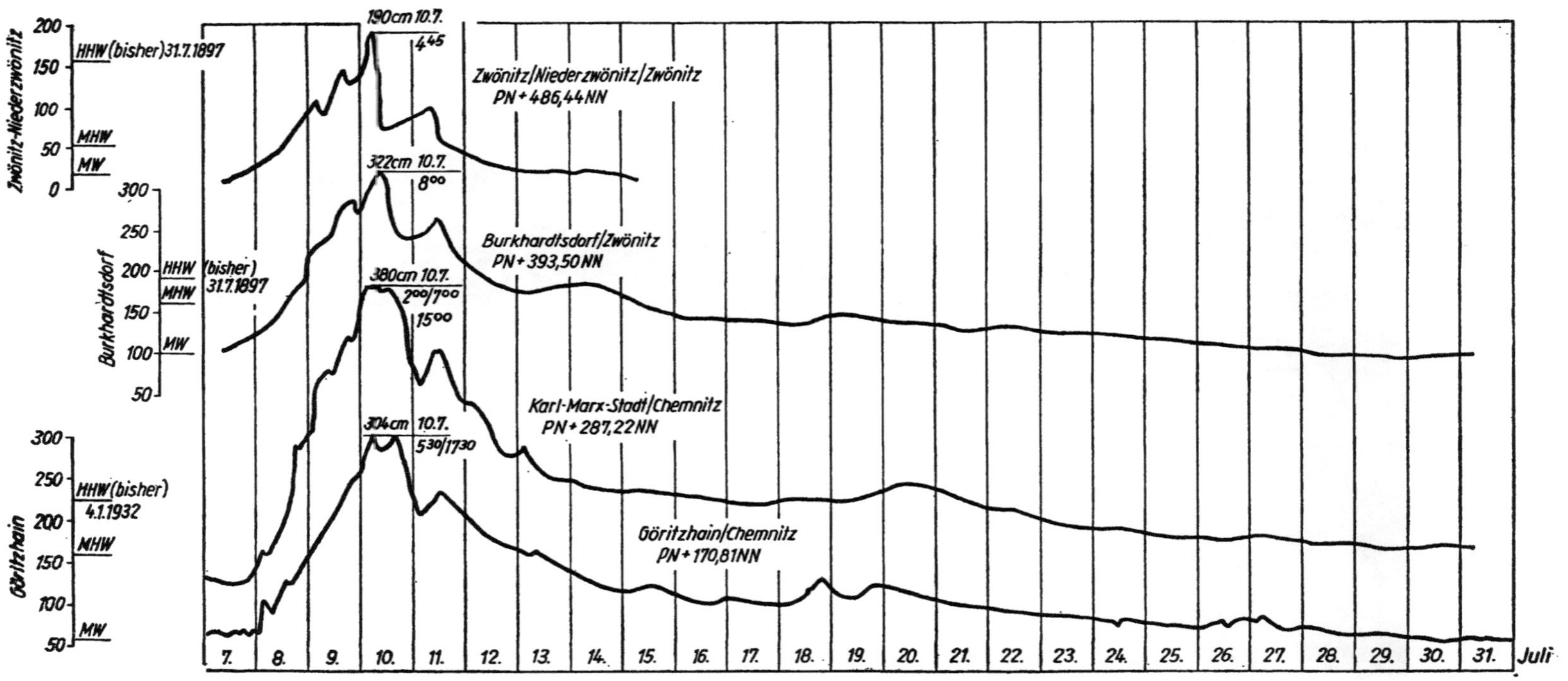

Abb. 43. Wasserstandsganglinien der Chemnitz

Interessant bei diesem geschichtlichen Rückblick ist die Feststellung, daß es sich hier ausschließlich um Sommerhochwasser handelt, die ihren Ursprung in sommerlichen Regengüssen, in der Stärke und Dauer der Niederschläge und deren gebietsmäßigen Verteilung hatten.

Der weitere Ablauf der Hochwasserwelle in der Zwickauer Mulde wurde natürlich wesentlich durch die Ereignisse in Zwickau und die noch weiter unterhalb zu verzeichnenden Dammbrüche (Schlagwitz) beeinflußt. Die Absenkung der Hochwasserspitze ist deutlich in der Wasserstandsganglinie am Pegel Wolkenburg zu erkennen, sie wirkte sich aber auch noch bis zum Pegel Lunzenau aus, wo der Wellenscheitel in den frühen Morgenstunden mit 418 cm passierte und der bisher höchste Wasserstand um 108 cm überschritten wurde.

Erneut wieder einsetzender, stärkerer Aufgleitregen führte in den Nachmittagsstunden des 10. Juli im Raume Schönheide zu einem nochmaligen Anstieg von 45 cm, nachdem hier nach etwa zehnstündigem Fallen die Wasserstände schon wieder auf 225 cm zurückgegangen waren. Eine gleiche Erscheinung wurde auch im Gebiet des Schwarzwassers am Pegel Markersbach/Große Mittweida beobachtet.

Zur gleichen Zeit, in der sich im Oberlauf der Mulde die Hauptwelle entwickelte, kam es auch im Gebiet der Chemnitz zur Ausbildung des die höchsten Wasserstände bringenden Flutscheitels. Die Scheitelbildung erfolgte hier zunächst im Raume Karl-Marx-Stadt, wo bereits in den Nachtstunden des 10. Juli als Folge der Zuflüsse aus Zwönitz und Würschnitz ein den bisherigen Höchststand um 70 cm überschreitender Hochwasserstand von 380 cm am Pegel zu verzeichnen war. Bereits gegen Mittag passierte diese Welle den Pegel Göritzhain — 1 km oberhalb der Einmündung in die Mulde — und führte zur beginnenden Scheitelbildung im Raume Rochlitz.

Dieser ersten Welle in der Chemnitz folgte aus der Zwönitz, vermutlich aber auch aus der Würschnitz, eine zweite Welle, die sich hier gleichfalls in den frühen Morgenstunden gebildet hatte und am Pegel Niederzwönitz Wasserstände brachte, die noch 32 cm über denen des Katastrophenhochwassers vom 31. Juli 1897 lagen. Der gegen 5.00 Uhr am Pegel eingetretene Flutscheitel durchlief die Zwönitz mit einer mittleren Geschwindigkeit von 1,3 m/s und passierte Burkhardtsdorf gegen 8.00 Uhr mit 322 cm am Pegel, 100 cm über dem bisherigen HHW vom 28. 12. 1947. In den frühen Nachmittagsstunden erreichte die Welle dann Karl-Marx-Stadt und ließ hier den zwischenzeitlich um einige Zentimeter abgesunkenen Wasserstand erneut auf 380 cm ansteigen. Erst nach Durchgang dieser Welle setzte ein rasches Fallen ein. 13 Stunden lang wurden am Pegel Karl-Marx-Stadt nahezu gleichbleibend hohe Wasserstände registriert!

Über die Hochwasserentwicklung in der Würschnitz lassen sich weiter keine Aussagen machen, da der Richtpegel Jahnsdorf bereits bei Ablauf der ersten Welle am 9. Juli zerstört wurde. Es ist anzunehmen, daß auch hier HHW (222 cm am 31. Juli 1897) überschritten wurde. Aufschluß über das Ausmaß des Hochwassers der Würschnitz geben die Abbildungen 49 bis 51.

Eine ähnliche Situation wie in Karl-Marx-Stadt ergab sich auch am Mündungspegel der Chemnitz in Göritzhain, wo zweimal innerhalb von 12 Stunden der Höchststand von 304 cm erreicht wurde. Die Absenkung zwischen den beiden Scheiteln betrug nur 20 cm. Die hier gegen 17.30 Uhr passierende zweite Welle erreichte den Zusammenfluß mit der Mulde zur gleichen Zeit, wie deren Hauptwelle aus dem Oberlauf. Mit 531 cm brachte sie gegen 20.00 Uhr den Höchststand am Muldepegel Wechselburg (s. Abbildung 39).

Ein am Unterlauf der Zwickauer Mulde am Pegel Rochlitz zu verzeichnender vorzeitiger Eintritt des Scheitelwasserstandes (Tabelle 20) ist, will man von einem Beobachtungsfehler absehen, zweifellos wieder als Auswirkung meteorologischer Faktoren anzusehen. Es ent-

Abb. 44. Die Chemnitz im Raume Karl-Marx-Stadt

Abb. 45. Durchgang des Hochwasserscheitels in Karl-Marx-Stadt (10. 7. 1954, 12.45 Uhr)

Abb. 46. Hochwasser der Zwönitz in Burkhardtsdorf

Abb. 47. Hochwasser der Zwönitz in Thalheim am 10. 7. 1954

Abb. 48. Die Zwönitz in Thalheim nach Ablauf des Hochwassers

Abb. 49. Hochwasser der Würschnitz im Raume Neukirchen-Klaffenbach

Abb. 50. Überflutete Straße in Klaffenbach (10. 7. 1954)

Abb. 51. Geröllablagerungen in der Ortslage Klaffenbach

stand hier die gleiche Situation, wie sie bereits bei Ablauf der Hochwasserwellen in der Freiberger Mulde auf der Strecke Berthelsdorf—Nossen geschildert wurde (Abschnitt 5. 11, Seite 81).

Der Hauptwelle, deren Entwicklung und Ablauf vorstehend beschrieben wurde, folgte am 11. Juli, ähnlich wie in der Freiberger Mulde, eine weitere Welle aus dem Oberlauf. Im Gegensatz zur Freiberger Mulde allerdings entwickelten sich die neuen Flutscheitel im Gebiet der Zwickauer Mulde bereits in den frühen Morgenstunden. Das nunmehr einsetzende, langsame Abwandern des Hauptniederschlagsgebietes nach Nordost ist daraus deutlich zu erkennen.

Die Scheitelbildung im Oberlauf der Mulde, im Schwarzwasser und seinen Nebenflüssen sowie in den Quellflüssen der Chemnitz erfolgte fast gleichzeitig. Die Höchststände des Vortages wurden, abgesehen von der Großen Mittweida bei Markersbach, allerdings nicht mehr erreicht; durchweg lagen sie aber immer noch bei bzw. über HHW. Während die Hochwasserspitzen sich in ihrem gesamten Ablauf in den Nebenflüssen noch recht gut verfolgen ließen, wirkte sich der Anstieg im Mittellauf der Zwickauer Mulde nicht mehr aus.

Am Pegel Aue erfolgte der Durchgang der Welle, noch deutlich sichtbar durch einen erneuten Anstieg von etwa 70 cm, in den Mittagsstunden des 11. Juli, also bereits 2 Stunden nach ihrem Durchgang in Rautenkranz. Die relativ kurze Laufzeit d. h. die größere Wellenschnelligkeit, erklärt sich nicht nur aus der Beeinflussung der Wasserführung durch die Niederschläge des Zwischeneinzugsgebietes, sondern vor allem auch aus der Tatsache, daß bei Beginn der Anschwellung bereits höhere, die Schnelligkeit vermehrende Wasserstände vorhanden waren.

In ihrem weiteren Ablauf war die Welle noch bis etwa Wolkenburg zu verfolgen, weiter unterhalb bei Lunzenau lief sie bereits auf den rückwärtigen Ast der Hauptwelle auf. Eine Verflachung war bereits unterhalb des Pegels Niederschlema festzustellen. Im Raum Zwikkau—Wolkenburg blieben die Scheitelwasserstände durchweg etwa 50 bis 70 cm unter dem Höchststand des Vortages.

Im Unterlauf an den Pegeln Wechselburg und Rochlitz führte der Zufluß aus der Chemnitz (s. Abbildung 43) gleichfalls zur Ausbildung eines neuen Scheitels, der besonders lang (3 Stunden) am Pegel Rochlitz ausgebildet war.

Die Schwere des Hochwassers im gesamten Gebiet der Zwickauer Mulde wird durch die langanhaltende Überschreitung des bisherigen HHW gekennzeichnet (Tabelle 19).

5.2 Hochwasserablauf in der Vereinigten Mulde

Die Hauptwellen der Freiberger und Zwickauer Mulde trafen nahezu gleichzeitig im Raum Kössern zusammen und bildeten in der nunmehr Vereinigten Mulde einen Flutscheitel, der hier etwa 160 cm über dem bisher bekannten HHW lag. Das Zusammenfließen war nicht nur in Kössern selbst zu beobachten, sondern ist auch in den Aufzeichnungen der Wasserstandsganglinien an den weiter unterhalb gelegenen Pegeln Grimma und Golzern in den mehrere Stunden gleichbleibenden, hohen Scheitelwasserständen zu erkennen (s. Abbildung 39).

Mit 508 cm am Pegel Grimma blieb zwar der Höchststand vom 1. Juli 1771 noch um 90 cm unterschritten; der erreichte Hochwasserstand lag aber damit doch immerhin 226 cm über MHW (1944/1950).

Mit einer mittleren Geschwindigkeit von etwa 2,3 m/s bewegte sich die Scheitelwelle talwärts, passierte noch in der Nacht vom 10./11. Juli Wurzen und erreichte gegen 7.00 Uhr Düben. Wenn auch hier der absolute Höchststand säkularer Hochwasser nicht erreicht wurde, so lag der Hochwasserstand des Jahres 1954 mit 722 cm Pegel doch noch 206 cm über MHW (1941/1950) bzw. 156 cm über HHW der kurzfristigen Beobachtungsreihe (5. 1. 1932). Ein in Düben in den Vormittagsstunden zu beobachtendes schnelles Fallen

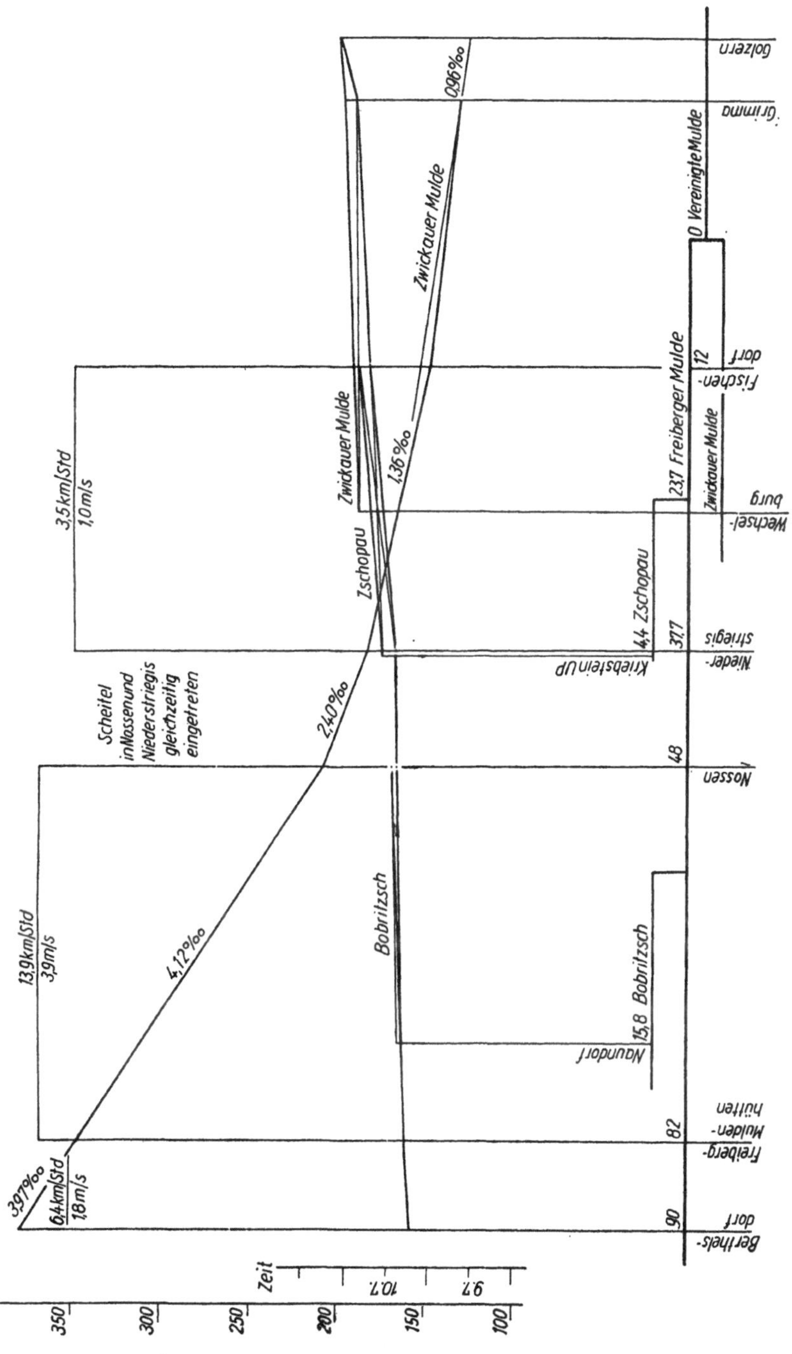

Abb. 52. Ablauf des Hochwasserscheitels in der Freiberger Mulde

nach Eintritt des Scheitelwasserstandes ist auf einen Deichbruch bei Glaucha zurückzuführen. Dadurch trat im weiteren Ablauf der Welle, mit deren Eintreffen im Raume Raguhn gegen Mitternacht hätte gerechnet werden müssen, eine Verzögerung ein. Sie wurde hier erst am 12. Juli in den Morgenstunden beobachtet. In Dessau, 7 km oberhalb der Einmündung in die Elbe, wurde die Hochwasserwelle am Pegel Muldebrücke in den Mittagsstunden des 12. Juli mit 582 cm erfaßt. HHW des Jahres 1858 wurde hier noch um 35 cm überschritten. Am Pegel Wörlitzer Eisenbahnbrücke wurde der Höchststand am Nachmittag des gleichen Tages (16.00 Uhr) mit 520 cm beobachtet; HW 1954 lag hier 54 cm über HHW von 1947.

Der gegenüber dem normalen Ablauf der Welle hier zu verzeichnende verspätete Eintritt des Höchststandes dürfte zweifellos auf den Rückstau aus der Elbe zurückzuführen sein. Der am 11. Juli in der Zeit vom 22.00 bis 24.00 Uhr mit 575 cm an der Muldebrücke beobachtete Wasserstand läßt sich nicht als Durchgang des Muldescheitels identifizieren; mit Sicherheit ist vielmehr anzunehmen, daß die Hochwasserwelle der Mulde der Elbe in der Nacht vom 12. zum 13. Juli zufloß.

Die an den Mündungspegeln der Zwickauer und Freiberger Mulde am 11. Juli passierenden Wellen wirkten sich in der Mulde, abgesehen von einem zeitweilig langsamen Fallen der Wasserstände am Pegel Grimma, nicht mehr aus. Lediglich der Ablauf der letzten Welle aus der Freiberger Mulde hatte am 12. Juli einen bis zum Pegel Düben sich auswirkenden Wiederanstieg zur Folge. Der Anstieg betrug jedoch nur wenige Zentimeter. Die langanhaltenden Scheitelwasserstände — am Pegel Wurzen bis zu 13 Stunden — sind nicht nur auf das Zusammenfließen von Zwickauer und Freiberger Mulde zurückzuführen, sondern im wesentlichen bedingt durch die z. T. noch nachfolgenden Zuflüsse aus den Einzugsgebieten der Zschopau und Chemnitz.

Die Überschreitungsdauer des bisherigen HHW mit durchweg 50 Stunden gibt Aufschluß über die Schwere der Hochflut vom Juli 1954 auch im Muldegebiet. Sie hat zwar, legt man den durch eingemessene Hochwassermarken für Grimma bestimmten höchsten Hochwasserstand zugrunde, nicht die Höhe des Hochwassers vom Jahre 1771 erreicht, übertrifft aber doch bei weitem noch den Höchststand des Jahres 1858, der nach Chroniken in Grimma mit 460 cm anzunehmen ist [29].

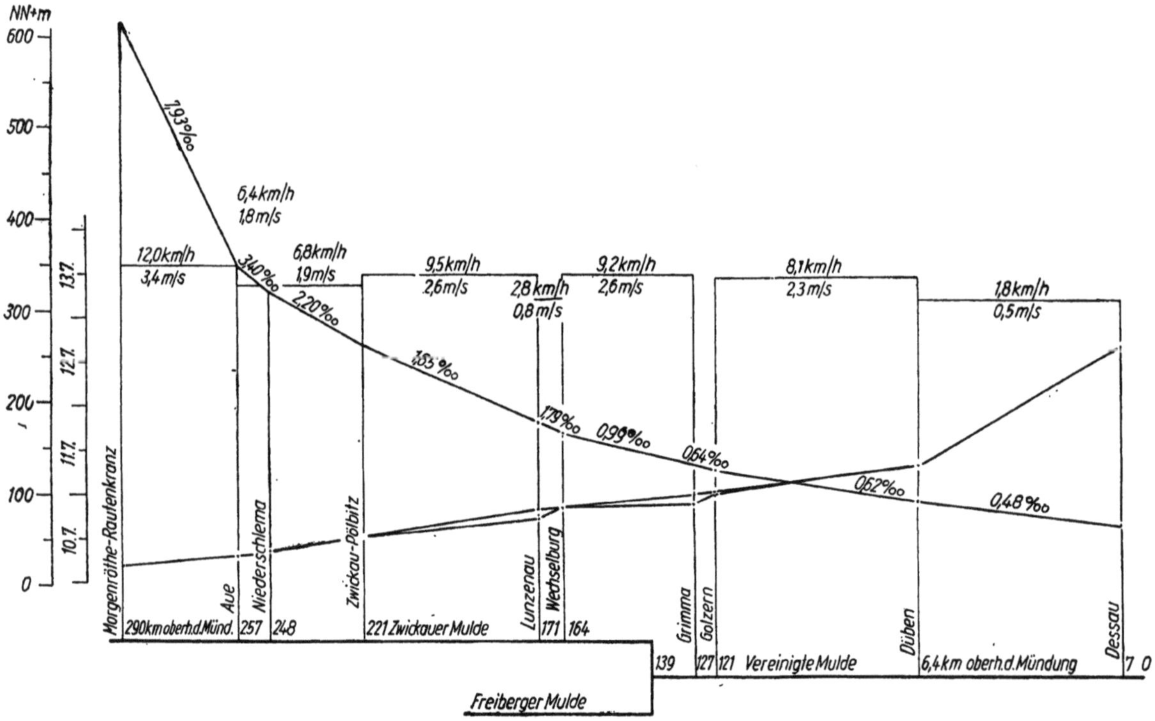

Abb. 53. Ablauf des Hochwasserscheitels in der Zwickauer und in der Vereinigten Mulde

Den folgenden Ausführungen (Abschnitt 5.3 bis 5.5) liegen Untersuchungen von SCHMIDT, HANS, zugrunde [27].

5.3 Fortpflanzung der Hochwasserscheitel in der Mulde

In der gleichen Weise wie von WILSER (s. Abschnitt 7) wurde auch von SCHMIDT eine Untersuchung der Fortpflanzung der Hochwasserscheitel angestellt [27].

Die im Vorstehenden beschriebenen Hauptwellen sind in den Abbildungen 52 bis 54 dargestellt. Aufgetragen wurden die Laufzeitkurven mit Angaben der Scheitelgeschwindigkeiten und des Wasserspiegelgefälles. Der Hauptvorfluter wurde jeweils mit angegeben, um das Zusammentreffen bzw. Zusammenlaufen der einzelnen Wellenscheitel besser zu charakterisieren.

Auffallend ist die hohe Scheitelgeschwindigkeit in der Freiberger Mulde auf der Strecke Freiberg—Muldenhütten — Nossen, aber auch die bei geringerem Wasserspiegelgefälle in der Zschopau (bis zu 17 km/h) zu verzeichnenden hohen Geschwindigkeiten. Der wesentliche Abfall im Unterlauf (3,5 km/h) läßt deutlich das Auflaufen der Wellen aus dem Oberlauf auf die im Raume Niederstriegis aus der Striegis sich bildende Welle erkennen. Interessant ist ferner die Zunahme der Scheitelgeschwindigkeit in der Zwickauer Mulde unterhalb Zwickau, die bis Düben in der Vereinigten Mulde anhielt. Diese Erscheinung erklärt sich aus der Lage des Hauptniederschlagsgebietes und der starken Überregnung dieses Gebietes. Die wesentlich geringere Fortpflanzung (1,8 km/h) in der Strecke bis zur Einmündung in die Elbe lag außerhalb des Niederschlagsgebietes (s. Abbildung 15).

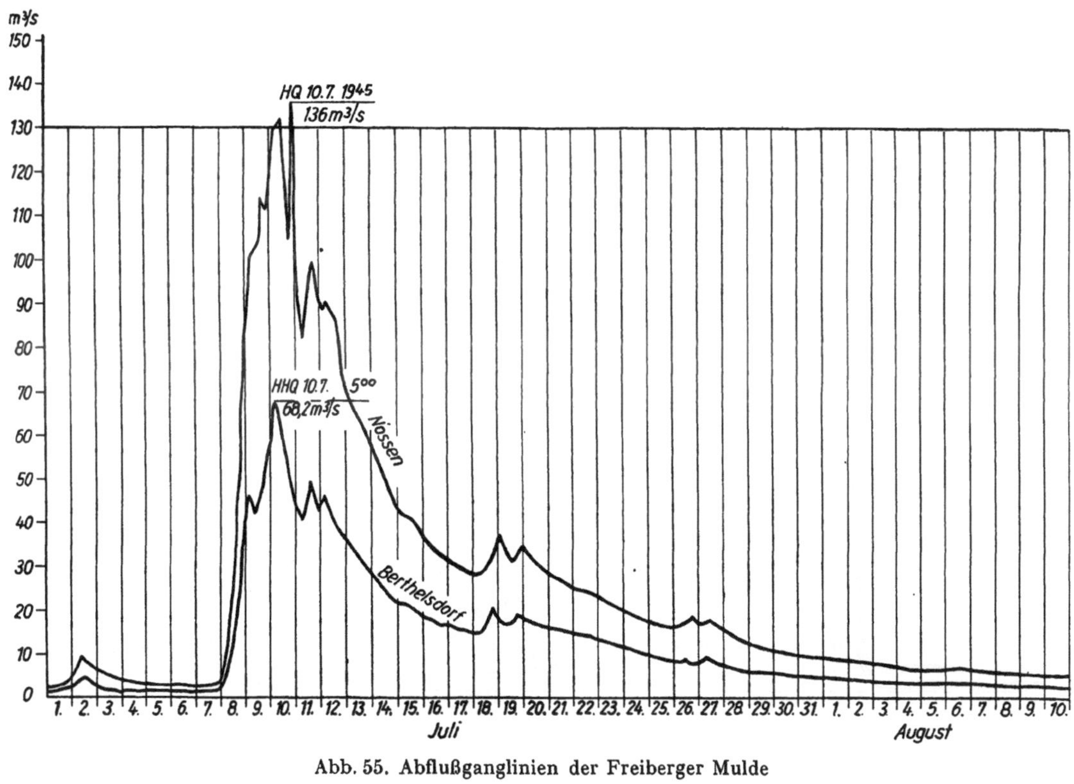

Abb. 55. Abflußganglinien der Freiberger Mulde

5.4 Hochwasserabflüsse der Mulde

5.41 Ermittlung der Hochwasserabflüsse

Die Ermittlung des Hochwasserabflusses gestaltete sich insofern schwierig, als durch die während des Hochwasserablaufes an fast allen Meßstellen zu verzeichnenden Änderungen der Abflußprofile und der Wasserspiegelhöhen auch eine erhebliche Veränderung der gültigen Abflußkurven eintrat. Für die wichtigsten Pegel des Muldegebietes wurden jedoch bereits wieder neue, in allen Höhen belegte Abflußkurven aufgestellt, so daß im Rahmen dieser Arbeit auch eine Auswertung der Hochwasserabflüsse erfolgen konnte.

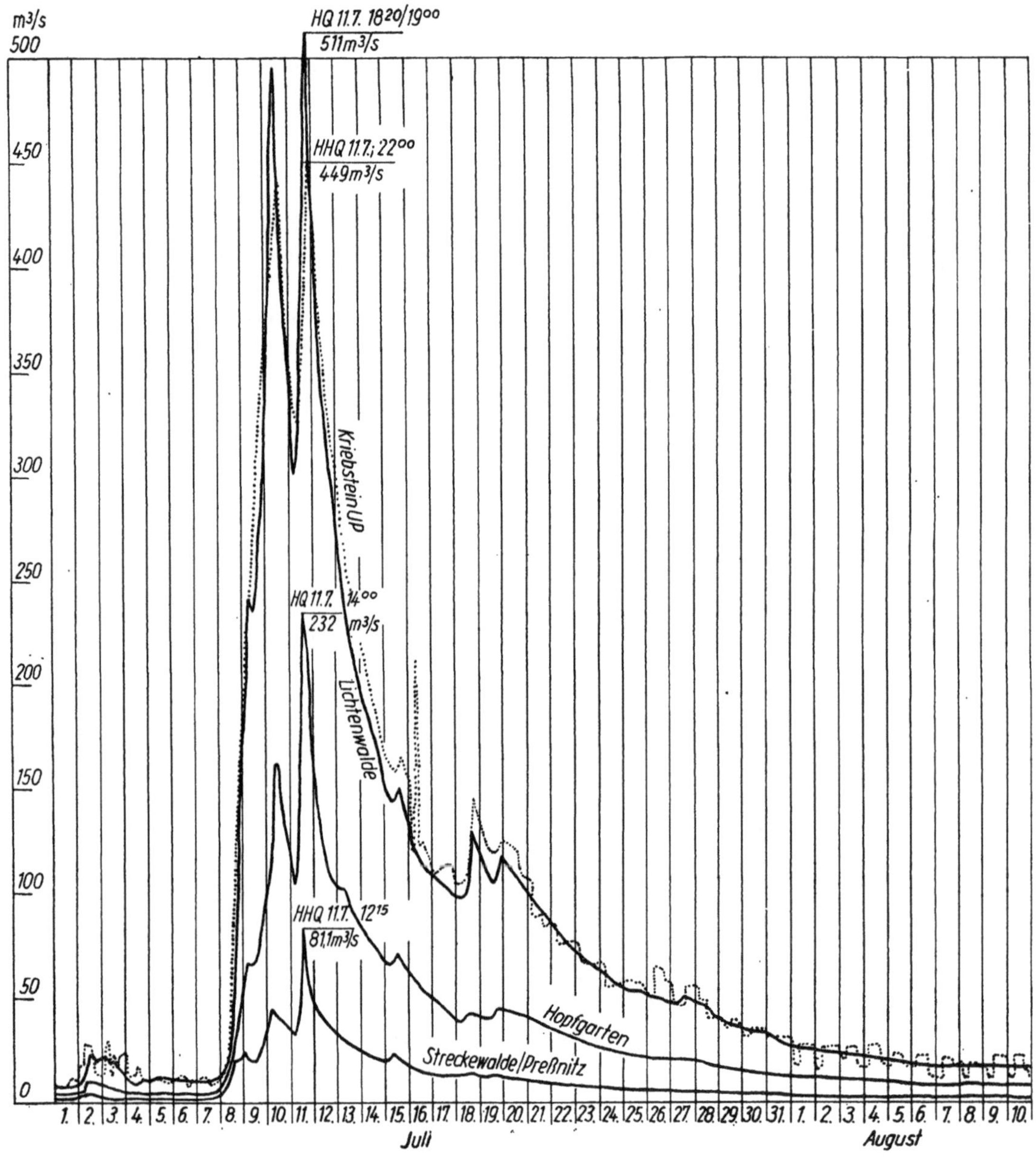

Abb. 56. Abflußganglinien der Zschopau

Die Abflußganglinien für die Pegel der Freiberger Mulde und ihrer Zuflüsse sind in den Abbildungen 55 bis 57 dargestellt. Abbildung 58 zeigt die Abflüsse der Zwickauer Mulde und Abbildung 59 schließlich den Abfluß in der Vereinigten Mulde bei Golzern. Da der Gesamtabfluß der Freiberger Mulde am Mündungspegel Fischendorf nicht erfaßt werden konnte, wurden in der letztgenannten Darstellung nochmals die Ganglinien der Pegel Nossen, Niederstriegis und Kriebstein UP aufgenommen, um aus den Einzelabflüssen eine Be-

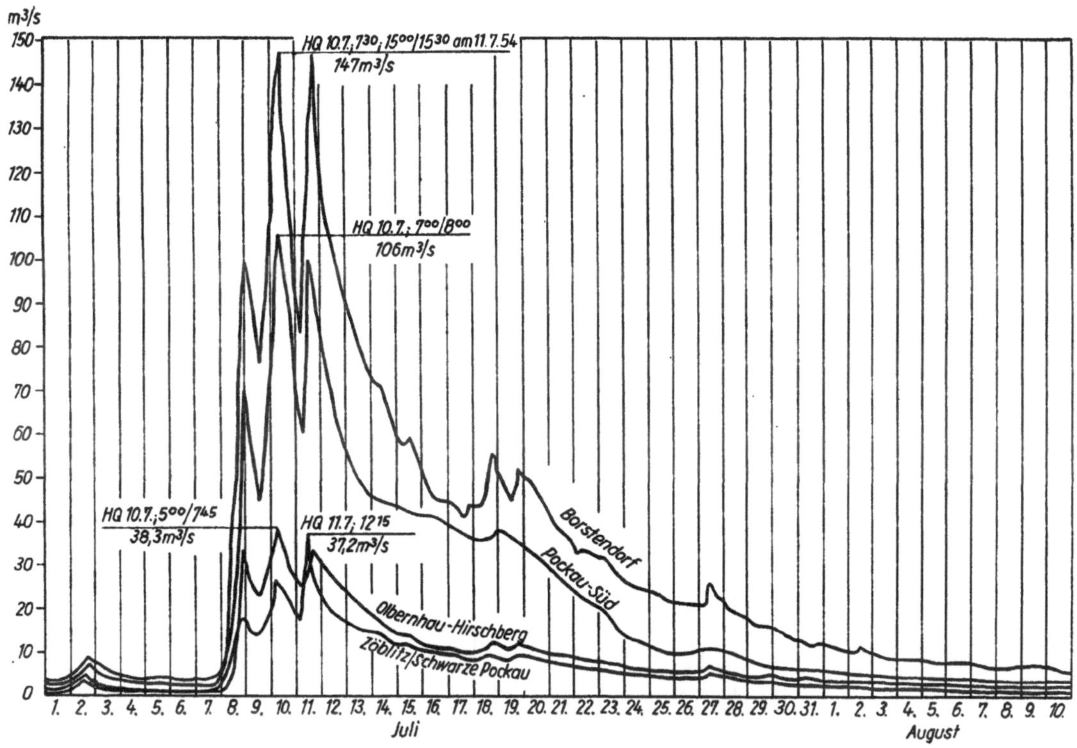

Abb. 57. Abflußganglinien der Flöha mit ihren Nebenflüssen

urteilung des Abflußvorganges der Vereinigten Mulde am Pegel Golzern zu ermöglichen. Für den Pegel Düben konnte der Abfluß nicht dargestellt werden, da hierfür noch keine vollständige Abflußkurve aufgestellt ist. HQ für den Unterlauf der Mulde wurde daher rechnerisch ermittelt.

Der Hochwasserabfluß erstreckte sich, wie auch die Ganglinien erkennen lassen, bis in den August hinein. Die Abflußzeit, d. h. die Zeit zwischen dem Über- und Unterschreiten der Trockenwetterganglinie, betrug entsprechend der Lage der Pegel am Flußlauf bis zu 800 Stunden, wesentlich mehr als in der Weißen Elster, wo von WILSER maximal 654 Stunden angegeben wurden (s. Abschnitt 7.31).

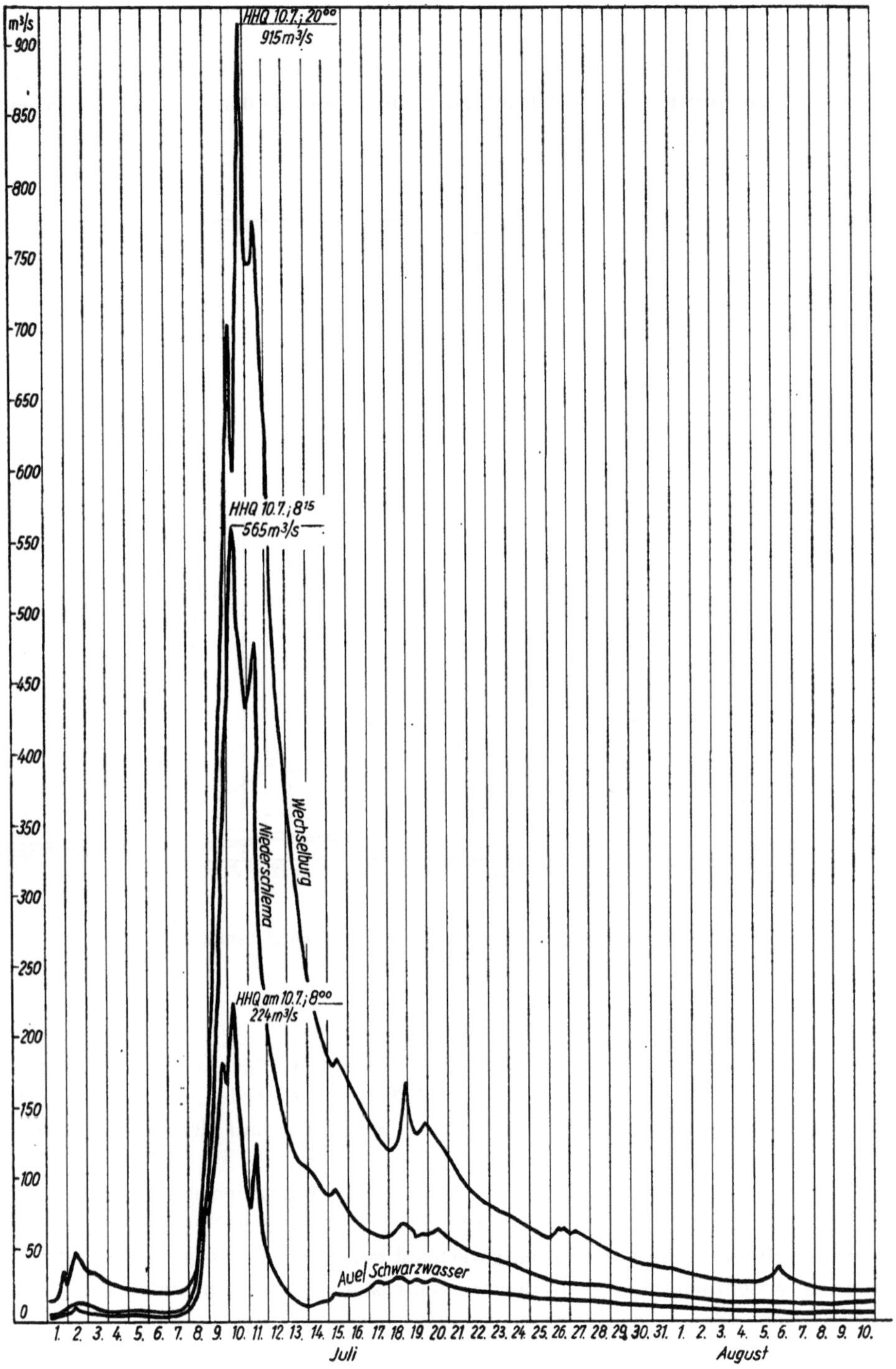

Abb. 58. Abflußganglinien der Zwickauer Mulde und des Schwarzwassers

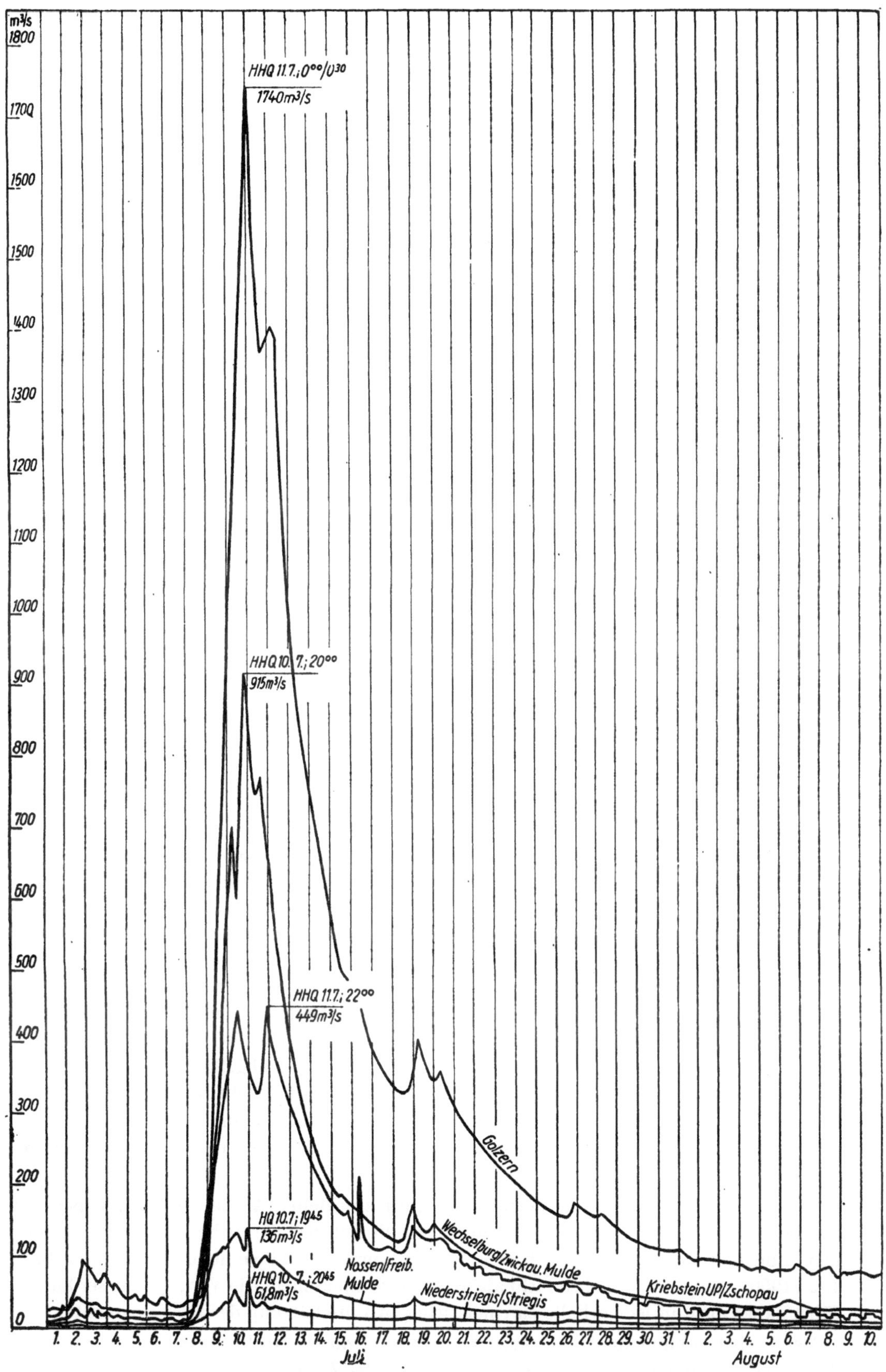

Abb. 59. Abflußganglinien der Vereinigten Mulde am Pegel Golzern

5.42 Höchste Hochwasser (HHQ)

In einer Arbeit aus dem Jahre 1934 befaßte sich bereits FICKERT mit der Ermittlung der obersten Grenzwerte der Abflüsse in den sächsischen Muldegebieten [29]. In seine Untersuchungen bezog er auch die aus alten Chroniken bekannten säkularen Hochwassererscheinungen ein und berechnete deren Abflüsse. Dabei wurden die höchsten Werte für die Flut des Jahres 1573 gefunden. Jeweils bezogen auf das Mündungsgebiet beträgt das HHQ für die Freiberger Mulde 1200 m³/s (HHq = 400 l/s km²) und für die Zwickauer Mulde 1000 m³/s (HHq = 425 l/s km²). Für den Zusammenfluß der beiden Mulden (Vereinigte Mulde) wird das HHQ mit 2202 m³/s angegeben. Diesem Wert entspricht eine Abflußspende (HHq) von 410 l/s km².

Die Abflüsse und Abflußspenden der bekanntesten Sommerhochfluten aus den Jahren 1573, 1771, 1858 und 1897 sind in Tabelle 20 zusammengestellt. Zum Vergleich wurde das bisher bekannte höchste Winterhochwasser des Jahres 1932 mit aufgeführt.

Tabelle 20

Abflüsse und Abflußspenden extremer Sommerhochwasser der Mulde (nach FICKERT)

Gewässer	Abfluß m³/s (Abflußspende l/s km²)				
	1573	1771	1858	1897	1932*)
Vereinigte Mulde	2200	2000	1430	1519	1265
(Zusammenfluß)	(410)	(375)	(268)	(285)	(238)
Zwickauer Mulde.....	1000	900	870	435	630
(Mündung)	(425)	(425)	(370)	(185)	(268)
Freiberger Mulde.....	1200	1100	560	1341	730
(Mündung)	(400)	(335)	(188)	(450)	(245)

*) Winterhochwasser

Wenn sich die Sommerhochwasser im Vergleich zu den Winterhochwassern auch durch ihre Höhe auszeichnen, so zeigt eine Untersuchung der langjährigen Beobachtungsreihe der Wasserstände am Hochwasserpegel Wurzen (1829/1932), daß Hochfluten im Sommerhalbjahr (Mai bis Oktober) mit 26,5% im Muldegebiet doch relativ selten auftreten. Um so schwerer wirkte sich hier daher auch das Sommerhochwasser 1954 aus, das — wenn auch HHQ des Jahres 1573 nicht erreicht wurde — mit einem HQ von 1740 m³/s am Pegel Golzern/Vereinigte Mulde die höchsten Abflüsse zumindest der letzten 180 Jahre brachte. Die gleiche Situation ergab sich auch in der Zwickauer Mulde, wo im Mündungsgebiet, legt man das für den Pegel Wechselburg mit 915 m³/s ermittelte HQ (Hq = 436 l/s km²) zugrunde, etwa die gleiche Wassermenge wie im Jahre 1771 abgeflossen sein dürfte. Das Hochwasser der Freiberger Mulde dagegen erreichte trotz des recht beachtlichen Zuflusses der Zschopau nicht das Ausmaß säkularer Hochfluten. Nur diesem Umstand ist es zuzuschreiben, daß das Hochwasser in der Vereinigten Mulde nicht noch größeres Ausmaß annahm.

Die beim Ablauf des Sommerhochwassers 1954 ermittelten Abflüsse sind in Tabelle 21 zusammengestellt (s. S. 112/113). Gegenübergestellt wurden die bisher höchsten gemessenen Abflüsse. Da es sich hier jedoch meist nur um kurze Meßreihen handelt (1911/1950 bzw. 1926/1950), sind diese Angaben nicht als Grenzwerte anzusehen. Ein Vergleich dieser Zahlen führt daher nicht in jedem Falle zu einer richtigen Einschätzung der Hochwassersituation.

Der höchste Abfluß im Muldegebiet beim Ablauf dieses Hochwassers wurde am Pegel Niederschlema an der Zwickauer Mulde unterhalb des Zusammenflusses mit dem Schwarzwasser festgestellt. Mit einer Abflußspende von 751 l/s km^2 (HQ = 565 m^3/s) wurde hier fast der gleiche Abfluß wie im Göltzschgebiet erreicht, das, ähnlich wie der Oberlauf der Zwickauer Mulde, im Bereich der stärksten Niederschläge lag (s. auch Abschnitt 7.3). Das Schwarzwasser am Pegel Aue brachte einen Abfluß von 224 m^3/s und eine Abflußspende von 617 l/s km^2. Auch dieser Wert liegt äußerst hoch und wurde in Gebieten gleicher Größe nur noch bei dem Hochwasser vom 30./31. Juli 1897 überschritten. Soweit Unterlagen vorliegen, dürfte es sich hier um die bisher höchsten Abflußspenden im Gebiet der Zwickauer Mulde handeln.

In der Chemnitz brachten die Höchstabflüsse am Pegel Göritzhain 262 m^3/s (Hq = 492 l/s km^2). Im Vergleich zu dem durchaus als Grenzwert anzuerkennenden bisherigen HHQ von 138 m^3/s des Winterhochwassers 1932 (4.1) beträgt die Steigerung 90%.

Der höchste in der Freiberger Mulde gemessene Abfluß beträgt 136 m^3/s (231 l/s km^2) am Pegel Nossen; das sind etwa 70% des bisher höchsten Hochwassers der Freiberger Mulde im Jahre 1897 (30./31. Juli). Für die Zschopau ergeben sich, bezogen auf den Pegel Lichtenwalde, 56% und für die Flöha am Pegel Pockau sogar nur 31% des HHQ von 1897. Auch diese Zahlen lassen das geringere Ausmaß des Hochwassers der Freiberger Mulde erkennen.

Das Hochwasser in der Vereinigten Mulde, durch Messungen belegt nur für den Pegel Golzern, brachte hier mit einem Abfluß von 1740 m^3/s (Hq = 320 l/s km^2) eine Menge, die dem bisherigen HQ (Sommerhalbjahr 1931/1950) der Elbe am Pegel Dresden entspricht (s. Tabelle 14). Allein schon dieser Vergleich zeigt die Schwere der Hochflut der Mulde im Jahre 1954; sie zeigt sich aber auch in der Steigerung von 36% gegenüber dem Hochwasser von 1932 und von 14% gegenüber dem von 1897. Für den Pegel Bad Düben mit einem Niederschlagsgebiet von 6154 km^2 ist als Folge der sehr starken Überregnung des Zwischeneinzugsgebietes (720 km^2) HQ der Mulde nach SCHMIDT mit etwa 1920 m^3/s (Hq = 312 l/s km^2) anzunehmen [27]. Die Steigerung gegenüber Golzern betrug somit noch 180 m^3/s. Diese Werte sind, da nicht durch Messungen belegt, allerdings als unsicher anzusehen.

Eine weitere Steigerung des Flutscheitels bis zur Mündung dürfte kaum noch eingetreten sein. Es ist vielmehr wahrscheinlich, daß als Folge der großen Überschwemmungen im Raume Düben (unterhalb des Pegels) und der weiten Ausuferungen im Unterlauf ein Teil der oberirdisch abfließenden Welle — der Prozentsatz dürfte, wie auch die Untersuchungen von HAMANN [23] für das Elbtal zeigen, zweifellos nicht allzu hoch liegen — in das Grundwasser eingetreten ist und somit eine Verflachung eintrat.

Aufschluß über den Aufbau der Hochwasserwelle gibt der Quotient HHQ : MQ (MQ bezogen auf die HW-Welle) in den Spalten 23 und 24 der Tabelle 21 (Seite 112/113). Um die Speicherwirkung der Talsperren zu zeigen, wurden die Werte mit und ohne Berücksichtigung der Speicherung ermittelt. Die Zahlen lassen vor allem den steilen und geschlossenen Aufbau der Welle im Oberlauf der Zwickauer Mulde und im Schwarzwasser erkennen, zeigen aber auch, daß bei der Höhe der Abflüsse die Abflachung durch die Talsperren kaum von Bedeutung war.

5.43 Rückhaltung in den Speicheranlagen

Die Angaben über Beckeninhalte und Abgaben wurden freundlicherweise durch die Betriebsleitung des VEB Wasserwirtschaft Mulde, Karl-Marx-Stadt, zur Verfügung gestellt.

Entsprechend dem Verwendungszweck als ausgesprochene Versorgungssperren waren die Talsperren in ihrer Speicherwirkung auf die Entwicklung des Hochwassers im Muldegebiet nahezu bedeutungslos. Mit 4,756 hm^3 betrug die Speicherung, bezogen auf den Pegel

Golzern, in der Vereinigten Mulde nur 0,6% des gesamten oberirdischen Abflusses von 762,3 hm^3. Die Speichersumme entspricht einer Abflußhöhe von 0,9 mm.

Die Speichersummenlinien der einzelnen Talsperren sind in Abbildung 60 dargestellt. Die Auswirkungen der einzelnen Anlagen werden nachstehend noch kurz behandelt.

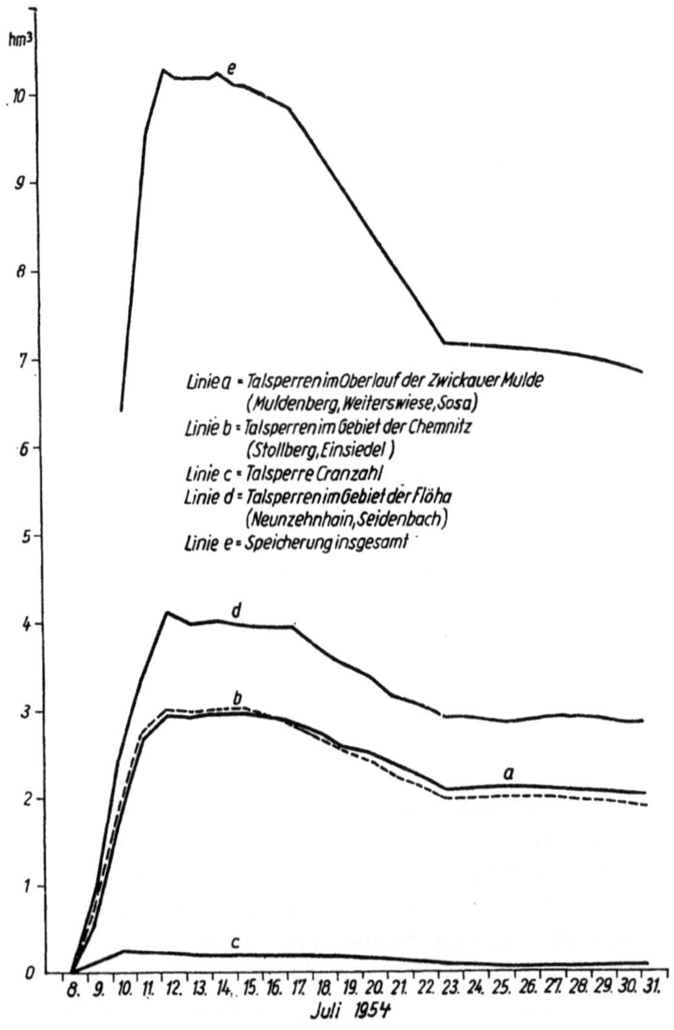

Abb. 60. Speichersummen der Talsperren im Muldegebiet

Zwickauer Mulde

Auf die Wasserführung der Zwickauer Mulde im Oberlauf wirken sich die Talsperren Muldenberg, Weitenwiese und Sosa aus. Die Ableitung in die Göltzsch (1/3 des Abflusses am Pegel Hammerbrücke) ist bei einer Beurteilung der Verhältnisse gleichfalls zu berücksichtigen.

In der Zeit vom 8. bis 12. Juli wurden in den vorstehend genannten Sperren 2,961 hm^3 gespeichert. Die höchste Speicherung jedoch wurde erst am 14./15. Juli mit 2,986 hm^3 erreicht, als die Talsperre Muldenberg ihren höchsten Inhalt hatte. Die Sperre Sosa war bereits am 10. und die Sperre Weitenwiese am 11. Juli gefüllt. In die genannten

Summen mit einbegriffen ist auch die Abgabe an die Göltzsch. Die höchste Abgabe erfolgte am 9. Juli mit 0,034 hm³. Bezogen auf die Summe des Abflusses am Pegel Niederschlema (8. bis 12. Juli) mit etwa 110 hm³ betrug der in der gleichen Zeitspanne erzielte Rückhalt der Talsperren nur 2,7% des Gesamtabflusses.

Die Speicherwirkung der Talsperren im Gebiet der Chemnitz war nur unbedeutend. In der Sperre Stollberg wurde bereits am 10. Juli mit 1,171 hm³ die höchste Füllung erreicht und in der Sperre Einsiedel in der Zeit vom 10. bis 14. Juli der höchste Inhalt mit 0,305 hm³ festgestellt. Vom 8. bis 10. Juli wurde die höchste Speicherung mit insgesamt 0,068 hm³ erreicht. Diese Menge entspricht 0,002% des in der gleichen Zeit für den Pegel Göritzhain ermittelten Abflusses (30 hm³).

Die Auswirkungen des Rückhalts in allen genannten Talsperren auf die Wasserführung der Zwickauer Mulde am Pegel Wechselburg — die Speichersumme ist in der Linie b der Abbildung 60 dargestellt — sind insgesamt gesehen nicht erheblich. Die gesamte Speicherung betrug bis zum Monatsende nicht mehr als 1.899 hm³, was einer Abflußhöhe von 0,9 mm entspricht. Sie macht nur 0,5% der Abflußsumme (349,2 hm³) aus. Der höchste, in der Zeit vom 8. bis 12. Juli erreichte Rückhalt betrug 1,5%. Die auf den Pegel Wechselburg bezogene, im Vergleich zu Zwickau-Pölbitz niedrigere Speichersumme erklärt sich aus der stärkeren Entlastung der Talsperren im Gebiet der Chemnitz, als deren Folge die Beckeninhalte vom Monatsende 0,118 hm³ niedriger lagen als zu Beginn der Hochwassersituation (s. Tabelle 21).

Freiberger Mulde

Im Gebiet der Freiberger Mulde befinden sich Talsperren nur im Einzugsgebiet der Zschopau. Außer der Talsperre Kriebstein in der Zschopau sind noch die Sperren Cranzahl, Neunzehnhain (obere und unter Sperre) und die Saidabachtalsperre zu nennen. Es handelt sich auch hier nur um kleinere, nicht dem Hochwasserschutz dienende Versorgungssperren mit geringer Speicherwirkung. Trotzdem zeigten auch sie einen gewissen Einfluß auf die Wasserführung vor allem der Zschopau. Von untergeordneter Bedeutung ist die Ableitung aus der Flöha in den Kunstgraben bei Cämmerswalde-Neuwernsdorf. Sie wurde vollständigkeitshalber in die nachfolgenden Betrachtungen mit einbezogen.

Die Talsperre Cranzahl im Lampertsbach erreichte in den Morgenstunden des 10. Juli mit 3,117 hm³ ihre höchste Füllung. Seit Beginn der Hochwassersituation am 8. Juli waren damit 0,221 hm³ gespeichert. Dieser Rückhalt übte aber auf die Hochwasserentwicklung in der Zschopau kaum einen Einfluß aus, denn die gespeicherte Menge betrug nur 1,3% des in der gleichen Zeit am Pegel Hopfgarten mit 17,5 hm³ gemessenen Abflusses. Die Speichersumme von 0,055 hm³ (= 0,1 mm A) zum Ende des Monats ist so gering, daß sie bei der Ermittlung der Abflußhöhe für den Pegel Hopfgarten an sich vernachlässigt werden könnte.

Im Vergleich hierzu wesentlich größer war die in den Nebenflüssen der Flöha erreichte Speicherung sowohl der Saidabachtalsperre als auch der oberen und der unteren Sperre Neunzehnhain. Während in der Sperre des Saidabaches vom 8. bis 12. Juli — der Zeit ihres höchsten Beckeninhaltes — 2,903 hm³ zurückgehalten wurden, betrug die Speicherung in den beiden Sperren Neunzehnhain am 12. Juli 0,833 hm³.

Die höchste Speicherung konnte für das Flöhagebiet mit 3,899 hm³ am 12. Juli ermittelt werden. Diese Menge stellt 10% des am Pegel Borstendorf gemessenen Abflusses dar; es ist dies der überhaupt größte, während des Hochwassers 1954 im Muldegebiet beobachtete Rückhalt.

Die Speichersumme der Flöha, bezogen auf den Pegel Borstendorf, betrug insgesamt 2,802 hm³. Es wurden damit immerhin noch etwa 2% des Abflusses am Pegel (142,5 hm³)

Tabelle 21 Niederschlag

Lfd. Nr.	Gewässer	Pegel bzw. Zwischeneinzugsgebiet	Niederschlagsgebiet F_N km²	Niederschlag 8./11. 7. mm	Niederschlag 8./13. 7. mm	Niederschlag 8./31. 7. mm	Niederschlag 8./31. 7. hm³	Abfluß der Flutwelle ohne Trockenwetterabfluß Summe hm³	MQ / Mq m³/s / l/s km²	A mm
1	2	3	4	5	6	7	8	9	10	11
1	Schwarzwasser	Aue	363	218,8	238,4	313,9	113,9	55,9	22.6 / 62,4	154,0
2	Zwickauer Mulde	bis Niederschlema ohne Nr. 1	390	252,5	272,3	355,0	138,3	111,9	47,2 / 121	287,0
3	Zwickauer Mulde	Niederschlema	753	236,8	256,7	336,9	252,2	167,8	70,6 / 93,8	222,8
4	Zwickauer Mulde	bis Zwickau-Pölbitz ohne Nr. 3	270	227,4	246,7	321,5	86,8	35,1	14,8 / 54,8	130,0
5	Zwickauer Mulde	Zwickau-Pölbitz	1023	234,3	254,0	331,4	339,0	202,9	83,9 / 81,9	198,0
6	Chemnitz	Göritzhain	533	210,5	238,3	315,8	168,4	74,2	35,4 / 66,4	139,4
7	Zwickauer Mulde	Zwickau-Pölbitz bis Wechselburg ohne Nr. 6	544	198,8	225,9	294,2	160,1	70,2	29,7 / 54,6	128,9
8	Zwickauer Mulde	Wechselburg	2100	219,4	243,2	317,9	667,5	347,3	147,1 / 70,0	165,7
9	Freiberger Mulde	Berthelsdorf	244	194,1	226,9	293,8	71,7	35,1	15,3 / 62,9	143,7
10	Freiberger Mulde	bis Nossen ohne Nr. 9	344	193,3	223,9	280,0	96,3	35,7	15,1 / 44,0	103,8
11	Freiberger Mulde	Nossen	588	193,8	225,4	285,4	168,0	70,8	30,1 / 51,1	120,3
12	Striegis	Niederstriegis	283	179,3	206,6	268,5	76,0	22,3	9,14 / 32,3	78,7
13	Preßnitz	Streckewalde	206	160,9	191,9	256,8	52,9	26,1	11,9 / 57,6	127,0
14	Zschopau	bis Hopfgarten ohne Nr. 13	325	182,4	206,7	286,6	93,1	65,2	29,6 / 91,1	200,8
15	Zschopau	Hopfgarten	531	173,6	200,7	275,0	146,0	91,3	41,5 / 78,1	172,1
16	Flöha	Pockau-Süd	387	169,1	198,6	270,0	104,5	61,7	24,2 / 62,7	159,4
17	Schwarze Pockau	Zöblitz	125	166,2	195,7	266,9	33,4	18,0	7,41 / 59,2	144,0
18	Flöha	bis Borstendorf ohne Nr. 16 u. 17	129	180,4	207,6	281,0	36,2	8,8	3,07 / 23,8	68,3
19	Flöha	Borstendorf	641	170,8	199,8	271,6	174,1	88,5	35,0 / 54,5	138,1
20	Flöha und Zschopau	bis Lichtenwalde ohne Nr. 15 u. 19	401	206,2	236,3	308,3	123,9	66,2	25,3 / 63,0	165,3
21	Zschopau	Lichtenwalde	1573	181,3	209,9	282,7	444,0	246,0	94,0 / 59,7	156,2
22	Zschopau	bis Kriebstein UP ohne Nr. 21	182	154,2	180,2	240,0	43,6	14,5	5,54 / 30,4	79,7
23	Zschopau	Kriebstein UP	1755	178,5	207,0	279,1	487,6	260,5	99,5 / 56,7	148,0
24	VereinigteMulde	Golzern	5434	190,5	217,4	287,0	1559	757,5	318 / 58,4	139,5

und Abfluß im Muldegebiet

Rückhalt in den Talsperren (Speicherung)		Abfluß der Flutwelle ohne Speicherwirkung				Hochwasser (HQ) 1954						
						HQ / Hq		HQ : MQ		HHQ / HHq	HQ 1954 über (+) und unter (−) HHQ	HQ 1954 in Prozenten HHQ
Summe	A	Summe	MQ / Mq	A	A:N	mit	ohne	mit	ohne	(bisherige)		
						Speicherwirkung		Speicherwirkung				
hm³	mm	hm³	m³/s / l/s km²	mm		m³/s / l/s km²				m³/s / l/s km²	m³/s	
12	13	14	15	16	17	18	19	20	21	22	23	24
—	—	55,9	22,6 / 62,4	154,0	0,49	224 / 617	224 / 617	9,91	9,91	(205 / 565)	+ 19	109
2,017	5,2	113,92	47,8 / 122	292,2	0,82	—	—	—	—	—	—	—
2,017	2,7	169,82	71,4 / 94,8	225,5	0,67	565 / 751	575 / 763	8,00	8,04	(388 / 515)	+177	146
—	—	35,1	14,8 / 54,8	130,0	0,40	—	—	—	—	—	—	—
2,017	2,0	204,92	84,7 / 82,7	200,0	0,60	683 / 668	694 / 679	8,14	8,20	(406 / 397)	+277	168
−0,118	−0,2	74,08	35,4 / 66,4	139,2	0,44	262 / 492	262,4 / 493	7,40	7,41	(138 / 259)	+124	190
—	—	70,2	29,7 / 54,6	128,9	0,44	—	—	—	—	—	—	—
1,899	0,9	349,2	147,9 / 70,4	166,6	0,52	915 / 436	926 / 441	6,21	6,27	(587 / 280)	+328	156
—	—	35,1	15,3 / 62,9	143,7	0,49	68,2 / 280	68,2 / 280	4,46	4,46	(51,4 / 211)	+ 16,8	133
—	—	35,7	15,1 / 44,0	103,8	0,37	—	—	—	—	—	—	—
—	—	70,8	30,1 / 51,1	120,3	0,42	136 / 231	136 / 231	4,52	4,52	(137 / 231)	− 1,0	99
—	—	22,3	9,14 / 32,3	78,7	0,29	61,8 / 218	61,8 / 218	6,76	6,76	(52 / 184)	+ 9,8	119
—	—	26,1	11,9 / 57,6	127,0	0,49	81,1 / 394	81,1 / 394	6,82	6,82	(64 / 191)	+ 17,1	127
0,055	0,2	65,26	29,6 / 91,1	201,0	0,70	—	—	—	—	—	—	—
0,055	0,1	91,36	41,6 / 78,3	172,2	0,63	232 / 437	232,8 / 438	5,59	5,60	260 / 490	− 28	89
0,036	0,1	61,74	24,2 / 62,7	159,4	0,59	106 / 274	106 / 274	4,38	4,38	138 / 357	− 32	77
—	—	18,0	7,41 / 59,2	144,0	0,54	37,2 / 298	37,2 / 298	5,09	5,09	37,7 / 302	− 0,5	99
2,766	21,4	11,57	4,54 / 35,3	89,7	0,32	—	—	—	—	—	—	—
2,802	4,4	91,3	36,1 / 56,3	142,5	0,52	147 / 229	161 / 251	4,20	4,46	235 / 367	− 88	63
—	—	66,2	25,3 / 63,0	165,3	0,54	—	—	—	—	—	—	—
2,857	1,8	248,9	94,3 / 60,0	158,0	0,56	511 / 325	523 / 332	5,44	5,55	687 / 437	−176	74
—	—	14,5	5,54 / 30,4	79,7	0,33	—	—	—	—	—	—	—
2,857	1,6	263,4	100 / 57,4	149,6	0,54	449 / 256	461 / 263	4,51	4,61	(352 / 201)	+ 97	128
4,756	0,9	762,3	319 / 58,9	140,2	0,49	1740 / 320	1765 / 325	5,47	5,53	(1280 / 236)	+460	136

zurückgehalten. Diese gespeicherte Menge entspricht einer Abflußhöhe von 4,4 mm und erhöht die Abflußspende von 229 auf 251 l/s km².

Die Abgabe an den Kunstgraben aus der fließenden Welle der Flöha erreichte mit 0,026 hm³ am 8. Juli den höchsten Wert. Im Durchschnitt wurden sonst täglich 0,002 hm³ abgeleitet.

Die gesamte, auf den Unterpegel Kriebstein bezogene Speicherung im Einzugsgebiet der Zschopau wurde mit 2,857 hm³ ermittelt. Sie betrug nur 1,1% des gesamten Hochwasserabflusses, war also gleichfalls äußerst gering. Eine Erhöhung der Speichersumme durch die Talsperre Kriebstein erfolgte nicht (wie auch die Zahlenangaben in Tabelle 21 zeigen), da die Sperre, ihrem Verwendungszweck entsprechend, bereits vor der Hochwassersituation den Höchststau hielt und somit keine weitere Speicherung möglich war. Sie wirkte sich, das zeigt auch ein Vergleich der HQ-Werte Lichtenwalde-Kriebstein UP, nur insofern günstig auf den Ablauf des Hochwassers aus, als beim Durchfließen eine gewisse Verzögerung und Abflachung der Welle eintrat. Der vorstehend genannten Speichermenge entspricht eine Abflußhöhe von 1,6 mm bzw. eine Erhöhung der Abflußspende um 7 l/s km² für den Pegel Kriebstein UP (Hq ohne Speicherwirkung 263 l/s km²).

5.5 Beziehungen zwischen Niederschlag und Abfluß

5.51 Niederschlagshöhen

Bei der Ermittlung der Niederschlagshöhen wurden nicht nur die die Hochwassersituation auslösenden Starkregen berücksichtigt, sondern auch noch die bis zum Monatsende (31. Juli) gefallenen Regenmengen mit in die Berechnung einbezogen. Der oberirdische Abfluß dieser Niederschläge vergrößerte den Hochwasserabfluß und dehnte diesen sogar bis Anfang August aus.

Die Niederschlags- und Abflußwerte für eine Auswahl von Pegeln der Mulde und ihrer Nebenflüsse sind in Tabelle 21 zusammengestellt. Sie wurden berechnet für die Zeit vom 8./11. bzw. 8./13. Juli, die Zeit der Starkregenfälle also, und für die Gesamtablaufzeit vom 8./31. Juli. Die Niederschlags- und Abflußsummen sowie einige weitere Ergebnisse der Untersuchung sind in Abbildung 61 dargestellt.

Die höchsten Niederschläge fielen im Gebiet der Zwickauer Mulde. Mit 355 mm im Oberlauf der Mulde, von denen in der Zeit vom 8. bis 13. Juli allein 272,5 mm (77% des gesamten Niederschlags) gemessen wurden, gingen in diesem Gebiet die größten Regenmengen nieder. Es folgten das Zwischengebiet der Mulde bis Zwickau-Pölbitz mit 321,5 mm, die Chemnitz mit 315,8 und das Schwarzwasser mit 313,9 mm. Auch hier wurden in der kurzen Zeit von nur sechs Tagen bis zu 77% der Gesamtmenge erreicht. Trotz der geringeren Überregnung des Zwischengebietes bis Wechselburg (294,2 mm) ergibt sich für die gesamte, auf diesen Pegel bezogene Niederschlagssumme immer noch ein Wert von 317,9 mm, der einer Menge von 667,5 hm³ entspricht.

Im Gebiet der Freiberger Mulde wurde die höchste Niederschlagssumme mit 308,3 mm für das Zwischengebiet der Zschopau unterhalb der Flöhaeinmündung (bis zum Pegel Lichtenwalde) ermittelt. Weiter schließen sich an die Freiberger Mulde und die Zschopau im Oberlauf mit 293,8 bzw. 286,6 mm sowie die Flöha im Raume Borstendorf mit 281,0 mm. Die Niederschlagshöhe im Einzugsgebiet der Striegis lag bei 268,5 mm, die der Preßnitz bei 256,8 mm. Für die Zschopau, bezogen auf den Pegel Kriebstein UP, ergab sich insgesamt eine Überregnung von 279,1 mm (= 487,6 hm³).

Der Prozentsatz des Anteils des Starkregens (8./13. Juli) an der Gesamtmenge des Niederschlags lag für das Gebiet der Freiberger Mulde zwischen 72 und 79%.

Für das Einzugsgebiet der Mulde bis zum Pegel Golzern/Vereinigte Mulde betrug die Niederschlagshöhe 287 mm. Hiervon waren 66% in den ersten vier Tagen gefallen

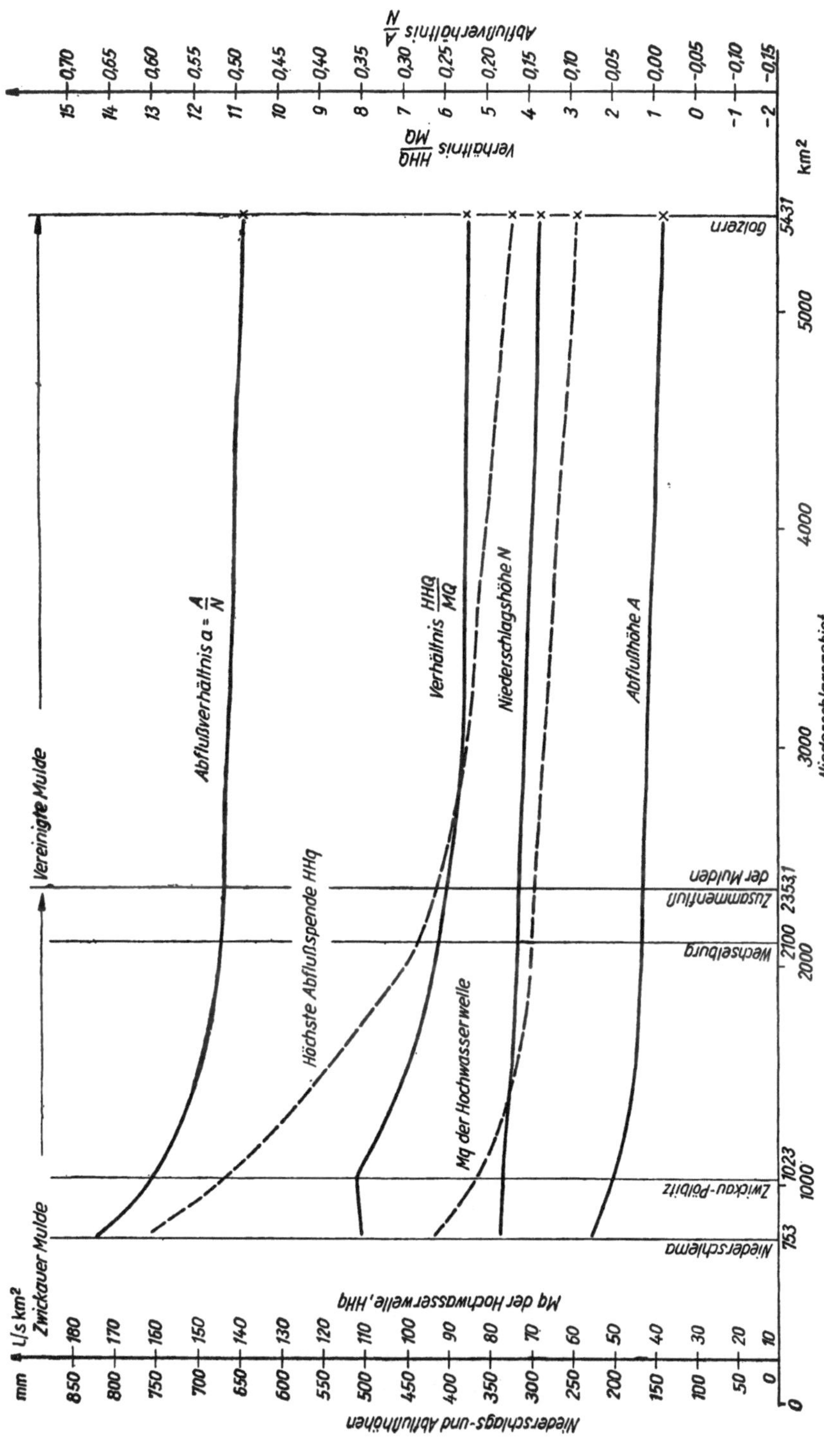

Abb. 61. Niederschlags- und Abflußhöhen für die Pegel im Muldegebiet

(8./11. Juli). Der Gesamtanteil des Starkregens machte 76% dieser Menge aus. Mit 1559 hm^3 wurde hier eine außerordentlich hohe Niederschlagsmenge erreicht. Im Vergleich hierzu brachte das Gebiet der Weißen Elster, bezogen auf den Pegel Halle—Trotha, nur 73%.

5.52 Abflußhöhen

Zur Ermittlung des oberirdischen Abflusses wurden die oberhalb des Trockenwetterabflusses liegenden Abflußsummen ermittelt und in 24stündige Zeitabschnitte aufgeteilt, die jeweils von 7.00 bis 7.00 Uhr rechnen, um einen Vergleich mit den um 7.00 Uhr früh gemessenen Niederschlägen zu erhalten. Aus der Gesamtabflußsumme wurde die Abflußhöhe A sowie das MQ und Mq der Hochwasserwelle abgeleitet und aus den 24stündigen Teilsummen die täglichen Abflußhöhen berechnet. Die letzteren sind als Summenlinie mit den täglichen Niederschlägen in Abbildung 62 dargestellt und geben ein charakteristisches Bild über die Intensität und Zeitfolge der Niederschläge sowie des nachfolgenden Abflußvorganges.

Die größte Abflußhöhe brachte, entsprechend ihrer Lage zu dem Hauptniederschlagszentrum, die Zwickauer Mulde im Oberlauf mit 287 mm. Unterhalb von Niederschlema verringerte sich zwar die Höhe des Abflusses; sie lag aber mit 198 mm und einer mitteren Abflußspende von 81,9 l/s km^2 am Pegel Zwickau—Pölbitz immer noch sehr hoch. Bezogen auf den Pegel Wechselburg betrug die Abflußhöhe des Hochwassers 1954 in der Zwickauer Mulde 166 mm bei einer mittleren Abflußspende von 70 l/s km^2.

Bei den Zuflüssen der Zwickauer Mulde wurde die größte Abflußhöhe im Schwarzwasser ermittelt. A betrug hier 154 mm (Mq = 62,4 l/s km^2). Die Chemnitz am Pegel Göritzhain brachte noch 139 mm (Mq = 66,4 l/s km^2).

Im Gebiet der Freiberger Mulde hatte die Zschopau, die als linker Zufluß noch von dem westlich liegenden Hauptniederschlagsgebiet berührt wurde, die größten Abflußhöhen. Mit 200 mm im Oberlauf war hier etwa die gleiche Situation zu verzeichnen, wie in der Zwikkauer Mulde (im Raum Zwickau). Aber auch die Flöha hatte noch recht hohe Abflüsse, wie dies die für den Pegel Pockau-Süd ermittelten Werte A (= 159 mm) und Mq (= 62,7 l/s km^2) zeigen. Am Pegel Lichtenwalde/Zschopau unterhalb der Einmündung der Flöha betrug die Abflußhöhe 156 mm (Mq = 59,7 l/s km^2). Die im Vergleich hierzu nur geringfügige Abnahme der Abflußhöhe am Pegel Kriebstein UP (A = 148 mm, Mq = 56,7 l/s km^2) zeigt, daß sich die Welle der Zschopau im Unterlauf nur wenig verflachte.

In der Freiberger Mulde selbst wurde die größte Abflußhöhe für den Pegel Berthelsdorf mit 144 mm (Mq = 62,9 l/s km^2) ermittelt. Wenn dieser Wert auch noch als relativ hoch anzusehen ist, so zeigt sich doch schon ein deutlicher Abfall und ein Auseinanderfließen der Welle bis Nossen, wo sich die Abflußhöhe bereits auf 120 mm (Mq = 51,1 l/s km^2) verringert hatte. Da die Striegis mit nur 79 mm (Mq = 32,3 l/s km^2) am Pegel Niederstriegis den Abfluß der Mulde im Mittellauf kaum nennenswert beeinflußt haben dürfte, läßt sich damit auch ohne entsprechendes Beobachtungsmaterial sagen, daß der Aufbau der Hochwasserwelle im Unterlauf der Freiberger Mulde im wesentlichen durch den Zufluß der Zschopau erfolgte. Für Golzern/Vereinigte Mulde, dem letzten Pegel, für den durch Messungen belegte Unterlagen vorliegen, ergibt sich eine Abflußhöhe von 139 mm bei einer mittleren Abflußspende von 58,4 l/s km^2).

5.53 Abflußverhältnis

Die Beziehungen zwischen Niederschlag und Abfluß sind in Abbildung 63 dargestellt. Das Abflußvermögen, d. h. alle Eigenschaften dieses Gebietes, durch welche die Beziehungen zwischen Niederschlagshöhe und Abflußhöhe bedingt sind, wird hier veranschaulicht.

Die Abflüsse der Mulde und ihrer Nebenflüsse lassen sich, wie auch die Darstellung zeigt, in fünf Gruppen einteilen, wobei nicht nur die für die verschiedenen Gebiete recht unterschiedlichen Beziehungen zwischen Niederschlag und Abfluß augenfällig werden, sondern in großen Zügen auch die Einwirkung der für das jeweilige Gebiet charakteristischen Landschaftsform mit ihren verschiedenen Gesteins- und Bodenarten zu erkennen ist. Wenn auch diese Faktoren zweifellos wieder als wichtiges Kriterium für die Untersuchung des

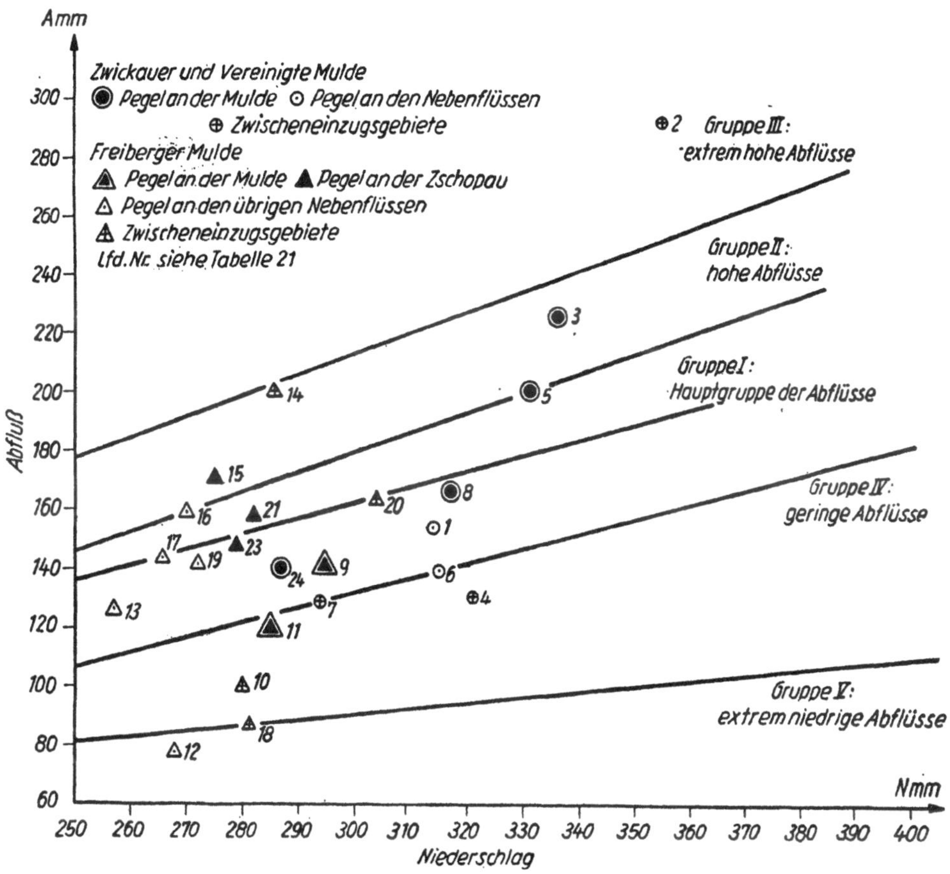

Abb. 63. Beziehungen zwischen Niederschlagshöhe und Abflußhöhe für das Gebiet der Mulde

Abflusses anzusehen sind, so trat bei der Situation im Juli 1954 ihr Einfluß doch gegenüber dem des Waldes zurück, der sich hier nicht nur, wie vielfach und zuletzt von BAUER [30] wieder angenommen, günstig auf den Abflußvorgang auswirkte und zu einer Dämpfung der Hochwasserspitzen führte, sondern trotz der mit Sicherheit anzunehmenden hohen Interception eine erhebliche Erhöhung der Abflüsse brachte. Diese Erhöhung zeigten vor allem die stärker bewaldeten Gebiete in der Hauptzone der Stauniederschläge. Sie erklärt sich aus dem meßtechnisch bisher noch nicht erfaßten Anteil der im Bergwald abgesetzten Niederschläge (negative Interception), die nach den von GRUNOW am Hohenpeißenberg (Oberbayern) angestellten Untersuchungen für Fälle mit anhaltendem Nebel während des Niederschlags mit einem fast dreifachen Betrag der normal gemessenen Menge angenommen werden können [31].

Die Karte in Abbildung 64 zeigt, für welche Teile des Einzugsgebietes der Mulde allein schon als Folge der aufliegenden Wolkendecke mit höheren Niederschlagswerten als den gemessenen gerechnet werden muß. Die Darstellung stützt sich auf Beobachtungen der synoptischen Stationen Karl-Marx-Stadt, Gera und Plauen, die für die Zeit vom 9. bis 11. Juli (für die Dauer von 54 Stunden) die Höhe der Wolkenuntergrenze im Vorraum des sächsischen Mittelgebirges mit 400 m, zeitweilig mit 600 m über NN angaben. Der Fichtelberg (1213 m) lag vom 7. mittags bis zum 12. Juli früh in Wolken.

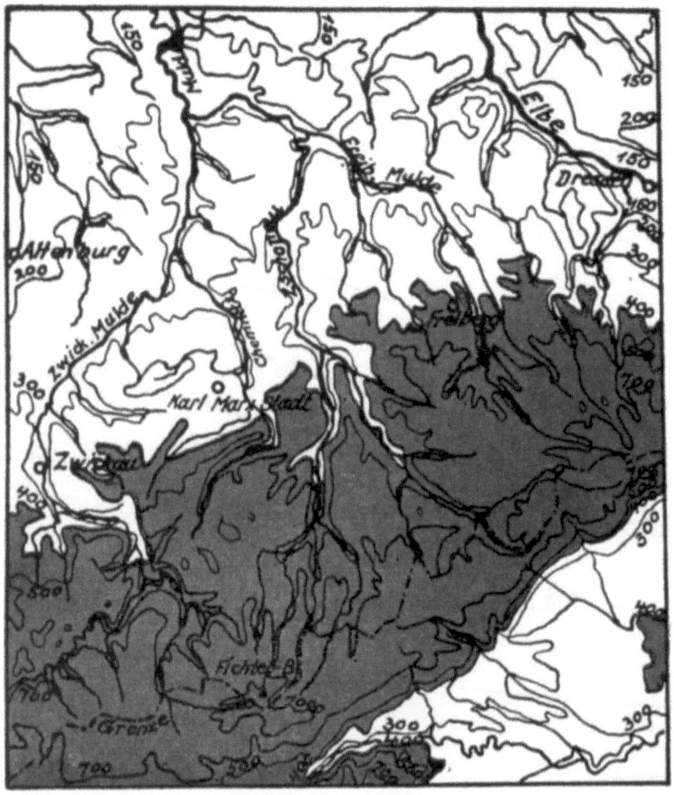

Abb. 64. Reliefkarte des Einzugsgebietes der Mulde und Bereich der aufliegenden Wolkendecke vom 9. bis 11. Juli 1954

Über die Eigenheiten der Abflußverhältnisse der in den fünf Gruppen zusammengefaßten Gebiete ist noch folgendes zu sagen:

Die erste Gruppe (Hauptgruppe) mit Abflußhöhen zwischen 130 und 170 mm umfaßt die Gebiete der Zwickauer Mulde im Mittel- und Unterlauf, deren Nebenflüsse Schwarzwasser und Chemnitz sowie die Freiberger Mulde im Oberlauf. Aus dem Gebiet der Zschopau sind außerdem die Preßnitz und die Flöha im Mittellauf, ferner die Schwarze Pockau mit einbezogen. Abgesehen von der Zwickauer Mulde, die etwa im Raume Zwickau bereits in die Vorlandzone des Mittelgebirges austritt (Zwickau—Chemnitzer Hügelland), handelt es sich bei den Einzugsgebieten der übrigen Gewässer um mehr oder minder stark bewaldete Gebiete (40 bis 70%) in der Hauptzone der Stauniederschläge mit ausgesprochenem Mittelgebirgscharakter, die entsprechend des geringen Porenvolumens der hier vorherrschenden Gesteine (Gneis, kristalline Schiefer) zwar kaum größere Wassermengen zu speichern vermögen, in den Klüften, Spalten und Fugen aber doch einen Teil des Niederschlagswassers, zumindest vorübergehend, zurückhielten. Diese Feststellung läßt sich ohne weiteres auch aus den Ganglinien der für diese Gebiete repräsentativen Quellschüttungsmeßstellen treffen, die in ihren durchweg geringen Schwankungen, ausgedrückt in Prozenten der normalen Extremschwankung (NQ: HQ der langjährigen Reihe), zeigen, daß die Anreicherung des Grundwassers nur gering gewesen sein kann. Wesentlich dürften sich daher nur das Wasserspeichervermögen der Waldböden und die Interception auf die Abflußvorgänge dieser Gebiete ausgewirkt haben. Die Niederschlagsrückhaltung im Walde sollte dabei allerdings nicht überschätzt werden. Wenn auch feststeht, daß bei der starken Überregnung die in dem Kronenraum zurückgehaltene absolute Wassermenge zweifellos größer war als bei kleinen Niederschlägen, so bestätigen doch gerade die neuesten Untersuchungen von DELFS, daß die Interception mit steigender Menge, Dauer und Intensität der Niederschläge abnimmt [32].

Die erhöhten Abflüsse der stärker bewaldeten Gebiete (60% bis 70%) der Schwarzen Pockau, der Preßnitz und des Schwarzwassers wiederum lassen die Auswirkungen der Zusatzkomponente des Niederschlags aus abgesetztem Nebel (aufliegende Wolken) erkennen. Meßtechnisch ist dieser Wert zwar nicht erfaßt, bei vorsichtiger Schätzung aber ist eine Steigerung der Niederschlagshöhe um 70 bis 80% durchaus nicht unwahrscheinlich. Für das Einzugsgebiet des Schwarzwassers z. B. entspricht dieser Steigerung eine Erhöhung der Abflüsse um etwa 65 mm. Die aus den gemessenen Niederschlagshöhen für die hier genannten Gebiete berechneten und in Tabelle 21 mitgeteilten Werte a (Abflußverhältnis A : N) erscheinen durchweg zu hoch. Einer Wasserbilanzrechnung wird daher zweckmäßiger der unter Berücksichtigung des Nebelniederschlages ermittelte Wert a = 0,28 zugrunde gelegt.

Für die Zwickauer Mulde und Chemnitz dürfte der Wert allerdings bei 0,35 liegen. Die Erhöhung des Abflusses erklärt sich hier aus der geringeren Bewaldung dieser Gebiete (20 bzw. 30%) und des dadurch schnelleren Ablaufes des Niederschlagswassers.

Bei der zweiten Gruppe handelt es sich um die Gebiete mit großen Abflußhöhen; sie umfaßt die Zschopau und die Flöha im Oberlauf. Die Gebiete liegen mit dem größten Anteil ihrer Flächen in den Kammlagen des Gebirges, erstrecken sich z. T. aber auch noch auf die nördliche Erzgebirgsabdachung. Der Anteil der Waldflächen an der Gesamtfläche beträgt nach überschläglicher Ermittlung — neueres Kartenmaterial über die Waldbedekkung fehlte — für das Einzugsgebiet der Zschopau 50% und für das der Flöha 70%. Als vorherrschende Gesteinsarten sind die der Gneisgruppe zu nennen, im Quellgebiet der Zschopau (Fichtelbergmassiv) ist außerdem Glimmerschiefer und Schiefergneis zu finden. Der für diese Gebiete charakteristische Bodentyp ist der mehr oder minder steilhangige Waldboden, wobei als Bodenart — ausgenommen wieder die obere Zschopau — lehmiger Gebirgsschutt vorherrscht. Abgesehen von der Höhenlage unterscheidet diese Gebiete nichts Wesentliches von denen der Hauptgruppe.

Die für diese Gebiete festzustellende Erhöhung des Abflusses — sie betrug für die Zschopau unter Berücksichtigung der Zusatzkomponente des abgesetzten Niederschlags 60% — erklärt sich, da eine nennenswerte Steigerung der Niederschlagshöhen gegenüber den übrigen Gebieten nicht festzustellen ist, allein schon aus der Tatsache, daß infolge der aufliegenden Wolkendecke die Verdunstung in den höher gelegenen Teilen des Einzugsgebiets (Kammlage) zumindest zeitweilig unterbrochen war (s. auch Abbildung 104). Nach den Beobachtungen am Fichtelberg ist hierfür eine Dauer von etwa 100 Stunden anzunehmen. In dem im Vergleich zu dem für das Gebiet der Flöha gefundenen relativ hohen Abflußverhältnis der Zschopau (bezogen auf den Pegel Hopfgarten) zeigt sich außerdem ein durch den geringeren Waldbestand bedingtes größeres Abflußvermögen. Der für das Abflußverhältnis in Tabelle 21 angegebene Wert (0,70) ist allerdings als zu hoch anzusehen. Den tatsächlichen Gegebenheiten entspricht vielmehr die unter Berücksichtigung aller Faktoren mit 0,43 ermittelte Verhältniszahl. Auch dieser niedrigere Wert charakterisiert die Zschopau noch als hochwassergefährlichsten Wasserlauf des sächsischen Muldegebietes. In keinem der übrigen Gebiete wurde dieser Wert wieder erreicht.

Das Einzugsgebiet der Zwickauer Mulde im Oberlauf (bis Niederschlema) stellt mit einer Abflußhöhe von 292 mm die d r i t t e G r u p p e (extreme Abflußhöhen) dar. Das Gebiet mit einer Größe von 390 km² liegt auf dem Erzgebirgskamm und hat mit etwa 80% den größten Waldanteil aller untersuchten Flächen. Sein Abflußvermögen wird, abgesehen von den Niederschlägen, von tonschieferartigen Phylitten und verbreitet vorkommendem Granitgestein ebenso wie von dem vorherrschenden Gebirgsbodentyp (steilhangige Waldböden und Gebirgsschutteinlagerungen) bestimmt. Die Niederschläge erfuhren in diesen Höhenlagen gegenüber den gemessenen Werten (355 mm) wiederum eine wesentliche Steigerung. Ihre Höhe dürfte mit einem überschläglich ermittelten Wert von 880 mm bei dem durch den Bergwald erfolgten „Auskämmen“ des nässenden Nebels — nach den Stationsangaben über die Wolkenuntergrenze war auch dieses Gebiet längere Zeit in die Kondensationszone eingetaucht — nicht als zu hoch angenommen sein. Die Steigerung beträgt 150% und brachte eine Erhöhung des Abflusses um etwa 170 mm. Das hieraus errechnete Abflußverhältnis ergibt einen Wert a = 0,33. Im Vergleich zu dem aus den gemessenen Niederschlägen ermittelten Abflußverhältnis (s. Tabelle 21) erscheint dieser Wert zunächst einmal als zu gering, zumal die unwahrscheinlich hohe Zahl 0,82 eine Bestätigung auch in den bereits zitierten Untersuchungen von FICKERT [29] findet, nach der für das Junihochwasser des Jahres 1926 a = 0,80 gefunden wurde. Bei näheren Untersuchungen der Situation im Juli 1954 ergibt sich aber ohne weiteres, daß der niedere Wert a = 0,33 viel eher den tatsächlichen Verhältnissen entspricht als der hohe; denn, abgesehen davon, daß durch den Wald zunächst eine die Abflußhöhe dieses Gebietes um 175 mm (150%) vergrößernde Erhöhung des Niederschlags erfolgte, dürfte bei der im Kronenraum des Waldes möglichen Interception auch wiederum ein relativ hoher Prozentsatz des Niederschlags zurückgehalten worden sein. Der prozentuale Anteil der Interception an den Niederschlägen wurde im vorliegenden Falle zwar nicht erfaßt, er kann aber nach DELFS bis zu 62% betragen [32]. Außerdem läßt die relativ hohe Schwankung in der Schüttung der Quelle Rautenkranz (90% der Extremschwankung) den Schluß zu, daß noch ein wesentlicher Teil des Niederschlags als Grundwasser zurückgehalten wurde (s. Ganglinie der Meßstelle 2100, Abbildung 65).

Der doppelte Einfluß des Waldes auf die Entstehung und den Ablauf von Hochwassern wird an vorstehendem Beispiel besonders augenfällig. Über die in dieser Richtung angestellten weiteren Untersuchungen wird zu einem späteren Zeitpunkt berichtet.

In einer v i e r t e n G r u p p e lassen sich die Gebiete mit niederen Abflußhöhen ($<$ 130 mm) zusammenfassen. Es handelt sich hier im wesentlichen um das Zwischeneinzugsgebiet der Freiberger Mulde von Berthelsdorf bis Nossen, ferner um Gebiete im Unterlauf der Zschopau (Lichtenwalde bis Kriebstein UP) und der Flöha (Pockau bis Borstendorf). Das Zwischeneinzugsgebiet der Zwickauer Mulde (Niederschlema bis Zwickau) liegt gleichfalls in diesem Bereich, es nimmt allerdings eine allein schon aus den geologischen Verhältnissen zu erklärende Sonderstellung ein.

Diese Gebiete an der Grenze zwischen Gebirge und Bergland liegen mit ihrem größten Flächenanteil bereits außerhalb der Hauptzone der Stauniederschläge. Ihrer geringeren Bewaldung — nach überschläglicher Ermittlung etwa 20% — steht eine das Abflußvermögen begünstigende stärkere Bebauung gegenüber. Während in den Gebieten der Freiberger

Mulde die Gesteine der Gneisgruppe vorherrschen — im Einzugsgebiet der unteren Zschopau sind außerdem Granit und Glimmerschiefer eingelagert — überwiegen in dem genannten Gebiet der Zwickauer Mulde tonschieferartige Phylitte und das Oberrotliegende. An Bodenarten kommt in erster Linie Löß vor. Eine Erhöhung der Abflüsse dürfte im vorliegenden Falle im Gegensatz zu den in den Gruppen 1 bis 3 zusammengefaßten Gebieten

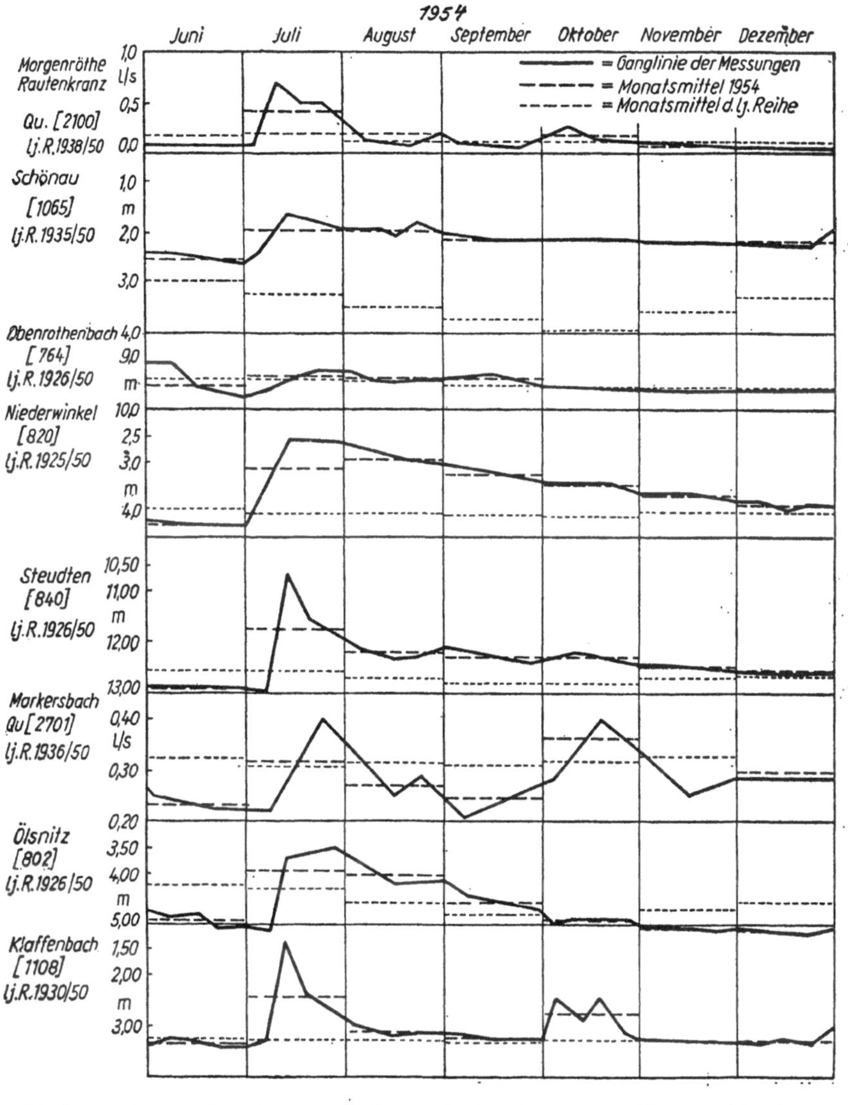

Abb. 65. Ganglinien der Grundwasserstände und Quellschüttungen im Einzugsgebiet der Mulde (Fortsetzung s. S. 124)

kaum erfolgt sein; denn entsprechend der Lage dieser Gebiete ist, abgesehen von den z. T. noch das Gebirge (nördliche Erzgebirgsabdachung) berührenden Gebieten der Freiberger und Zwickauer Mulde, nicht mehr mit einer abgesetzten zusätzlichen Niederschlagsmenge zu rechnen. Die mit 16% bzw. 28% für die beiden letztgenannten Gebiete anzunehmende Steigerung der Niederschlagshöhen ist außerdem zu gering, als daß sie sich noch wesentlich hätte auswirken können. Es ist vielmehr wahrscheinlich, daß in den sich allmählich weitenden Tälern mit formgebend diluvialer Bedeckung ein, wenn auch nur geringer Teil —

Tabelle 22. Grundwasserstände und Quellschüttungen

Lage der Beobachtungstelle		Abflußjahre	Jahr			Monats-	
Meßstelle [Nr.] Geologische Formation	Kreis		NW cm [NQ] l/s	MW cm [MQ] l/s	HW cm [HQ] l/s	Mai MW cm [MQ] l/s	Juni MW cm [MQ] l/s
1	2	3	4	5	6	7	8
Morgenröthe-Rautenkranz Karbon [2100]	Klingenthal	1938/1950	[0,014]	[0,171]	[0,666]	[0,150]	[0,170]
		1954				[0,214]	[0,081]
Schönau [1065]	Zwickau	1935/1950	539	301	162	279	298
Kambrium		1954				245	254
Oberrothenbach [764]	Zwickau	1926/1950	1021	(948)	767	940	938
Perm (Rotliegendes)		1954				921	951
Niederwinkel [820]	Glauchau	1925/1950	450	(397)	295	392	396
Karbon		1954				419	423
Steudten [840]	Rochlitz	1926/1950	1341	1260	955	1258	1255
Karbon		1954				1285	1292
Markersbach [2701]	Schwarzenberg	1936/1950	[0,100]	[0,323]	[0,500]	[0,351]	[0,323]
Karbon		1954				[0,362]	[0,231]
Ölsnitz [802]	Stollberg	1926/1950	666	441	252	410	423
Kambrium		1954				474	495
Klaffenbach [1108]	Karl-Marx-Stadt	1930/1950	358	317	145	315	323
Kambrium		1954				318	332
Nossen-Augustusburg	Meißen	1929/1950	686	436	120	399	428
Kambrium [1042]		1954				506	538
Ebersbach-Neugreußnig	Döbeln	1931/1950	1053	1008	920	995	997
Karbon [1030]		1954				1034	1038
Fischendorf [1149]	Döbeln	1931/1950	408	343	272	335	343
Perm (Rotliegendes)		1954				355	369
Schönfeld [2138]	Annaberg	1926/1950	[0,003]	[0,086]	[0,200]	[0,089]	[0,081]
Karbon		1954				[0,012]	[0,009]
Augustusburg [1156]	Flöha	1931/1950	538	277	195	273	281
Karbon		1954				277	284
Ehrenberg [1025]	Hainichen	1929/1950	566	314	73	262	294
Karbon		1954				445	479
Ziegra [1853]	Döbeln	1945/1950	1232	1193	1179	1189	1197
Kambrium		1954				1236	1242
Zöblitz [2142]	Marienberg	1931/1950	[0,000]	[0,110]	[1,000]	[0,102]	[0,094]
Karbon		1954				[0,123]	[0,070]
Bräunsdorf [945]	Freiberg	1926/1950	920	(539)	270	(516)	(542)
Karbon		1954				601	665
Sermuth [91]	Grimma	1921/1950	514	(419)	366	(417)	(421)
Perm (Rotliegendes)		1954				401	412

das zeigen auch die Untersuchungen für die Elbe (siehe Abschnitt 3. 4) — der oberirdisch abfließenden Welle in das Grundwasser eingetreten ist. Für diese Annahme sprechen vor allem die relativ hohen Schwankungen der Grundwasserstände an den Meßstellen der Talauen, die 60 bis 80, stellenweise sogar 100 bis 110 Prozent der normalen Extremschwankung erreichten (s. auch Tabelle 22). So gesehen also dürfte das für die Gebiete der Freiberger Mulde mit 0,32 ermittelte Abflußverhältnis (Zschopau a = 0,33) durchaus den tatsächlichen Verhältnissen entsprechen. Das gleiche trifft überdies für das Teilgebiet der Zwickauer Mulde zu, für das unter Berücksichtigung der Zusatzkomponente des Niederschlags der Wert a mit 0,31 bestimmt wurde. Die niedrige Abflußhöhe erklärt sich hier

im Einzugsgebiet der Mulde

mittel 1954 Juli MW cm [MQ] l/s	August MW cm [MQ] l/s	Sept. MW cm [MQ] l/s	Okt. MW cm [MQ] l/s	W (Q) vor Eintr. d. Hochwassers cm [l/s]	Tag	HW (HQ) 1954 cm [l/s]	Tag	Dauer des Anstiegs bis HW [HQ] Tage	Schwankung absolut cm [l/s]	% der Extremschwankung
9	10	11	12	13	14	15	16	17	18	19
[0,199]	[0,201]	[0,141]	[0,129]	[0,083]	2. 7.	[0,667]	9. 7.	7	[+0,584]	90
[0,407]	[0,132]	[0,108]	[0,194]							
321	348	370	396	247	5. 7.	167	12. 7.	7	+ 80	21
197	198	213	214							
939	943	951	954	960	5. 7.	(920)	19. 7.	14	+ 40	16
935	938	938	958							
402	402	406	407	425	28. 6.	255	12. 7.	14	+170	110
313	296	325	348							
1258	1270	1278	1282	1298	5. 7.	1067	12. 7.	7	+231	60
1175	1221	1230	1230							
[0,309]	[0,314]	[0,310]	[0,310]	[0,222]	5. 7.	[0,400]	19. 7.	14	[+0,178]	44
[0,318]	[0,270]	[0,245]	[0,362]							
(439)	(459)	(481)	496	510	5. 7.	351	26. 7.	21	+243	47
397	403	457	496							
325	326	331	327	327	5. 7.	134	12. 7.	7	+193	91
241	310	322	278							
450	474	481	499	539	5. 7.	263	19. 7.	14	+276	49
352	371	348	326							
1001	1008	1014	1019	1041	5. 7.	1017	25. 10.	111	+ 24	18
1031	1025	1019	1018							
342	344	348	350	267	5. 7.	231	19. 7.	14	+136	100
271	292	328	333							
[0,079]	[0,078]	[0,073]	[0,071]	[0,009]	5. 7.	[0,100]	18. 10.	119	[+0,091]	46
[0,012]	[0,021]	[0,032]	[0,085]							
283	285	298	300	292	5. 7.	187	12. 7.	7	+105	31
232	273	281	274							
329	358	378	386	476	5. 7.	167	19. 7.	14	+309	63
260	236	261	262							
1195	1190	1188	1188	1243	5. 7.	1201	9. 11. 53	127	+ 42	79
1243	1242	1237	1232							
[0,083]	[0,072]	[0,062]	[0,074]	[0,333]	5. 7.	[0,500]	12. 7.	7	[+0,167]	17
[0,417]	[0,223]	[0,145]	[0,196]							
(545)	(575)	(594)	(597)	606	5. 7.	442	19. 7.	14	+164	25
504	566	573	547							
(428)	(433)	(433)	(430)	404	5. 7.	366	19. 7.	14	+ 38	26
379	389	397	400							

einmal aus der größeren möglichen Versickerung im Oberrotliegenden, in das die Mulde unterhalb Wilkau eintritt, zum anderen aber auch aus den z. Z. allerdings noch nicht erfaßten Ableitungen des Bergbaus aus der oberirdisch abfließenden Welle.

Der fünften Gruppe mit der für das Muldegebiet geringsten Abflußhöhe (A = 79 mm) ist nur noch das Einzugsgebiet der Striegis zugeteilt. Es umfaßt eine Fläche von 283 km², deren größter Teil im Bereich des Sächsischen Berglandes (Mittelsächsische Rumpfplatte) liegt. Nur das Quellgebiet berührt noch die Erzgebirgsabdachung mit Höhen um 500 m über NN. Der überschläglich mit 20 bis 25% ermittelte Anteil der Waldflächen lag bei der Situation im Juli 1954 im wesentlichen außerhalb des Gebiets der Stauniederschläge, so daß die für die Zeit vom 8. bis 31. Juli mit 269 mm angegebene Niederschlagshöhe (s. Tabelle 21) den wirklichen Gegebenheiten entsprechen dürfte. Da sich außerdem hinsichtlich der geologischen Struktur und der Bodenbedeckung im Vergleich zu den in den vor-

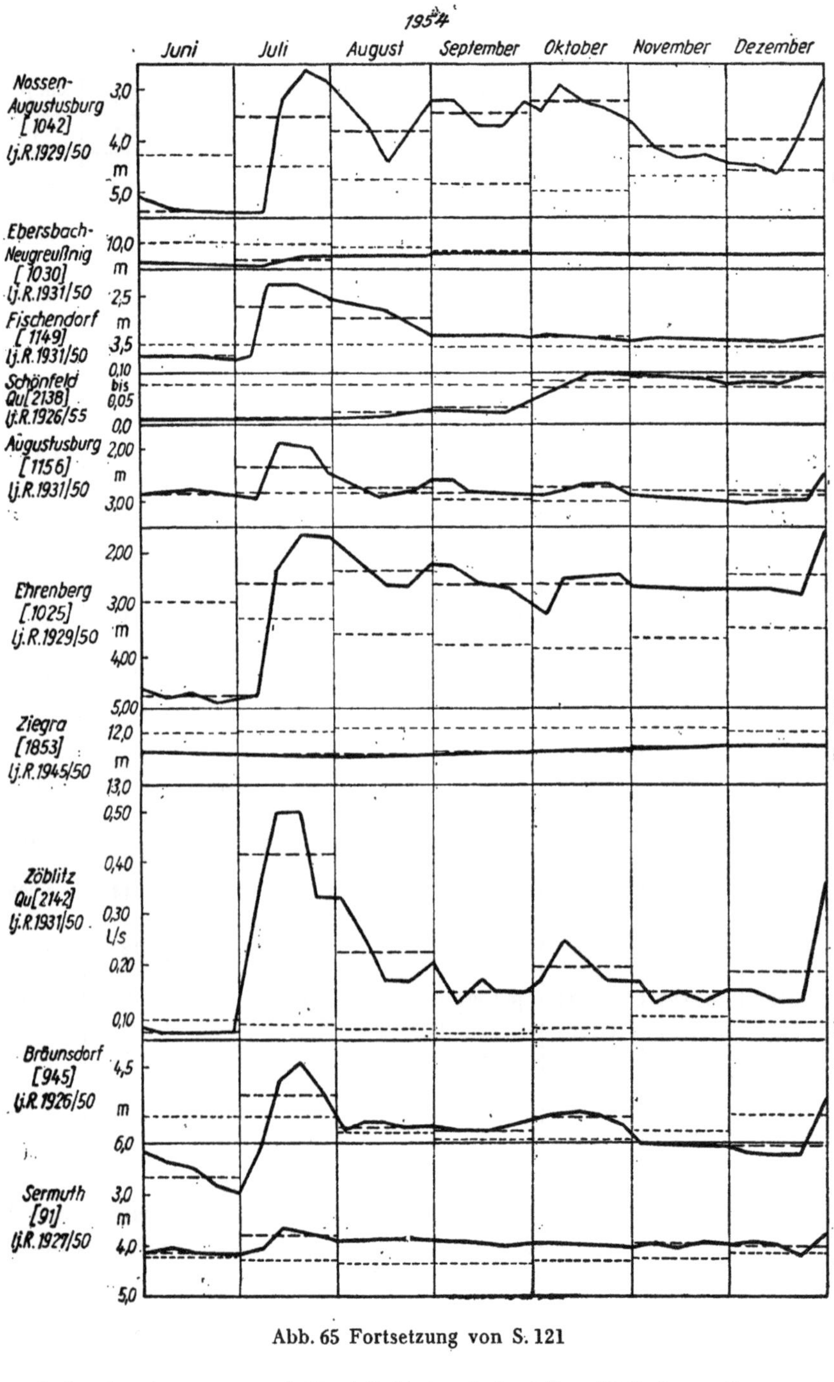

Abb. 65 Fortsetzung von S. 121

stehenden Gruppen zusammengefaßten Gebieten keine das Abflußvermögen entscheidend beeinflussenden Besonderheiten ergeben, kann das für die Striegis mit 0,29 berechnete Verhältnis des Abflusses aus den Niederschlägen für die Hochwasserlage des Muldegebietes im Jahre 1954 als normal angesehen werden. Die unter Berücksichtigung des abgesetzten

Niederschlags für die übrigen Gebiete ermittelten Verhältniszahlen erscheinen im Vergleich hierzu durchaus glaubwürdig und ermöglichen, wenn auch noch keine richtige, so doch eine zumindest den Verhältnissen in der Natur näherkommende Wasserbilanzrechnung. Ein Anspruch auf Richtigkeit allerdings kann erst nach Abschluß der laufenden Untersuchungen erhoben werden.

Tabelle 23.

Abflußverhältnisse der Zwickauer Mulde beim Sommerhochwasser 1954 unter Berücksichtigung eines Niederschlagsanteiles aus abgesetztem Nebel

Lfd. Nr.	Gewässer	Pegel bzw. Zwischeneinzugsgebiet	Niederschläge vom 8.—31. 7. Normal aufgefangene Menge N mm	Zusatzkomponente aus abgesetztem Nebel N_z mm	$N + N_z$ mm	$N + N_z$ in Prozenten von N %	Abflußhöhe A mm	Abflußverhältnis $\frac{A}{N + N_z}$
1	2	3	4	5	6	7	8	9
1	Schwarzwasser	Aue	314	236	550	160	154	0,28
2		Mulde bis Niederschlema ohne Nr. 1	355	525	880	248	292	0,33
3	Zwickauer Mulde	Niederschlema	337	383	720	214	226	0,31
4		Mulde bis Zwickau-Pölbitz ohne Nr. 3	322	90	412	128	130	0,31
5		Zwickau-Pölbitz	331	309	640	193	200	0,31
6	Chemnitz	Göritzhain	316	63	379	119	139	0,37
7	Zwickauer Mulde	Mulde zwischen Zwickau und Wechselburg	294	72	366	125	129	0,35
8		Wechselburg	318	188	506	158	167	0,33

Für das Einzugsgebiet der Zwickauer Mulde wurden die neu gefundenen Werte (N und a) in Tabelle 23 zusammengestellt. Ergänzend hierzu sei noch mitgeteilt, daß die für den Pegel Wechselburg (F_N = 2100 km²) unter Berücksichtigung einer Zusatzkomponente des Niederschlags ermittelte Höhe N = 506 mm (Spalte 6) mit 158% der normal aufgefangenen Menge etwa den von GRUNOW an Regentagen mit Nebel unter Verwendung eines mit Netzfänger ausgerüsteten Niederschlagsmessers gemessenen Werten (147%) enstpricht [31].

6. Verlauf des Hochwassers in der Saale

Als Folge des Starkregens in Süddeutschland entwickelte sich am 9. Juli zunächst im Oberlauf der Saale, insbesondere aber in ihren Nebenflüssen Wettera und Wisenta ein recht erhebliches Hochwasser, das jedoch restlos von den Talsperren Bleiloch und Hohenwarthe aufgefangen werden konnte (Abbildung 66). Bei einer mittleren Abgabe von 7,34 m³/s in Kaulsdorf, die noch 28% unter dem langjährigen Mittel lag, erfolgte eine Auffüllung der Saaletalsperren von 216,1 zu Beginn des Monats auf insgesamt 312,1 hm³ (Bleilochsperre 194,5 hm³, Hohenwarthesperre 117,6 hm³). Beim höchsten Zufluß zu der Sperre von 250 m³/s wurden nur 4,5 m³/s in Hohenwarthe abgegeben.

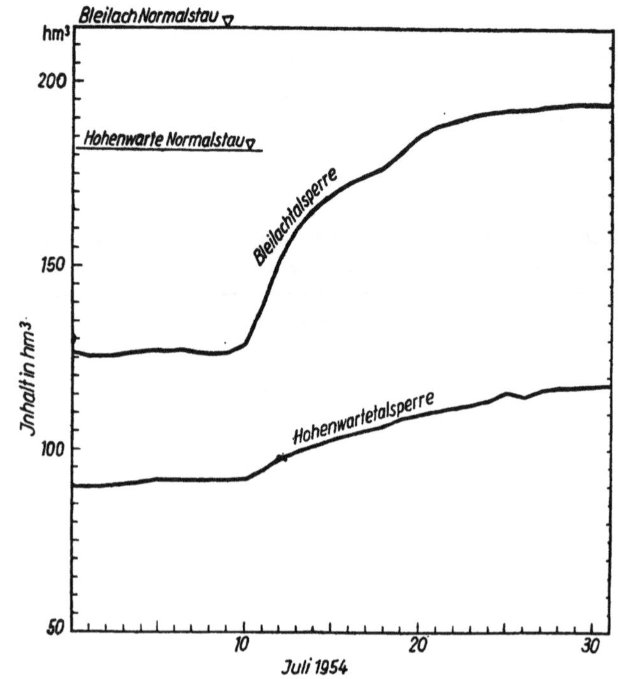

Abb. 66. Beckeninhalt der Saaletalsperren

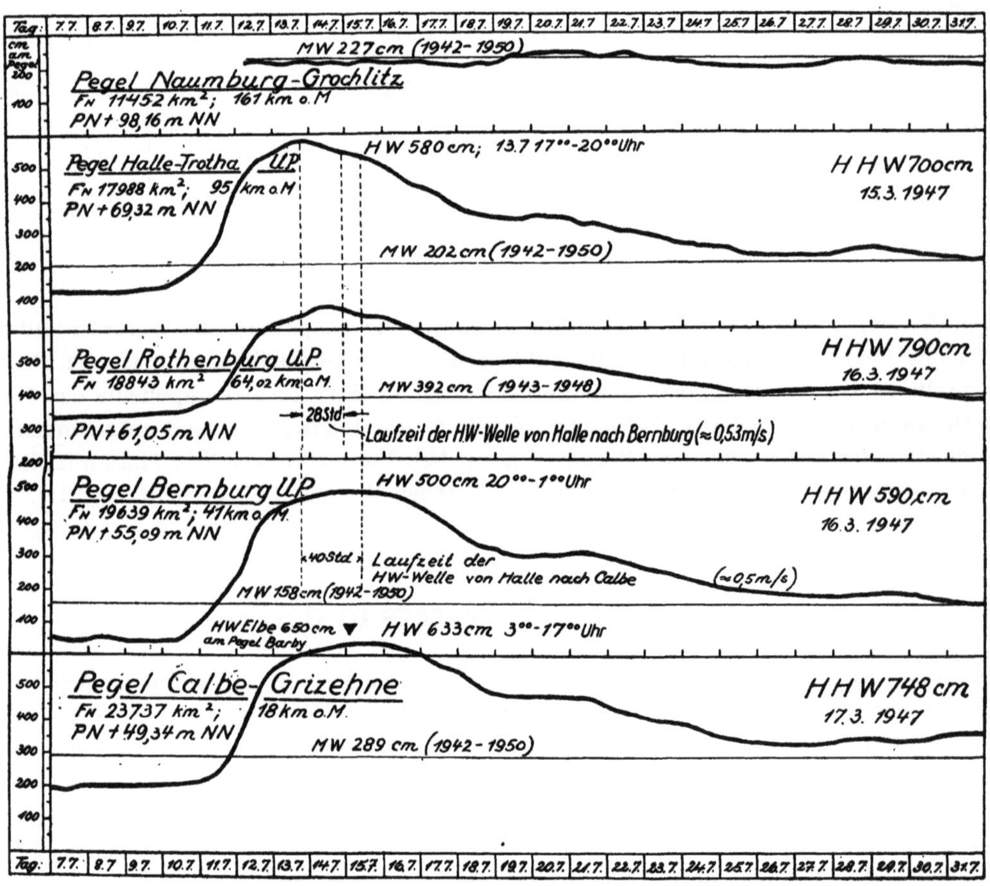

Abb. 67. Verlauf des Hochwassers 1954 im Unterlauf der Saale

Infolge der starken Zurückhaltung führte die Saale in ihrem weiteren Lauf, zumal ihre Nebenflüsse bis zur Einmündung der Weißen Elster aus dem thüringischen Raum kaum nennenswerte Zuflüsse brachten, nur Mittelwasser. Erst durch die extreme Hochflut der Weißen Elster (s. Abschnitt 7), kam es im Unterlauf der Saale zur Ausbildung eines Hochwassers, dessen Scheitel am Nachmittag des 13. Juli in Halle-Trotha (UP) mit 580 cm eintraf und etwa 170 cm über MHW (1942/1950) lag. Sich langsam verflachend lief die Welle mit einer durchschnittlichen Geschwindigkeit von 2 km/h der Elbe zu, wo sie sich in den Mittagsstunden des 15. Juli der in den Nachtstunden vorausgegangenen Hochwasserwelle der Elbe aufsetzte. Der Ablauf des Hochwassers im Unterlauf der Saale ist in Abbildung 67 dargestellt.

Die beim Durchgang des Scheitels anzunehmenden Abflüsse und Abflußspenden sind in Tabelle 24 zusammengefaßt. HQ vom Juli 1954 mit 440 m^3/s am Pegel Calbe—Grizehne ergibt etwa 68% des HHQ (641 m^3/s) vom 17. März 1947. Die Monatssumme der täglichen Abflüsse errechnet sich für den gleichen Pegel zu 5048 m^3/s. Der gesamte Abfluß der Saale im Juli 1954 betrug damit am Pegel Calbe—Grizehne 436,2 hm^3, was etwa 15% der Abflußsumme eines mittleren Abflußjahres der Jahresreihe 1942/1949 entspricht.

Tabelle 24

Abflüsse und Abflußspenden der Saale im Juli 1954

Pegel	Niederschlagsgebiet F_N = km²	HW Juli 1954 cm Tag	Abfluß HQ m³/s	Abflußspende Hq l/s km²
Halle-Trotha . . .	17988	580 13. 7.	609	33,9
Bernburg	19639	500 14./15. 7.	344	17,5
Calbe-Grizehne . .	23719	633 15./16. 7.	440	18,6

Die übrigen Nebenflüsse der Saale, wie Salza, Wipper, Fuhne und Bode einschließlich ihrer Zuflüsse führten nur Mittelwasser, das zeitweilig auf Grund örtlicher Niederschläge — meist aber erst gegen Ende des Monats — bis MHW anstieg. Lediglich an dem im Mündungsgebiet der Bode gelegenen Pegel Nienburg wurde in der Zeit vom 14. bis 16. Juli infolge Einstaus der Saale MHW (311 cm) zeitweilig überschritten.

7. Verlauf des Hochwassers im Gebiet der Weißen Elster

Der Ablauf des Hochwassers in diesem Gebiet ist insofern besonders bemerkenswert, als auch hier, wie im Einzugsgebiet der Mulde, die bisher bekannten höchsten Wasserstände weit überschritten wurden. Dies trifft nicht nur für die Weiße Elster selbst, sondern auch für einen großen Teil ihrer wichtigsten Nebenflüsse zu. Ein genügend dichtes Pegelnetz mit Abflußmeßstellen (s. Übersichtskarte in der Anlage) ermöglichte es, den Ablauf der Hochwasserwellen genau zu erfassen und somit einwandfreie Beziehungen zwischen Niederschlag und Abfluß zu erarbeiten.

Der zeitliche Ablauf des Hochwassers ist in den Abbildungen 68 und 69 dargestellt; eine Zusammenstellung der Hochwasserscheitel sowie eine Gegenüberstellung zum bisherigen HHW bringt Tabelle 25.

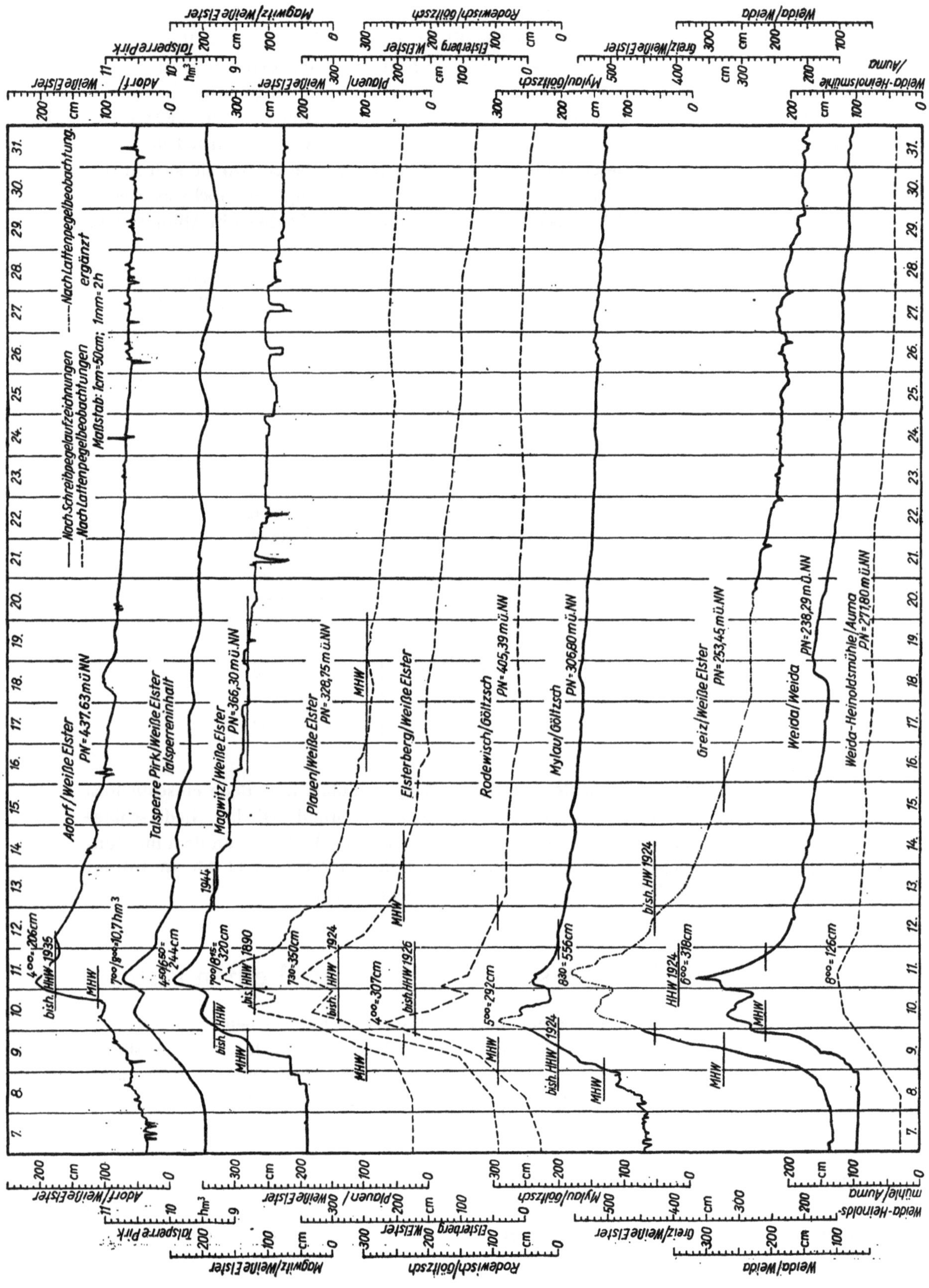

Abb. 68. Wasserstandsganglinien der Weißen Elster und ihrer Nebenflüsse im Oberlauf

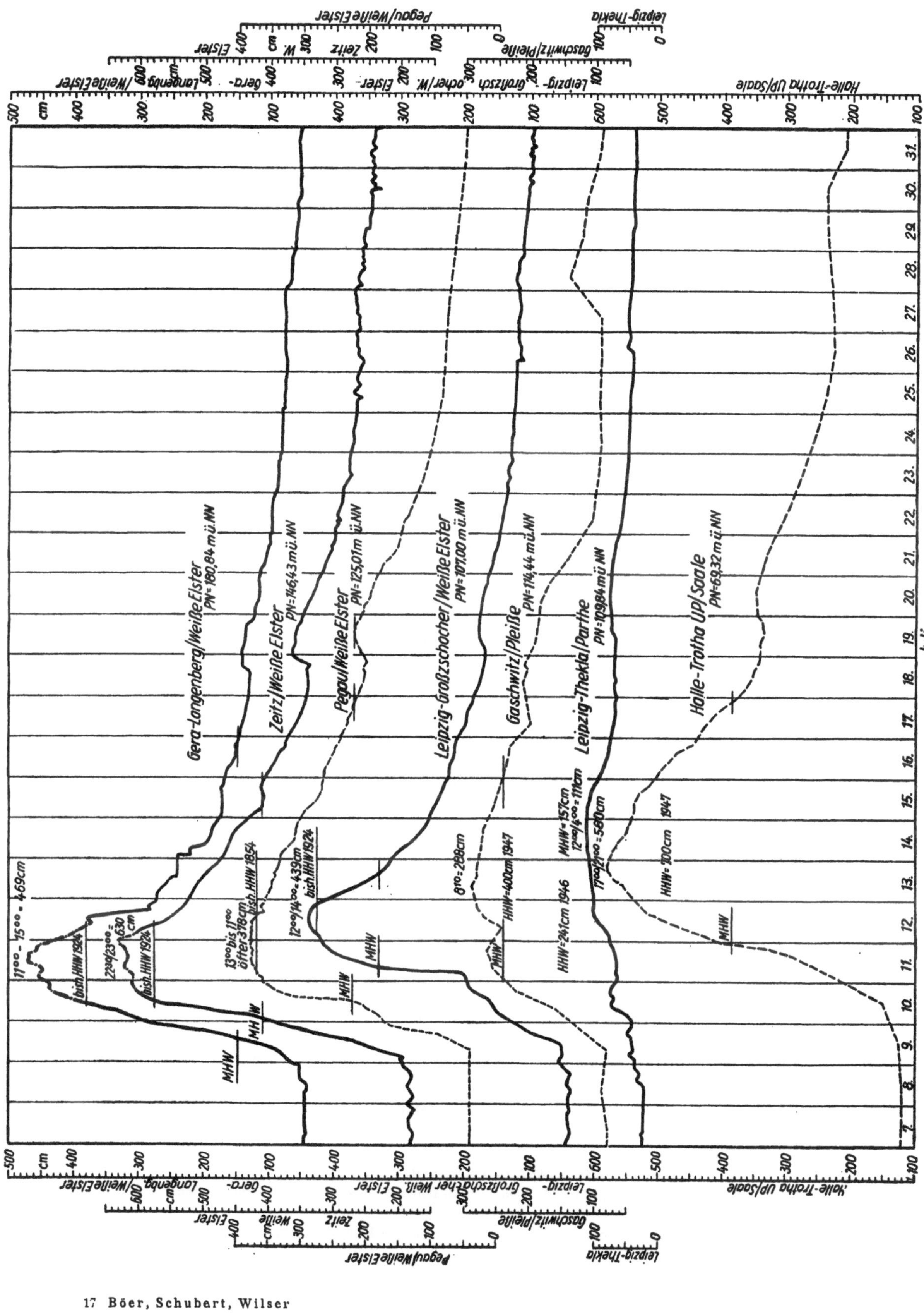

Abb. 69. Wasserstandsganglinien der Weißen Elster und ihrer Nebenflüsse im Mittel- und Unterlauf

Tabelle 25

Wasserlauf	Pegel	Pegelnull	Hochwasserscheitel			HHW (bisher)		Über- (+) bzw. Unter- (—) schreitung	Zeitdauer der Überschreitung
		NN + m	cm	Tag	Uhrzeit	cm	Datum	cm	Stunden
Weiße Elster	Adorf	437,63	118	10. 7.	8^{00}	177	23. 5. 1935	— 59	19
			206	11. 7.	4^{00}			+ 29	
Weiße Elster	Magwitz	366,30	204	10. 7.	10^{00}	182[1]	6. 4. 1944	+ 22	78
			244	11. 7.	4^{50}			+ 62	
Weiße Elster	Plauen	328,75	280	10. 7.	14^{00}	270	24. 11. 1890	+ 10	21
				11. 7.	7^{00}			+ 50	
Weiße Elster	Elsterberg	—	330	10. 7.	11^{00}	290	15. 8. 1924	+ 40	40
			350	11. 7.	7^{30}			+ 60	
Göltzsch	Rodewisch	405,39	307	10. 7.	4^{00}	222	8. 7. 1926	+ 85	12
			180	11. 7.	1^{00}			— 42	
Göltzsch	Mylau	306,80	292	10. 7.	5^{00}	201	15. 8. 1924	+ 91	60
			240	11. 7.	2^{30}			+ 39	
Weiße Elster	Greiz	253,45	520	10. 7.	10^{30}	430	15. 8. 1924	+ 90	68
			556	11. 7.	8^{30}			+126	
Weida	Weida	238,29	268	10. 7.	8^{00}	344	15. 8. 1924	— 76	—
			318	11. 7.	6^{00}			— 26	
Auma	Weida-Heinoldsmühlen	271,80	126[2]	11. 7.	8^{00}	Beobachtet erst ab 1946			
Weiße Elster	Gera-Langenberg	180,84	439	10. 7.	19^{30}	(380)[3]	15. 8. 1924	+ (59)[3]	46
			454	11. 7.	2^{30}			+ (74)	
			469	11. 7.	11^{00}			+ (89)	
Weiße Elster	Zeitz	146,43	609	10. 7.	22^{00}	574	15. 8. 1924	+ 35	44
			622	11. 7.	8^{00}			+ 48	
			630	11. 7.	22^{30}			+ 56	
Weiße Elster	Pegau	125,01	378	11. 7.	13^{00}	368	10. 7. 1854	+ 10	35
				bis					
				12. 7.	11^{00}	324	16. 8. 1924	+ 54	86
				öfter					
Weiße Elster	Leipzig-Großzschocher	107,00	439	12. 7.	12^{00}	425[4]	17. 8. 1924	+ 14	18[3]
Pleiße	Gaschwitz	114,44	264	11. 7.	17^{30}	400	13. u. 14. 3. 1947	—136	—
			288	13. 7.	8^{10}			—125	—
Parthe	Leipzig-Thekla	109,84	74	10. 7.	10^{30}	241	10. 2. 1946	—167	—
			111	14. 7.	12^{00}			—130	
Saale	Halle-Trotha	69,32	580	13. 7.	17^{00}	700	14. 3. 1947	—120	—

[1]) Nicht als außergewöhnlich hohes Hochwasser zu betrachten.

[2]) Höhe entspricht etwa MHW. Vergleichsmöglichkeiten zu früheren Hochwässern bestehen nicht.

[3]) Nur annähernder Wert

[4]) HW 1924 infolge Vorflutverbesserung im Stadtgebiet Leipzig nur bedingt vergleichbar. Die Flutscheitel in der Elsterflutrinne und dem Elsterfloßgraben traten zur gleichen Zeit ein wie in der Weißen Elster.

7.1 Hochwasserentwicklung in der Weißen Elster und ihren Nebenflüssen

7.11 Oberlauf der Weißen Elster

Entsprechend der zeitlichen Verteilung und der Intensität der Niederschläge entwickelte sich das Hochwasser zuerst im Tal der Göltzsch und der Trieb — rechten Nebenflüssen der Weißen Elster — sowie in der oberen Pleiße. Erst dann folgte der Oberlauf der Weißen Elster.

Bereits in den Abendstunden des 7. Juli wurde an den Pegeln Adorf/Weiße Elster sowie Rodewisch und Mylau/Göltzsch MW überschritten. In den Vormittagsstunden des 8. Juli

Abb. 70. Hochwasser im Tal der Göltzsch (Mylau am 11. 7. 1954 nach Durchgang des Scheitels)

folgte der Pegel Greiz/Weiße Elster, während die oberhalb Greiz liegenden Pegel infolge der Rückhaltewirkung der Talsperre Pirk erst in den Nachmittags- bzw. Abendstunden MW erreichten.

Zunächst entwickelte in sehr schnellem Anstieg die Göltzsch ihren Flutscheitel, der in den frühen Morgenstunden des 10. Juli seinen Höchststand erreichte und in Mylau bereits in den Mittagsstunden des 9. Juli den bisher höchsten Wasserstand überschritt. Die stärkste Anstiegsgeschwindigkeit betrug hier 10 cm/h. Sie hielt vom 8. Juli 22.00 Uhr bis 9. Juli 4.00 Uhr an und wurde nochmals 5 Stunden vor dem Erreichen des Scheitels, der mit 292 cm am 10. Juli um 5.00 Uhr eintrat, beobachtet. Nach dem Höchststand, der 91 cm über dem bisherigen HHW lag, setzte sofort ein schnelles Absinken ein, das nur wenig unter der Anstiegsgeschwindigkeit blieb. In Rodewisch betrug der Rückgang bis zum Abend des gleichen Tages 170 cm und in Mylau 80 cm.

Die nach vorübergehendem Nachlassen wieder mit gleicher Intensität einsetzenden Niederschläge verursachten dann in den Abendstunden des 10. Juli einen erneuten Anstieg, der in den ersten Morgenstunden des 11. Juli zum zweiten Scheitel der Göltzsch führte. Der Wiederanstieg betrug in Rodewisch allerdings nur 40 und in Mylau 28 cm.

Mit 307 cm am Pegel überschritt der erste Scheitel in Rodewisch — die zweite Welle mit 180 cm erreichte HHW nicht — den bisherigen Höchststand vom 8. Juli 1926 um 85 cm. Die Überschreitungsdauer betrug 12 Stunden. In Mylau dagegen wurde das HHW (201 cm) vom 15. August 1924 insgesamt 60 Stunden überschritten. Der erste Scheitel mit 292 cm

Abb. 71. Schreibpegel Mylau Göltzsch (10 cm unter HHW)

lag 91 cm und der zweite mit 240 cm noch 39 cm darüber. Auch die Absenkung zwischen den beiden Flutwellen blieb über dem bisherigen Höchststand. Diese Entwicklung war durch die Lage des Zentrums der Niederschlagstätigkeit im Raume Lengenfeld — also zwischen Rodewisch und Mylau — bedingt. Bei der Beurteilung des bisherigen HHW ist zu berücksichtigen, daß im August 1924 die höchsten Niederschläge westlich Greiz — also unterhalb Mylau — und im Juli 1926 östlich und oberhalb von Rodewisch fielen.

Nach dem Erreichen der zweiten Scheitelhöhe begann in der Göltzsch sofort ein langsames und stetiges Absinken der Hochwasserwelle, das bis zum Monatsende anhielt.

Der Hochwasserablauf in der Trieb, die von jeher als sehr hochwassergefährlich gilt, dürfte in ähnlicher Weise erfolgt sein. Die Scheitel sind hier vermutlich einige Stunden später eingetreten als in der Göltzsch. Wenn auch der Pegel Pöhl an der Trieb z. Zt. des Hochwassers noch nicht in Betrieb war, so konnte doch diese Entwicklung vom ersten Scheitel der Weißen Elster am unterhalb der Triebmündung gelegenen Pegel Elsterberg abgeleitet werden. Der Scheitel trat dort bereits am 10. Juli um 11.00 Uhr ein. An dem nur 19 km oberhalb gelegenen Pegel Plauen entwickelte er sich dagegen erst um 14.00 Uhr.

also 3 Stunden später. Auch die hohe Anstiegsgeschwindigkeit von 12 cm/h, die vom 9. Juli mittags 9 Stunden lang anhielt, weist auf einen außerordentlich starken Zufluß aus der Trieb hin.

Während im Gebiet der Göltzsch und Trieb sowie in der Weißen Elster unterhalb des Pegels Adorf die am 10. Juli um 7.00 Uhr gemessenen Niederschläge die größten Tagessummen brachten und dabei in ihrer absoluten Intensität vom Göltzschgebiet nach Westen hin abnahmen — die höchsten Niederschlagssummen vom 8. bis 10. Juli um 7.00 Uhr wurden in Schönheide mit 303 und in Lengenfeld mit 246 mm gemessen —, ergaben im Quellgebiet der Weißen Elster oberhalb Adorf die Niederschlagsbeobachtungen erst am 11. Juli um 7.00 Uhr die größten Tagessummen. Auch in ihrer Stärke blieben die Niederschläge im Gebiet des Pegels Adorf erheblich zurück. So betrugen die Gebietsmittel des Niederschlags für den Pegel Adorf vom 8. bis 10. Juli nur 109 und vom 8. bis 11. Juli nur 176 mm gegenüber 208 und 258 mm für den Pegel Mylau (s. Abbildung 15, Lage der Hauptniederschlagsgebiete).

Am Pegel Adorf erfolgte daher vom 8. bis 10. Juli zunächst ein verhältnismäßig langsamer Anstieg, in dem noch die Einwirkungen der Wasserkraftanlagen durch die zahlreichen Schwankungen erkennbar sind. Am 10. Juli um 8.00 Uhr wurde die erste, nur 6 cm über MHW liegende Spitze von 118 cm erreicht. Nach kurzem Absinken um 18 cm begann in den Abendstunden des 10. Juli wieder ein sehr schneller Anstieg, der 5 Stunden lang die hohe Anstiegsgeschwindigkeit von 14 cm/h hatte und am 11. Juli um 4.00 Uhr mit 206 cm den Höchststand brachte. Der bisher höchste Wasserstand wurde in Adorf um 29 cm 19 Stunden lang überschritten. Nach dem Erreichen des Höchststandes erfolgte ein verhältnismäßig langsames Absinken, das am 12. Juli vormittags durch einen dritten geringen und bedeutungslosen Anstieg von 6 cm unterbrochen wurde.

Im Zwischeneinzugsgebiet von Adorf bis Magwitz — unterhalb der Talsperre Pirk gelegen — erfolgte entsprechend den Besonderheiten in der zeitlichen und räumlichen Verteilung der Niederschläge eine schnellere Hochwasserentwicklung und damit auch ein stärkerer Zufluß zur Weißen Elster, der den Inhalt der Talsperre von 9,45 hm^3 am 8. Juli (0.00 Uhr) auf 10,56 hm^3 am 10. Juli (9.00 Uhr) ansteigen ließ.

Obgleich in dieser Zeit 1,11 hm^3 gespeichert wurden, war der Pegel Magwitz bis auf 204 cm angestiegen.

Infolge vorübergehenden Nachlassens der Niederschläge sank der Zufluß zur Talsperre, so daß bis zum 10. Juli ihr Inhalt um 20.00 Uhr auf 10,4 hm^3 und der Wasserstand am Pegel Magwitz auf 192 cm gesenkt werden konnte. Mit dem Eintreffen des Flutscheitels aus dem Quellgebiet der Weißen Elster erfolgte jedoch wieder ein schneller Anstieg, der in der Talsperre Pirk am 11. Juli von 7.00 bis 8.00 Uhr den höchsten Inhalt von 10,7 hm^3 und am Pegel Magwitz von 4.50 bis 6.50 Uhr den höchsten Wasserstand von 244 cm zur Folge hatte. Die später eingetretene höchste Füllung der Talsperre zeigt, daß es trotz Erreichen des Höchststaues noch möglich war, durch die Talsperre den Scheitel der Weißen Elster zu vermindern. Mit dem langsamen Absinken der Flutwelle erfolgte dann auch eine vorsichtige Entlastung der Talsperre.

Bei einem Vergleich des Julihochwassers 1954 mit dem bisherigen HHW am Pegel Magwitz ist zu berücksichtigen, daß das Hochwasser vom 6. 4. 1944 nicht zu den außergewöhnlichen Erscheinungen gezählt werden kann. Da der Pegel erst seit 1941 besteht, konnten größere Hochwasser hier noch nicht beobachtet werden. Die Überschreitung von 62 cm bei einer Zeitdauer von 78 Stunden darf somit nicht ohne weiteres mit den gleichen Werten an den anderen Pegeln in Beziehung gebracht werden (s. Tabelle 25).

Der am Pegel Magwitz beobachtete erste Scheitel erreichte den Pegel Plauen am 10. Juli um 14.00 Uhr und überschritt den bisherigen Höchststand um 10 cm. Bemerkenswert für den starken Zufluß aus dem Zwischengebiet ist auch hier die hohe Anstiegsgeschwindigkeit von 12 cm/h, die am 9. Juli vier und am 10. Juli fünf Stunden nacheinander anhielt. Nach steilem Abfall (40 cm) erfolgte dann ebenfalls schnell ansteigend die zweite Scheitelbildung, die in Plauen am 11. Juli von 7.00 bis 8.15 Uhr mit dem Höchststand von 320 cm das bisher höchste Hochwasser um 50 cm überschritt. Die Zeitdauer der Überschreitung war mit 21 Stunden nur 2 Stunden länger als in Adorf.

Abb. 72. Hochwasserprofil Elsterberg

Die erste Welle im Oberlauf der Weißen Elster konnte den aus dem Triebgebiet gebildeten ersten Scheitel am Pegel Elsterberg, der, wie bereits erwähnt, am 10. Juli um 11.00 Uhr eingetreten war, nicht nochmals erhöhen. Sie verlangsamte lediglich das Absinken; es betrug hier 30 cm. Am 11. Juli um 7.30 Uhr brachte der zweite Scheitel in Elsterberg die höchste Überschreitung des bisherigen HHW um 60 cm. Die Zeitdauer der Überschreitung war bis auf 40 Stunden angestiegen.

Am Pegel Greiz begann in den ersten Stunden des 9. Juli ein schneller Anstieg, der mit der gleichbleibenden Geschwindigkeit von 12 cm/h 16 Stunden anhielt. Um 12.00 Uhr wurde MHW und um 21.00 Uhr bereits HHW (430 cm) überschritten. Dieser erste Anstieg dürfte maßgeblich von der Flutwelle der Göltzsch beeinflußt worden sein, deren Spitze die Weiße Elster in Greiz wahrscheinlich am 10. Juli zwischen 6.00 und 7.00 Uhr erreicht hatte. Auf diese Welle lief der aus dem Triebgebiet kommende erste Scheitel der oberen Weißen Elster auf und brachte die Fortsetzung des ersten Anstieges in Greiz, der am 10. Juli um 10.30 Uhr mit 520 cm Höhe und einer Überschreitung des bisherigen HHW um 90 cm seine Spitze erreichte. Durch das schnelle Absinken der Göltzsch ist die gegenüber Elsterberg etwas frühere Scheitelbildung zu erklären.

Abb. 73. Greiz am 10. 7. 1954 (60 cm unter HHW)

Abb. 74. Die überflutete Ernst-Thälmann-Straße in Greiz (10. 7. 1954)

Abb. 75. An der Friedensbrücke in Greiz

Abb. 76. Schreibpegel Greiz

Die unterhalb der Talsperre Pirk gebildete erste Welle der oberen Weißen Elster verzögerte, wie auch in Elsterberg, das Absinken des ersten Scheitels in Greiz. Sie ist durch eine Ausbuchtung im rückwärtigen Ast des Scheitels deutlich zu erkennen (s. Abbildung 68). Nach einem Fall von insgesamt 26 cm erfolgte dann vom 10. Juli um 22.00 Uhr ein erneuter Anstieg, bei dem wiederum zuerst die zweite Welle der Göltzsch die Ursache war und auf die sich ebenfalls wieder die zweite höhere Welle der oberen Weißen Elster aufsetzte. Der starke Anstieg am 11. Juli von 0.00 bis 4.00 Uhr mit 13 cm/h zeigt in der Wasserstandsganglinie das Zusammenwirken der Flutwellen aus der Göltzsch und dem Oberlauf der Weißen Elster. Sobald der Anstieg in der Göltzsch aufhörte, verlangsamte sich auch in Greiz der Anstieg, bis am 11. Juli um 8.30 Uhr der Höchststand von 556 cm erreicht wurde. Die Überschreitung des bisherigen HHW hatte in Greiz die größte Höhe mit 126 cm und die größte Zeitdauer von 68 Stunden. Die Abbildungen 73 bis 76 veranschaulichen die Situation im Stadtgebiet vor Durchgang des Scheitels (10. Juli).

Der Grund für den sehr hohen und langandauernden Anstieg ist nicht nur in der Lage unmittelbar unterhalb des Hauptniederschlagsgebietes zu sehen; er wurde maßgeblich durch die zeitliche Niederschlagsverteilung und den dadurch bedingten Abflußvorgang verursacht, der zweimal zur Überdeckung der im Raume Greiz zusammenlaufenden Scheitel führte.

Betrachtet man in Tabelle 25 die Daten der bisherigen höchsten Hochwasser, so fällt auf, daß diese im Oberlauf der Weißen Elster zeitlich voneinander abweichen. Diese Tatsache unterstreicht, daß im oberen Einzugsgebiet eines Flußlaufes die Intensität sowie die zeitliche Verteilung der Niederschläge sehr viel stärker auf die Entwicklung der Hochwasserwellen einwirkt, als dies in den Mittel- und Unterläufen geschieht. Es ist daher in den Oberläufen der Flußgebiete auch erheblich schwieriger, eine einigermaßen befriedigende Voraussage der Wasserstände zu geben, wobei die hohe Scheitelgeschwindigkeit dies noch erschwert. Erst von Greiz an erscheint das Hochwasser vom August 1924 an allen Pegeln als bisher höchstes für den Lauf der Weißen Elster. Eine Ausnahme macht allerdings die Hochflut vom 10. Juli 1854, von der jedoch nur in Pegau Beobachtungen vorliegen. Die übrigen Hochwasser, einschließlich des im gesamten thüringischen Raum als außergewöhnlich bekannten Hochwassers vom November 1890, wurden im August 1924 überschritten.

Das nach dem Erreichen des Höchststandes sofort einsetzende Absinken erfolgte in Greiz zunächst außergewöhnlich schnell mit zeitweisen Fallgeschwindigkeiten, die zwischen 9 und 13 cm/h lagen. Der Ablauf der Welle dehnte sich jedoch bei stetig langsamer werdendem Fall bis Anfang August aus.

7.12 Weiße Elster im Mittel- und Unterlauf

Zwischen Greiz und Gera-Langenberg mündet linksseitig bei Wünschendorf die Weida in die Weiße Elster ein, die ebenfalls als äußerst hochwassergefährlich bekannt ist. Am Weidapegel Weida oberhalb der Mündung der Auma in die Weida entwickelten sich ebenfalls zwei Scheitel, der erste am 10. Juli um 8.00 Uhr mit 268 und der zweite am 11. Juli um 6.00 Uhr mit 318 cm Wasserstand am Pegel. Der Anstieg erfolgte ebenfalls sehr schnell; auch das Absinken des zweiten Scheitels war außergewöhnlich steil. HHW vom August 1924 wurde hier nicht erreicht; der Höchststand blieb um 26 cm unterschritten. Die benachbarte Auma stieg am neu errichteten Pegel Weida-Heinoldsmühle nur bis 126 cm an, was etwa dem MHW entsprechen dürfte. An dem alten unterhalb der jetzigen Station gelegenen Pegel mit einem um etwa 113 cm niedrigeren Pegelnull war HHW vom August 1924 auf 309 cm angestiegen. Eine genaue Vergleichsmöglichkeit fehlt leider. Diese Entwicklung im Gebiet der Weida spiegelt deutlich die scharfe Abgrenzung des Hauptniederschlagsgebietes wider.

Abb. 77. Pegel Weida vor Durchgang der Scheitelwelle (Wasserstand 254 cm)

Abb. 78. Weiße Elster oberhalb Gera vor Durchgang des Scheitels (10. 7. 1954)

Abb. 79. Unterspülte Eisenbahnbrücke oberhalb Gera (10. 7. 1954)

Abb. 80. Abflußmeßstelle am Pegel Gera-Langenberg vor Durchgang des Scheitels (10. 7. 1954)

Abb. 81. Abflußmeßstelle am Pegel Gera-Langenberg nach Durchgang des Scheitels (13. 7. 1954)

Abb. 82. Uferabbrüche unterhalb des Pegels Gera-Langenberg

Am Pegel Gera-Langenberg begann der Anstieg am 8. Juli um 23.00 Uhr und erfolgte ebenfalls sehr schnell. Dabei wurde am 9. Juli ein 6 Stunden dauernder Anstieg von 18 cm/h erreicht. Es entwickelten sich in Gera-Langenberg nicht mehr — wie an den oberhalb gelegenen Pegeln — zwei ausgeprägte Flutspitzen, sondern die Hochwasserwelle begann bereits die Form eines längeren Scheitels mit drei sich steigernden Spitzen anzunehmen, nach denen jeweils bei nur wenigen Zentimetern Absinken nach kurzer Zeit das Weitersteigen wieder einsetzte. Am 11. Juli um 11.00 Uhr wurde der Höchststand mit 469 cm — 89 cm über dem bisherigen HHW bei einer Überschreitungsdauer von 46 Stunden — erreicht. Durch zunächst relative

Abb. 83. Umspülter Fußgängersteg am Pegel Zeitz nach Durchgang der Hochwasserwelle

Abflachung, die in der Abnahme der Abflußspende in Erscheinung trat, sowie durch Ineinanderlaufen der Wellenscheitel aus der oberen Weißen Elster, der Weida und dem noch erhebliche Zuflüsse bringenden örtlichen Zwischengebiet von Greiz bis Gera-Langenberg, in dem die Niederschläge zeitweise wolkenbruchartigen Charakter annahmen, wurde diese Entwicklung herbeigeführt. Die Abflachung kommt auch durch die gegenüber Greiz geringere Überschreitung des HHW zum Ausdruck.

Das Absinken erfolgte wiederum außergewöhnlich schnell, wobei sich am 12. Juli zeitweise eine Fallgeschwindigkeit von 29 cm/h einstellte.

Eine ähnliche Form zeigte der Scheitel in Zeitz. Hier war jedoch der Unterschied zwischen den drei Spitzen schon wesentlich ausgeglichener und geringer. Der am 9. Juli um 4.00 Uhr begonnene steile Anstieg entwickelte sogar zeitweise Geschwindigkeiten, die zwischen 17 und 22 cm/h lagen. Der Scheitelabfall erfolgte jedoch in Zeitz nicht mehr so steil. Das Zurückfluten aus den unterhalb der Elstereindeichung erheblich größer werdenden Ausuferungsflächen ist die Ursache hierfür. Der Höchststand mit 630 cm am 11. Juli von 22.30 bis

23.00 Uhr lag 56 cm über dem bisherigen HHW bei einer Überschreitungsdauer von 44 Stunden.

Unterhalb Zeitz gelangte die Flutwelle in die flache und breite Talaue der Weißen Elster, in der eine erhebliche Ausuferung erfolgte. Dies führte zu einer weiteren Abflachung des Scheitels, der in Pegau seinen Höchststand mit 378 cm vom 11. Juli (13.00 Uhr) bis 12. Juli (11.00 Uhr) mit Schwankungen von 2 bis 4 cm hatte. Nach sehr steilem Anstieg, der am 10. Juli in 90 Min. sogar 72 cm betrug, erfolgte hier jedoch ein gleichmäßiges langsames Absinken, wodurch die Überschreitung des Hochwassers vom August 1924, die in der

Abb. 84. Überschwemmungen der Weißen Elster im Raume Pegau

Spitze 54 cm betrug, auf 86 Stunden ausgedehnt wurde. Im Vergleich zu der Hochflut von 1854 betrug die Überschreitung im Juli 1954 bei einer Zeitdauer von 10 Stunden nur 10 cm.

Bei der Betrachtung des Hochwasserablaufs im Stadtgebiet von Leipzig ist zu beachten, daß hier der Abfluß nicht nur durch Vorflutregelung wesentlich begünstigt ist, sondern die Elsterflutrinne bereits unterhalb Zwenkau einen großen Teil des Hochwassers aufnahm. Dementsprechend erfolgte auch die Scheitelbildung der Weißen Elster in Leipzig-Großzschocher. Nach anfangs langsamem Anstieg brachte am 11. Juli ein steiles Hochschnellen zwar in 2 Stunden einen Wuchs von 106 cm, nach Überschreiten des Wasserstandes von 420 cm zeigte sich dann aber ein einziger gleichmäßig geformter Scheitel, der am 12. Juli von 12.00 bis 14.00 Uhr mit 439 cm seinen Höchststand hatte. Infolge ungenügender Beobachtung läßt sich die zur Ergänzung wichtige Ganglinie der Elsterflutrinne nicht darstellen. Einwandfrei wurde jedoch festgestellt, daß auch hier der Höchststand zur gleichen Zeit eintrat. Die Überschreitung des bisherigen HHW vom August 1924 mit 14 cm und 18 Stunden Zeitdauer ist nur bedingt vergleichbar, da seit 1924 im Stadtgebiet Leipzig erhebliche

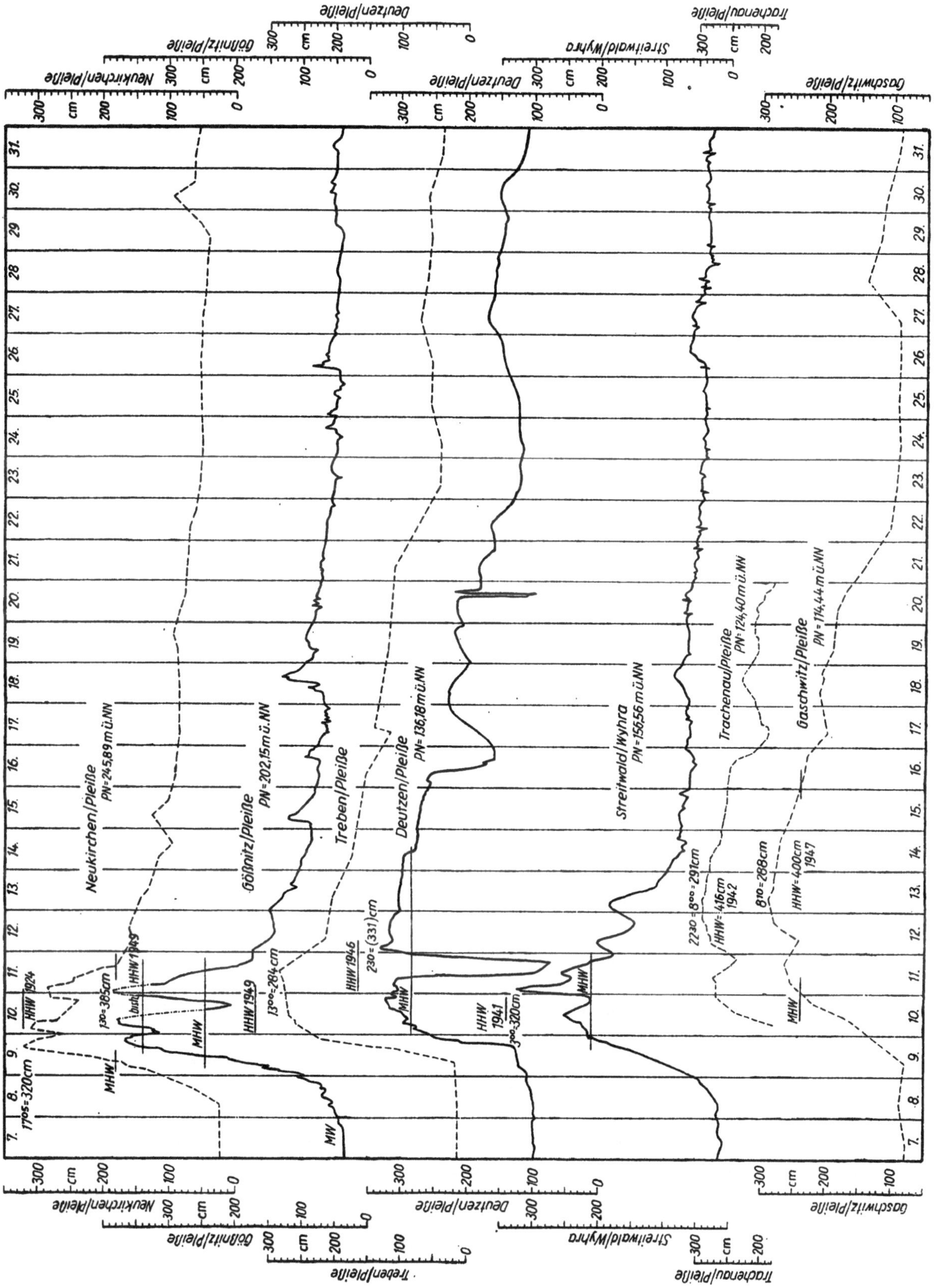

Abb. 85. Wasserstandsganglinien der Pleiße und ihrer Nebenflüsse

Tabelle 26
Hochwasserscheitel der Pleiße und ihrer Nebenflüsse

Wasserlauf	Pegel	Pegel-null	Hochwasserscheitel			HHW (bisher)		Über- (+) bzw. Unter- (−) schreitung	Zeitdauer der Überschreitung
		NN + m	cm	Tag	Uhrzeit	cm	Datum	cm	Stunden
Pleiße	Neukirchen	245,89	320	9. 7.	17^{00}	321	5. 9. 1924	− 1	—
			310	10. 7.	3^{00}			− 11	
			288[1]	11. 7.	4^{00}			− 33	
Pleiße	Gößnitz	202,15	366	9. 7.	20^{00}	340	10. 6. 1949	+ 16	19
			378	10. 7.	7^{00}			+ 38	
			385	11. 7.	1^{30}			+ 45	
Sprotte	Großstöbnitz	—	335	11. 7.	3^{00}	Beobachtet erst ab 1954			
Pleiße	Treben	—	284	11. 7.	13^{00}	(320)[2]	10. 6. 1949	(− 36)[3]	—
Pleiße	Deutzen	136,18	324	10. 7.	21^{00}	366	15. 6. 1946	− 42	—
			331	12. 7.	2^{30}			− 35	
Wyhra	Streitwald	162,56	254	10. 7.	12^{00}	339	3. 5. 1941	− 85	—
			320	11. 7.	3^{00}			− 19	
			257	11. 7.	14^{00}			− 82	
Pleiße	Trachenau	124,40	276	11. 7.	10^{00}	416	18. 3. 1942	−140	—
			291	12. 7.	22^{30}			−125	
Pleiße	Gaschwitz	114,44	264	11. 7.	17^{30}	400	13. u. 14. 3. 1947	−136	—
			288	13. 7.	8^{10}			−112	

[1]) Am 10. 7. um 21^{00} Uhr hatte der Scheitel bereits 280 cm erreicht.
[2]) Nur annähernder Wert.

Vorflutverbesserungen durchgeführt wurden. Die weitere Abflachung der Welle steht jedoch außer Zweifel.

Über die Hochwasser der der Weißen Elster im Raume Leipzig zufließenden Pleiße und Parthe ist kurz noch folgendes zu sagen:

Die durch die Speicherwirtschaft stark abgeflachte Welle der Pleiße brachte einen verhältnismäßig breiten Scheitel, der nach einer vorübergehenden Absenkung (s. Abschnitt 7.13) am 13. Juli um 8.10 Uhr in Gaschwitz seinen Höchststand mit 288 cm, jedoch noch 125 cm unter HHW, erreichte. Das Gebiet der Parthe war so gering überregnet worden, daß diese in Leipzig-Thekla nur bis 111 cm anstieg und damit noch 46 cm unter MHW (1941/1950) blieb.

Die breite Welle der Pleiße sowie die Ausuferungen in der Elster-Luppe-Aue führten unterhalb Leipzig zu einer erneuten Verbreiterung des Wellenscheitels, der in der Saale bei Halle am 13. Juli von 17.00 bis 21.00 Uhr seinen Höchststand mit 580 cm hatte. Dieser lag zwar 171 cm über MHW (1941/50), blieb aber doch noch unter HHW. Der Unterpegel Bad Dürrenberg an der Saale oberhalb der Mündung der Weißen Elster schwankte vom 11. bis 16. Juli zwischen 203 und 216 cm. Er lag damit um 42 bis 29 cm unter MW (1941/50). Die Wasserführung der Saale oberhalb der Weißen Elster hatte also keinerlei Einfluß auf die Gestaltung des Wellenscheitels der Saale am Pegel Halle-Trotha, der ausschließlich durch das Elsterhochwasser hervorgerufen wurde.

7.13 Pleiße

Wie die Wasserstandsganglinien in Abbildung 85 zeigen, begann der Hochwasseranstieg im Oberlauf der Pleiße ebenfalls in den frühen Morgenstunden des 8. Juli. Zu bemerken ist noch, daß in der Pleiße — bedingt durch die nur sehr geringe Bewaldung ihres Einzugsgebietes — stets eine sehr schnelle aber auch bald wieder abklingende Hochwasserentwicklung eintritt. So erfolgte auch im Juli 1954 an den beiden Pegeln Neukirchen und Gößnitz am 9., 10. und 11. Juli entsprechend der zeitlichen Verteilung der Niederschläge die Bildung von drei sehr schnell nacheinander folgenden Scheiteln.

Abb. 86. Neukirchen/Pleiße nach Ablauf des Hochwassers

In Neukirchen erreichte bereits der erste Scheitel am 9. Juli um 17.05 Uhr mit 320 cm den höchsten Stand, der 1 cm unter dem HHW vom 5. 9. 1924 blieb. Die anderen beiden Scheitel traten am 10. Juli um 3.00 Uhr mit 310 cm und am 11. Juli um 4.00 Uhr mit 288 cm ein, wobei der letztere bereits am 10. Juli um 20.00 Uhr 280 cm erreicht hatte. Zwischen den drei Scheiteln erfolgte jeweils ein Absinken um 60 bis 70 cm.

In Gößnitz verlief die Entwicklung der drei Scheitel in umgekehrter Weise. Der letzte erreichte am 11. Juli um 1.30 Uhr mit 385 cm den höchsten Stand, der 45 cm über dem bisherigen HHW vom 10. 6. 1949 lag. Aber auch die ersten beiden Scheitel mit 366 cm am 9. Juli um 20.00 Uhr und 378 cm am 10. Juli um 7.00 Uhr hatten den bisher höchsten Stand überschritten. Zwischen dem ersten und zweiten Scheitel erfolgte ein Absinken um 50 und zwischen dem zweiten und dritten um 168 cm. Die Anstiegsgeschwindigkeit erreichte in Gößnitz beim ersten Scheitel 24 cm/h und beim dritten Scheitel sogar 38 cm/h. Die Fallgeschwindigkeit betrug bis zu 28 cm/h.

Die unterhalb Gößnitz einmündende Sprotte entwickelte dagegen nur einen Scheitel mit der Höhe von 335 cm, der am 11. Juli um 3.00 Uhr eintrat und der auf den dritten Scheitel

Abb. 87. Pleiße zwischen Gößnitz und Altenburg (11. 7. 1954)

Abb. 88. Uferabbrüche am Pegel Gößnitz/Pleiße

Abb. 89. Überflutete Straße im Raume Windischleuba-Eschefeld (11. 7. 1954)

Abb. 90. Abbrüche im überschwemmten Wiesenland (Blumroda)

der oberen Pleiße auflief. Da der Pegel an der Sprotte erst seit Februar 1954 im Betrieb ist, fehlt hier ein Vergleich zu den anderen Hochwassern. Es kann jedoch nach den Überflutungen angenommen werden, daß auch hier der bisher höchste Wasserstand überschritten wurde.

Nach Aufnahme der Sprotte erreichte die Pleiße in ihrem Mittellauf die Rückhalte- und Speicherbecken der volkseigenen Wasserwirtschaft. Zunächst wird das Speicherbecken Windischleuba durchflossen, das beim Ablauf des Julihochwassers 1954 am 11. Juli um 7.00 Uhr mit 4,70 hm^3 seinen größten Inhalt erreichte. Durch die hier erfolgte Zurückhaltung wurden insbesondere die beiden ersten Scheitel stark abgeflacht; außerdem wurde die Entwicklung der Hochwasserspitze am unterhalb gelegenen Pegel Treben bis zum 11. Juli um 13.00 Uhr hinausgezögert. Die durch dieses erste Speicherbecken erzielte Abflachung ließ den höchsten Stand am Pegel Treben mit 284 cm bereits annähernd 36 cm unter dem bisherigen HHW bleiben.

Da infolge des anhaltenden Starkregens die vorhandene Speichermöglichkeit nicht ausgereicht hätte und demzufolge auch im Unterlauf der Pleiße mit einem starken Anstieg der Wasserführung gerechnet werden mußte, entschloß man sich am 10. Juli, zum Schutz der Braunkohlengruben des Reviers Borna und der Stadt Leipzig im Mittellauf der Pleiße neben den kleineren Rückhaltebecken noch zusätzlich den Tagebau Blumroda zu fluten [33]. Er hatte am 11. Juli um 19.00 Uhr seine größte Füllung mit 17 hm^3 erreicht, und am 12. Juli um 7.00 Uhr waren im Becken Görnitz weitere 3,14 hm^3 aufgespeichert worden.

Hierdurch wurde eine weitere Abflachung des Scheitels und Verzögerung der Scheitelbildung erreicht, die für den Mittellauf der Pleiße zunächst ihren Ausdruck in der Ganglinie des Pegels Deutzen findet. Nach einem auch hier insbesondere am 9. Juli sehr steilen Anstieg, der in einer knappen Stunde einen Wuchs von 60 cm brachte, ist am 10. Juli deutlich eine starke Abflachung zu erkennen. Es entwickelte sich am 10. Juli um 21.00 Uhr die erste Spitze mit 324 cm, die 42 cm unter dem HHW vom 15. 6. 1946 lag. Hier muß berücksichtigt werden, daß an dem 1941 in Betrieb genommenen Pegel Deutzen auch HHW von 1946 bereits durch die Speicherwirtschaft beeinflußt wurde und größere unbeeinflußte Hochwasser nicht beobachtet worden sind. Durch die Füllung des Tagebaues Blumroda erfolgte dann am 11. Juli eine starke, 15 Stunden anhaltende Absenkung, die bei einem tiefsten Wasserstand von 74 cm bis 38 cm unter MW (1941/50) führte. Nach erneutem steilen Anstieg wurde am 12. Juli um 2.30 Uhr der höchste Stand mit 331 cm erreicht, der allerdings noch 35 cm unter HHW blieb. An der flachen Absenkungslinie ist die vorsichtig durchgeführte Entlastung der Speicherbecken zu erkennen.

Unterhalb des Pegels Deutzen nimmt die Pleiße den Abfluß der Wyhra auf. Am Wyhrapegel Streitwald begann der Anstieg in den Mittagsstunden des 8. Juli zunächst verhältnismäßig langsam. Am 10. Juli um 12.00 Uhr bildete sich der erste Scheitel mit 254 cm, der noch 85 cm unter HHW vom 3. 5. 1941 lag. Nach einem Rückgang um 40 cm erfolgte in den ersten Stunden des 11. Juli mit einer Anstiegsgeschwindigkeit von 40 cm/h die Entwicklung zum zweiten und höchsten Scheitel, der um 3.00 Uhr 320 cm erreichte und nur noch 19 cm unter HHW blieb. Der zunächst sehr schnelle Abfall wurde infolge der immer wieder einsetzenden Niederschläge in diesem Gebiet durch drei kleinere Scheitelbildungen unterbrochen, von denen der erste am 11. Juli um 14.00 Uhr 257 cm, der zweite am 12. Juli um 7.00 Uhr 202 cm und der dritte am 13. Juli um 4.00 Uhr nochmals 184 cm erreichte.

Eine weitere Rückhaltung der Flutwellen trat dann in den Speicherbecken Lobstädt und Witznitz (Pleiße und Wyhra), sowie im Stausee Rötha ein, von denen der letztere bereits am 12. Juli um 7.00 Uhr mit 194 hm^3 und die Becken Lobstädt und Witznitz am 14. Juli um 7.00 Uhr mit 1,09 und 19,65 hm^3 ihre größte Füllung erreichten.

Die weitere Wirkung dieser Speicherbecken zeigten die immer flacher werdenden Scheitel an den Pegeln Trachenau und Gaschwitz. Nach der ersten Scheitelausbildung in Trachenau am 11. Juli um 10.00 Uhr mit 276 cm trat infolge der Füllung des Tagebaues Blumroda eine Absenkung von 38 cm ein. Am 12. Juli um 22.30 Uhr wurde mit einem Wasserstand von 291 cm der zweite Scheitel erreicht. Beide Scheitel blieben mit 140 und 125 cm sehr erheblich unter dem HHW vom 18. 3. 1942.

In Gaschwitz trafen diese Scheitel am 11. Juli um 17.30 Uhr mit 264 cm und am 13. Juli um 8.10 Uhr mit 288 cm ein. Die Absenkung zwischen den Scheiteln betrug hier nur noch 22 cm. Im Vergleich zum HHW vom 13./14. 3. 1947 lagen die Spitzenwasserstände 1954 noch

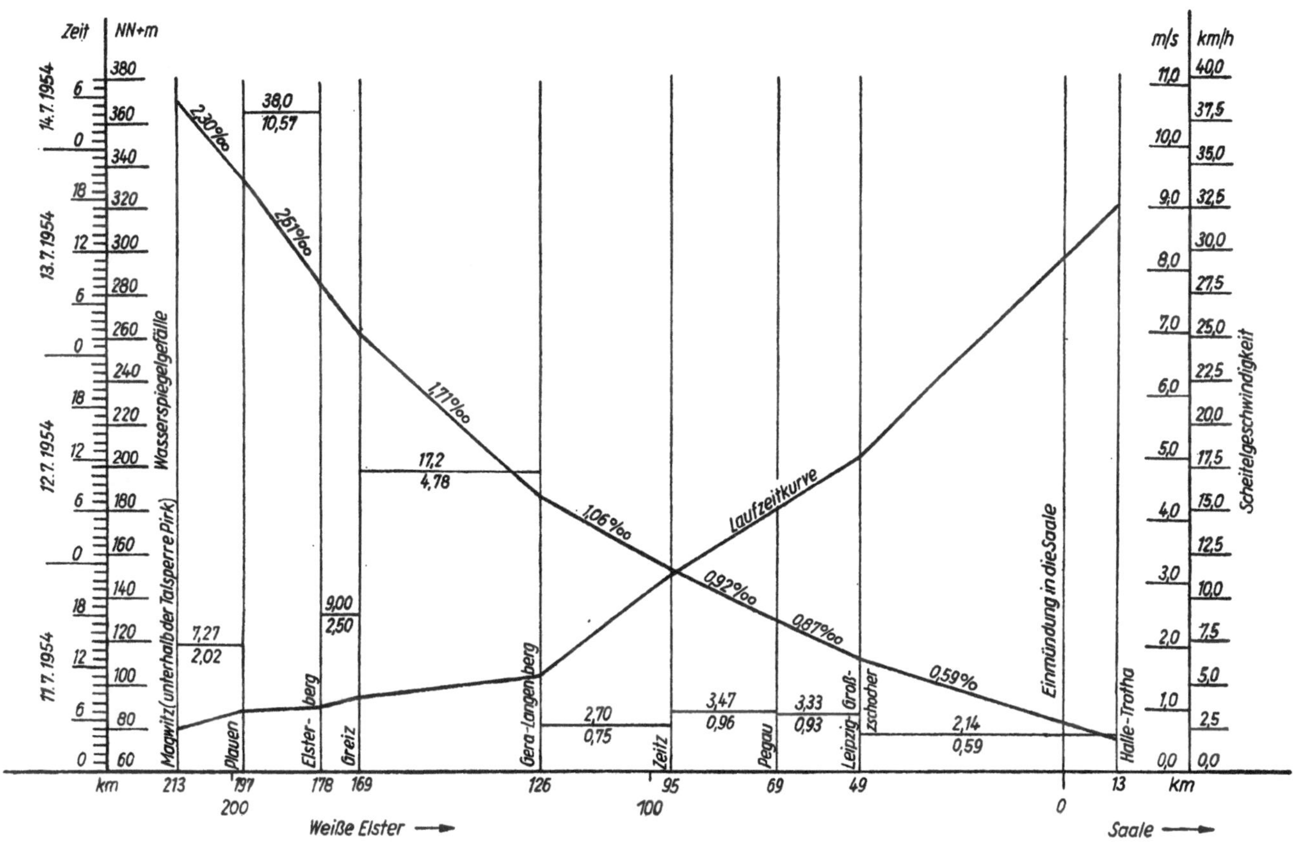

Abb. 91. Ablauf des Hochwasserscheitels der Weißen Elster von Magwitz bis Halle-Trotha

136 und 112 cm niedriger, wobei wiederum zu berücksichtigen ist, daß auch schon dieses Hochwasser durch eine Speicherwirkung beeinflußt war.

Durch die Wirkung der vom VEB Wasserwirtschaft „Weiße Elster“ betriebenen Speicheranlagen konnten die Spitzenwasserstände also um ein sehr beträchtliches Maß herabgedrückt werden. Da das Gebietsmittel der Niederschlagssumme vom 8. bis 13. Juli an den Pegeln Gößnitz und Streitwald je 215 mm und am Pegel Deutzen noch 197 mm betrug, während es in Zeitz nur 170 mm erreichte, wäre im Unterlauf der Pleiße bei unbeeinflußtem Hochwasserablauf ebenfalls eine erhebliche Überschreitung der bisher höchsten Wasserstände zu erwarten gewesen.

7.2 Fortpflanzung der Hochwasserscheitel und Hochwasserhäufigkeit in der Weißen Elster und ihren Nebenflüssen

7.21 Weiße Elster

Bei der Untersuchung des Ablaufes der Wellenscheitel in der Weißen Elster muß festgestellt werden, daß nur beim letzten höchsten Scheitel vom Pegel Magwitz bis zum Pegel Halle—Trotha eine zusammenhängende Fortpflanzung vorhanden war. Oberhalb Magwitz erfolgte eine Unterbrechung durch die Talsperre Pirk. Der erste Scheitel hat sich, wie be-

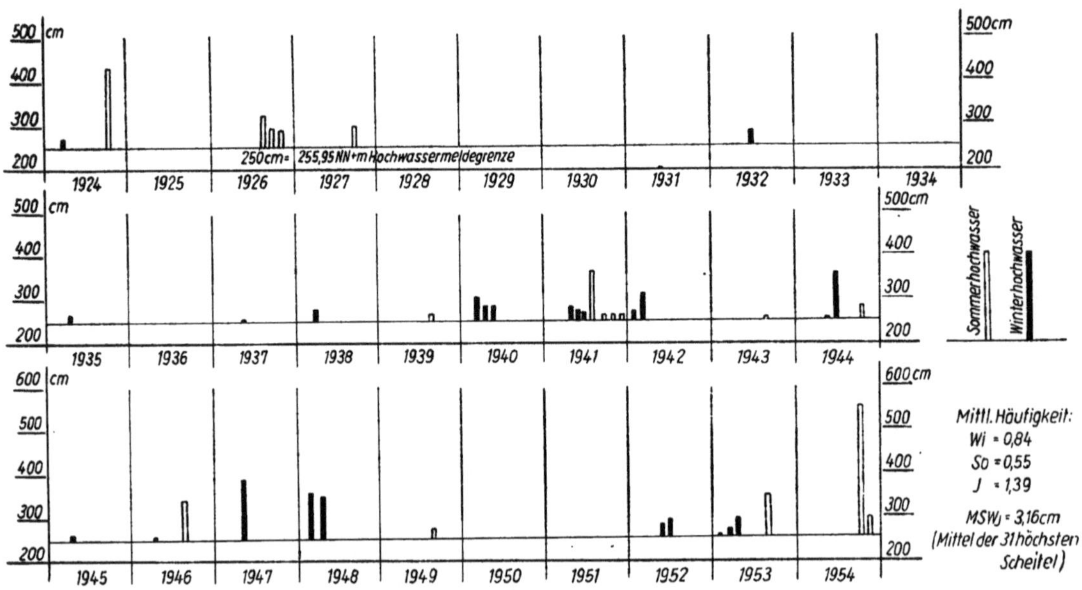

Hochwasser	XI	XII	I	II	III	IV	V	VI	VII	VIII	IX	X	Wi	So	J
Anzahl	3	2	3	7	8	3	1	6	5	3	1	1	25	17	43
%	7	4	7	16	19	7	2	14	12	7	2	2	60	40	100
MHW[1]	261	334	280	279	291	310	364	302	340	337	265	265	288	319	300

[1] Mittel der beobachteten Hochwasser in den einzelnen Zeiträumen

Abb. 92. Höhe und Häufigkeit der Hochwasser am Pegel Greiz/Weiße Elster (1924/1954)

reits erwähnt, oberhalb Greiz verschiedenartig aufgebaut und ist unterhalb Greiz mit dem nachfolgenden stärkeren Scheitel verschmolzen.

In Abbildung 91 sind die Laufzeitkurve, das Wasserspiegelgefälle und die Scheitelgeschwindigkeit dargestellt. Auffallend ist die sehr hohe Scheitelgeschwindigkeit von 38 km/h auf der Strecke Plauen—Elsterberg und die dann wesentlich geringere Fortpflanzung zwischen Elsterberg und Greiz mit nur 9 km/h bei gleichem Wasserspiegelgefälle, die ihre Erklärung in dem Auflaufen der Elsterwelle auf die früher in Greiz eintreffende Göltzschwelle findet. Ähnliche Erscheinungen wurden auch beim Ablauf der Hochwasserwelle in der Elbe beobachtet. Auch die Fortbewegung des Scheitels zwischen Greiz und Gera-Langenberg mit 17,2 km/h muß als außerordentlich hoch betrachtet werden. Hier durcheilte der Scheitel die 43 km lange Strecke in 2,5 Stunden.

Der Hauptscheitel der Göltzsch durcheilte die 17 km lange Strecke von Rodewisch nach Mylau bei einem Wasserspiegelgefälle von 5,81‰ in einer Stunde. Das entspricht einer Scheitelgeschwindigkeit von 17 km/h oder 4,70 m/s. Diese Geschwindigkeit dürfte sich bis zur 9 km unterhalb Mylau gelegenen Mündung in die Weiße Elster nur unwesentlich verringert haben.

Die Fortpflanzung des zweiten kleineren Scheitels benötigte von Rodewisch bis Mylau etwa 90 Minuten; die Scheitelgeschwindigkeit betrug hierbei 11,3 km/h bzw. 3,15 m/s.

Charakteristisch für die Weiße Elster ist, daß die höchsten Wasserstände hauptsächlich durch Sommerhochwasser hervorgerufen wurden. Diese Feststellung gab Veranlassung, auch die Frage der Hochwasserverteilung und -häufigkeit zu untersuchen. Leider sind die Beobachtungsergebnisse des seit 1830 bestehenden Hochwasserpegels Pegau, der seit dieser Zeit ein unverändertes Pegelnull hat und dessen Pegelprofil auch kaum nennenswerte Veränderungen erfahren haben dürfte, aus der Zeit vor 1946 trotz umfangreicher Nachforschungen nicht mehr auffindbar. Der Untersuchung wurden daher die Aufzeichnungen am Pegel Greiz zugrunde gelegt und in Abbildung 92 alle Hochwasser zusammengestellt, die in der Zeit von 1924 bis 1954 die Hochwassermeldegrenze überschritten haben. 60% der Hochwasser traten im Winter und 40% im Sommer auf. Im Winterhalbjahr liegt der Schwerpunkt des Auftretens in den Monaten Februar und März, im Sommer weisen die Monate Juni und Juli die meisten Hochwasser auf. Die mittlere Häufigkeit mit 0,84 im Winter, 0,55 im Sommer und 1,39 im Jahr, die sich aus den 43 Hochwassern der 31 Abflußjahre von 1924 bis 1954 ergibt, ist nicht als hoch, sondern als verhältnismäßig günstig anzusehen. Eine nach gleichen Gesichtspunkten für die hochwassergefährliche Unstrut an Hand der Wasserstandsaufzeichnungen des Pegels Straußfurt durchgeführte Untersuchung ergibt in den Jahren von 1888 bis 1945 (58jährige Reihe) bei einer jährlichen Hochwasserhäufigkeit von 2,40 eine Verteilung von 1,74 für den Winter und nur 0,66 für den Sommer. Dieses Beispiegel zeigt, daß das Verhältnis zwischen Winter- und Sommerhochwasser für die Weiße Elster wesentlich ungünstiger als für die Unstrut ist.

Die Untersuchung der mittleren Wasserstände dieser Hochwasser ergibt ferner, daß die Sommerhochwasser der Weißen Elster (MHW 319 cm) wesentlich höher anstiegen als die Winterhochwasser (MHW nur 288 cm). Dabei ist besonders beachtenswert, daß gerade die mittleren Wasserstände der Frühjahrshochwasser im Februar und März mit 279 und 291 cm verhältnismäßig niedrig blieben. Die Höhe des mittleren Sommerhochwassers ist mit 319 cm sogar noch höher als der Mittelwert der 31 höchsten Scheitel in den 31 untersuchten Abflußjahren mit 316 cm. Für das Weißelstergebiet trifft also die sonst übliche Tatsache, daß die Winterhochwasser höher als die Sommerhochwasser sind, nicht zu. Auf die Ursache sommerlicher Hochwasserlagen näher einzugehen erübrigt sich an dieser Stelle; diese Frage ist bereits in Abschnitt 2.1 behandelt.

Bei einer Gegenüberstellung der hier angegebenen Werte für MHW mit den gleichen Zahlen der sonst üblichen Mittelwerte einzelner Jahresreihen muß beachtet werden, daß die letzteren nach anderen statistischen Grundsätzen ermittelt werden.

7.22 Pleiße

Der Hochwasserablauf der Pleiße ist in Abbildung 93 dargestellt. Wenn auch zwischen Gößnitz und Trachenau infolge Durchlaufens der Speicheranlagen eine ununterbrochene Fortpflanzung nicht mehr erfolgte, so gibt doch die Auftragung ein klares Bild über die starke Verzögerung der Scheitelbildung durch die Speicherwirtschaft. Zwischen Gößnitz und Treben wurden die ersten beiden Flutwellen aufgefangen und so erheblich verzögert, daß sie sich mit dem dritten Scheitel zu einer Spitze in Treben vereinigt hatten. Die außerordentlich geringe Scheitelgeschwindigkeit zwischen Treben und Trachenau kennzeichnet die weitere starke Verzögerung.

Die Darstellung konnte nicht bis zur Mündung in die Weiße Elster ausgedehnt werden, da die Hochwasserpegel der Pleiße im Stadtgebiet Leipzig den Höchststand bereits am 12. Juli in den Mittagsstunden anzeigten, als die Weiße Elster in Leipzig ihre Spitze erreichte. Diese Wasserstände an den unteren Pleißepegeln sind durch Rückstau von der Weißen Elster beeinflußt. Tatsächlich wird der Pleißescheitel erst in der zweiten Hälfte des 13. Juli Leipzig erreicht haben. Vermutlich hat sich sein Eintreffen um etwa 24 Stunden ver-

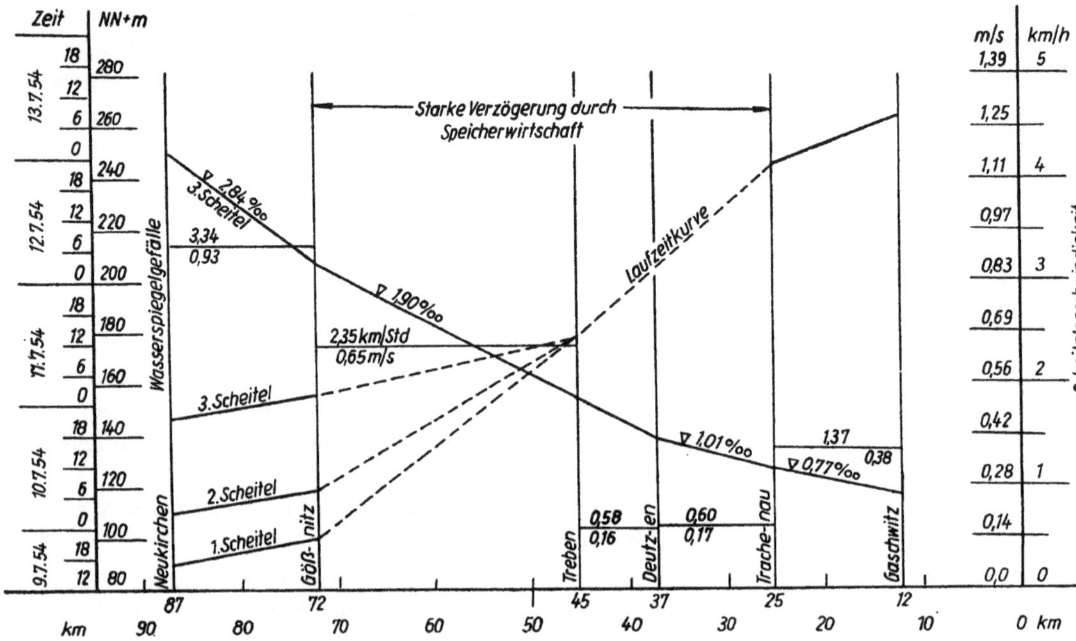

Abb. 93. Ablauf des Hochwasserscheitels der Pleiße von Neukirchen bis Gaschwitz

zögert, so daß statt des Scheitels das durch die Füllung des Tagebaus Blumroda verursachte Wellental mit dem Elsterscheitel im Raume Leipzig zusammentraf.

Der älteste Pegel im Gebiet der Pleiße, von dem noch Beobachtungsunterlagen vorliegen, ist der seit 1924 bestehende Pegel Gößnitz. Die an ihm beobachteten Hochwasser wurden nach den gleichen Gesichtspunkten wie beim Pegel Greiz untersucht (s. auch Abbildung 94). Demnach verteilen sich die Hochwasser zu 53% auf den Winter und zu 47% auf den Sommer bei einer mittleren Häufigkeit von 0,65 im Winter, 0,58 im Sommer und 1,23 im Jahr. Auch im Pleißegebiet liegt das mittlere Sommerhochwasser mit 240 cm in Gößnitz höher als das der Winterhochwasser mit 213 cm. Das Mittel der 31 höchsten Scheitel (241 cm) deckt sich mit dem des mittleren Sommerhochwassers.

7.3 Hochwasserabflüsse der Weißen Elster und ihrer Nebenflüsse

7.31 Ermittlung der Hochwasserabflüsse

Das außergewöhnlich hohe Ansteigen der Wasserstände führte in den genannten Talauen der Weißen Elster und ihrer Nebenflüsse zu mehr oder weniger starken Ausuferungen und Überflutungen, durch die Schäden größten Ausmaßes hervorgerufen wurden. Während in einigen Ortslagen wie Plauen und Elsterberg die Vorflutregelungen ausreichten, um die

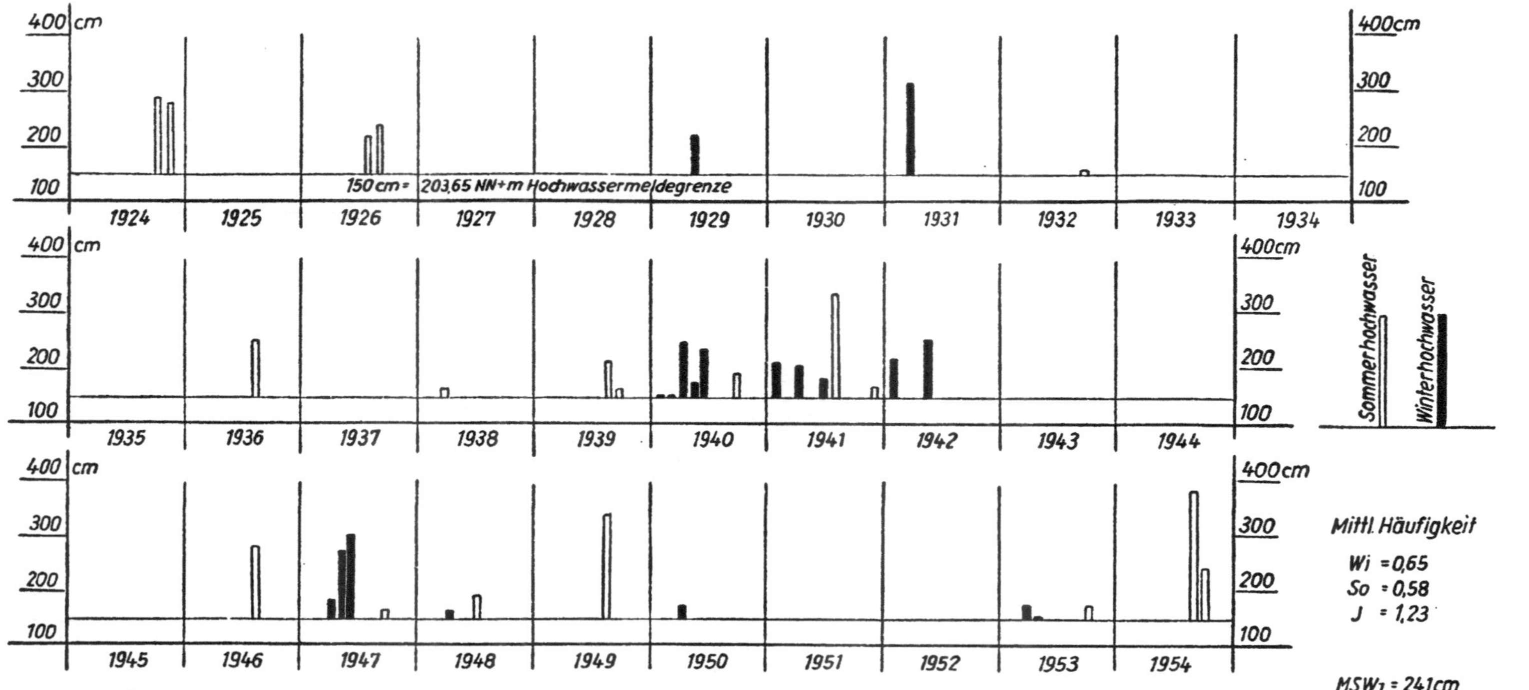

Hochwasser	XI	XII	I	II	III	IV	V	VI	VII	VIII	IX	X	Wi	So	J
Anzahl	2	1	4	6	6	1	2	5	5	4	1	1	20	18	38
%	5	3	10	16	16	3	5	13	13	10	3	3	53	47	100
MHW [1]	222	157	203	191	255	185	264	263	229	220	280	171	213	240	226

[1] Mittel der beobachteten Hochwasser in den einzelnen Zeiträumen

Abb. 94. Höhe und Häufigkeit der Hochwasser am Pegel Gößnitz/Pleiße (1924/54)

gewaltigen Wassermassen innerhalb der Stadtgebiete abzuführen, traten in anderen Städten erhebliche Ausuferungen ein, von denen wiederum Greiz am schwersten betroffen wurde. Das Ausmaß dieser Überflutungen zeigen die Abbildungen 73 bis 76.

Auch an den Pegelstationen wurden z. T. größere Schäden angerichtet. Durch das erhebliche Überschreiten des bisherigen HHW wurden in einigen Fällen nicht nur die Lattenpegel, sondern auch die Schreibpegelanlagen überflutet (s. Abbildung 76). Die Beobachter führten jedoch überall die Beobachtungen an Hilfspegeln oder provisorischen Meßpunkten fort, so daß es möglich war, den Ablauf des Hochwassers einwandfrei festzustellen.

An sämtlichen Abflußmeßstellen im Gebiet der Weißen Elster traten Profil- und damit Wasserspiegeländerungen ein, die in der Zeit des Hochwasserablaufs zu einer erheblichen Veränderung der Abflußkurven führten. Bereits während des Hochwassers wurden Wasserspiegelhöhen sowie Ausuferungen an den Meßprofilen festgelegt und, soweit es möglich war, insbesondere beim Absinken des Hochwassers Abflußmessungen durchgeführt. Sobald die Wasserspiegellage es zuließ, wurden die erforderlichen nivellitischen Aufnahmen durchgeführt, um in Verbindung mit weiteren Abflußmessungen die Abflußkurven wieder aufzustellen. Dies konnte mit Ausnahme des Pegels Leipzig-Großzschocher an allen Abflußmeßstellen erreicht werden, so daß auch eine weitgehende Auswertung des Hochwassers in mengenmäßiger Hinsicht möglich ist und die Beziehung von Niederschlag und Abfluß untersucht werden kann.

An den Abflußmeßstellen Adorf, Magwitz und Zeitz/Weiße Elster, sowie Mylau/Göltzsch wurde die gesamte Talaue überflutet. In Gera-Langenberg und Leipzig-Großzschocher/Weiße Elster, Weida/Weida, Gößnitz/Pleiße und Streitwald/Wyhra konnten die höchsten Spitzen gerade noch in den ausgebauten und z. T. eingedeichten Profilen abgeführt werden. In Deutzen/Pleiße fand eine Überflutung innerhalb der eingedeichten Vorländer statt. Am stärksten war die Überflutung in Greiz, wo sehr erhebliche Wassermassen in der oberen Ortslage ausuferten und durch die Hauptstraßen der Stadt zum Abfluß kamen.

Tabelle 27

Mittlere Querschnittsgeschwindigkeiten beim Ablauf des Hochwassers im Gebiet der Weißen Elster

Pegel/Gewässer	HW Juli 1954 cm	Mittlere Querschnittsgeschwindigkeit V = m/s	Gefälle ‰
Adorf/Weiße Elster	206	2,72	4,50
Magwitz/Weiße Elster	244	2,68	1,92
Greiz/Weiße Elster	556	2,72	1,35
Gera-Langenberg/Weiße Elster	469	3,35	1,90
Zeitz/Weiße Elster	630	3,09	1,97
Leipzig-Großzschocher/Weiße Elster	439	2,61	0,81
Mylau/Göltzsch	292	2,95	3,70
Weida/Weida	318	2,92	4,75
Gößnitz/Pleiße	385	1,76	1,35
Deutzen/Pleiße	331	1,79	1,37
Streitwald/Wyhra	320	2,35	3,50

Einen Überblick gibt die Abbildung 95, die in einem Schnitt durch das Meßprofil diese starke Überflutung zeigt. Während und gleich nach dem Hochwasser wurden die Fließgefälle in den einzelnen Straßenzügen festgestellt und die erforderlichen Profilaufnahmen zur Berechnung der Abflüsse durchgeführt.

Die Untersuchung ergab, daß in den Straßen der Stadt Greiz beim Höchststand mindestens 140 m^3/s abgeflossen sind. Es wurde dabei mit sehr niedrigen Beiwerten gerechnet und der in die Gebäude und Keller eingedrungene Abfluß, der dort vorübergehend gespeichert wurde, unberücksichtigt gelassen.

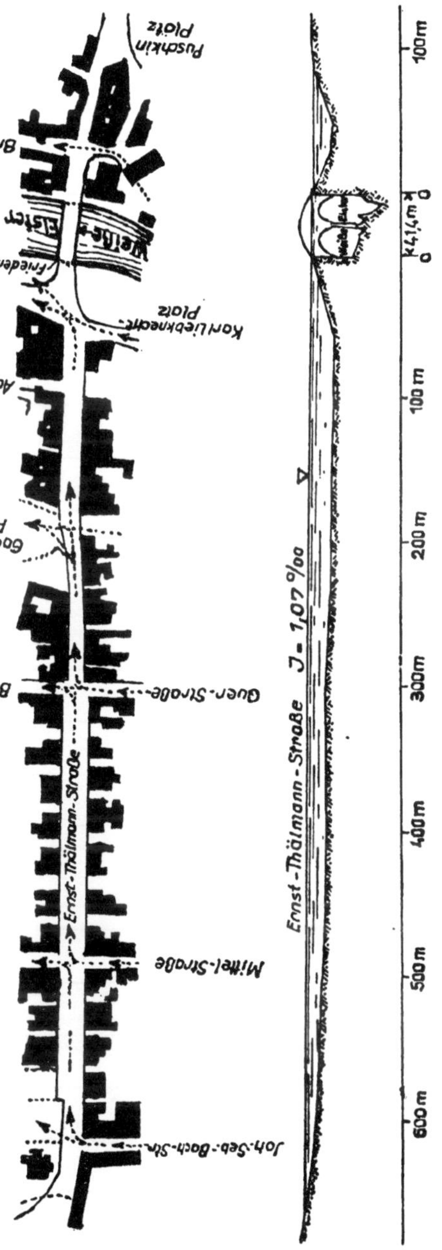

Abb. 95. Abflußprofil Greiz

Da vielfach unwahrscheinlich hohe Angaben über die Fließgeschwindigkeiten gemacht werden, werden in Tabelle 27 die durch Abflußmessungen und Profilberechnungen festgestellten mittleren Querschnittsgeschwindigkeiten beim Höchststand in den einzelnen Hauptprofilen der Flüsse — also ohne Vorländer — mitgeteilt.

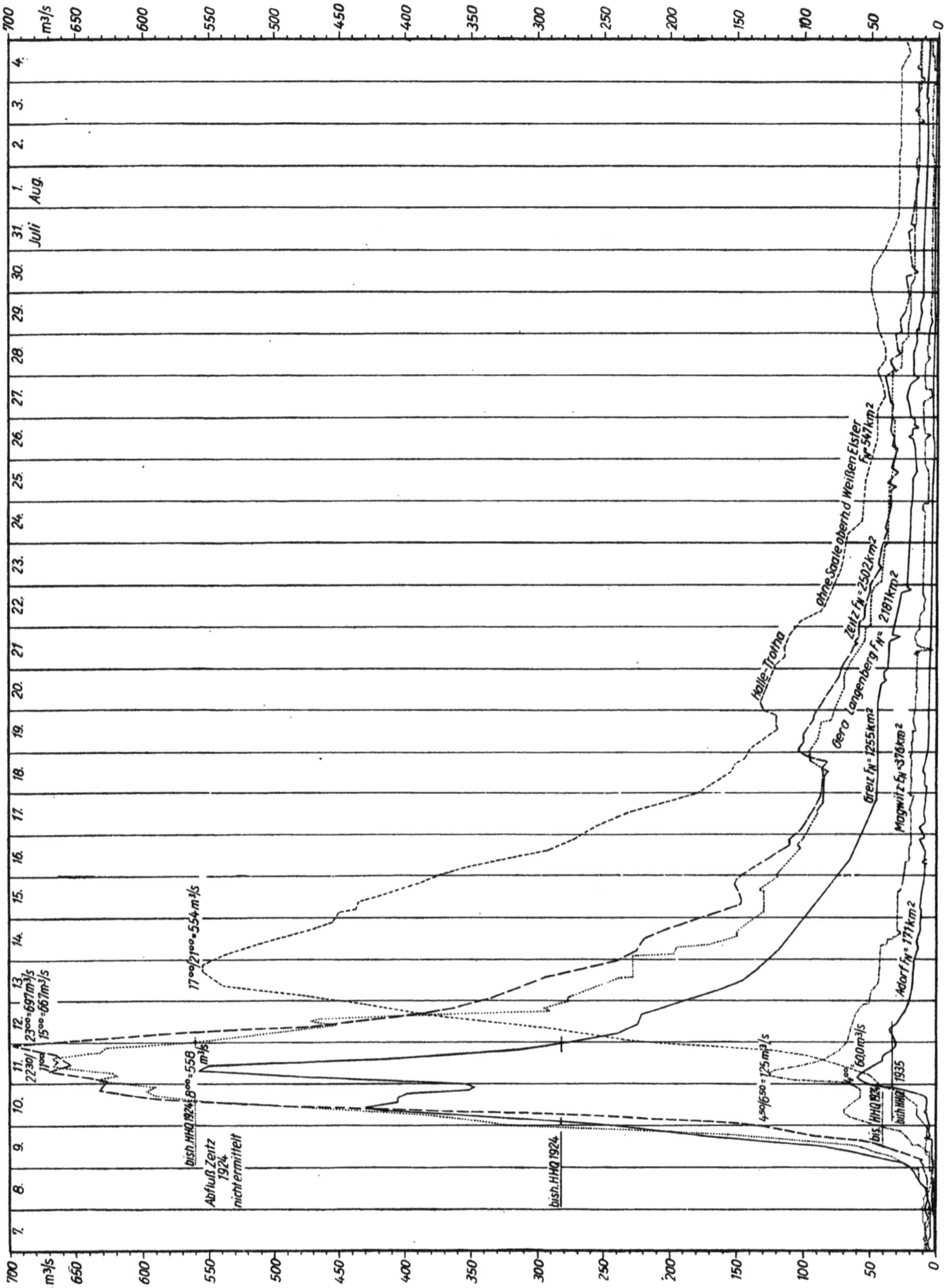

Abb. 96. Abflußganglinien der Weißen Elster

Die Zusammenstellung zeigt, daß von Fließgeschwindigkeiten bis zu 7 m/s, wie sie z. B. BAUER angibt, keinesfalls die Rede sein kann [34]. Die Geschwindigkeiten waren aber doch so hoch, daß sich eine erhebliche Schleppkraft in den Wasserläufen entwickeln konnte, die zur Zerstörung von Sohlen, Ufern und Böschungen führte, Wasserbauten aller Art — wie Ufermauern, Brückenpfeiler usw. — durch Unterspülung gefährdete und teilweise zum Einsturz brachte sowie große Massen von Geschiebe und Geröll in Bewegung setzte und im Flußlauf oder auf den überfluteten Talauen wieder ablagerte.

Bei der Beurteilung der oben angegebenen Zahlenwerte ist zu berücksichtigen, daß die Gefälle sich auf verhältnismäßig kurze Strecken im Bereich der Meßstellen beziehen und daher keinesfalls mit den in den Abbildungen 91 und 93 angegebenen Scheitelgefällen von Pegel zu Pegel verglichen werden können. Die mittlere Geschwindigkeit wird außer vom Gefälle durch die übrigen hydraulischen Faktoren des Meßprofils bestimmt, die in jedem Fall voneinander abweichen. Ein Vergleich der einzelnen Geschwindigkeiten ist daher nur bedingt möglich.

Die größten Oberflächengeschwindigkeiten im Stromstrich sind entsprechend höher und infolge der bei jeder Hochwasserführung starken Turbulenz sehr unregelmäßig. Geschwindigkeiten von etwa 6 m/s und darüber hinaus können sich jedoch nur in sehr kurzen Strecken unter dem Einfluß eines zusätzlichen Druckgefälles durch Brückenstau oder Profilverengungen entwickelt haben. Sie können nicht als Fließgeschwindigkeit bezeichnet werden.

In den Abbildungen 96 und 97 sind die Abflußganglinien der bereits genannten Abflußmeßstellen mit Ausnahme von Leipzig-Großzschocher dargestellt. An dieser Pegelstation konnte die neue Abflußkurve noch nicht in allen Höhen mit Abflußmessungen belegt werden, so daß ihr Verlauf nicht genügend sicher erscheint. Möglich war es jedoch auch hier, die Höchstabflüsse zuverlässig zu ermitteln. Der Abfluß der Weißen Elster ist in Leipzig-Großzschocher außerdem bei Hochwasser in die Abflüsse der Weißen Elster, der Elsterflutrinne und des Elsterfloßgrabens aufgeteilt. Da infolge nicht genügender Beobachtungen eine genaue Wasserstandsganglinie der Elsterflutrinne nicht aufzustellen war, konnte nur eine annähernde Abflußganglinie des gesamten Elsterabflusses bei Leipzig-Großzschocher konstruiert werden, deren Auswertung als annähernde Berechnung betrachtet werden kann. Auf eine Veröffentlichung dieser Ganglinie wird hier verzichtet.

Um eine abschließende Beurteilung des Abflußvorganges des Hochwassers im Gebiet der Weißen Elster zu ermöglichen, ist die Abflußganglinie am Saalepegel Halle-Trotha in die Untersuchung einbezogen worden. Da die Saale oberhalb der Weißen Elster während des Hochwassers eine gleichmäßige zwischen MNQ und MQ liegende Wasserführung hatte, konnte ihr Abfluß ohne Schwierigkeiten nach dem Saalepegel Naumburg-Grochlitz für das Niederschlagsgebiet der Saale bis zur Mündung der Weißen Elster ermittelt und von der Abflußganglinie der Saale in Halle-Trotha abgesetzt werden. Die so reduzierte Abflußganglinie der Saale am Pegel Halle-Trotha erfaßt den Abfluß eines Gebietes von 5475 km^2, von denen 5384 km^2 auf das Gesamtgebiet der Weißen Elster und 91 km^2 auf das Gebiet der Saale unterhalb der Elstermündung entfallen.

Die Abflußganglinien ergaben, daß sich der Abfluß des Hochwassers an den einzelnen Pegeln entsprechend ihrer Lage bis zum 1. bzw. 5. August ausdehnte. Die Abflußzeit schwankte zwischen 560 Stunden am Pegel Weida/Weida und 654 Stunden am Pegel Halle-Trotha/Saale. Sie wurde begrenzt durch das Überschreiten der Trockenwetterlinie, die ohne Schwierigkeit an allen Pegeln einwandfrei zu erkennen war und nach Ablauf der Hochwasserwelle infolge des durch die Grundwasserspeisung erhöhten Grundwasserzuflusses höher lag als vor dem Hochwasser.

7.32 Höchste Hochwasser (HHQ)

Die höchsten Abflüsse eines Hochwassers sind für seine Schwere, die Höhe seines Scheitels, das Ausmaß der Überflutungen sowie den Umfang der entstehenden Schäden entscheidend. Ihrer Ermittlung kommt daher bei außergewöhnlichen Hochwassern eine besondere Bedeutung zu, da sie die Grundlage für die vorbeugenden Maßnahmen der Wasserwirtschaft sowie für die zukünftige Hochwasserabwehr sind.

Der höchste Abfluß wurde entsprechend der größten Niederschlagsintensität am Göltzschpegel Mylau mit 120 m^3/s und 774 l/s km^2 ermittelt. Eine derart hohe Abflußspende ist im thüringischen und vogtländischen Raum in Gebieten gleicher Größenordnung mit ähnlichen hydrologischen Faktoren noch nicht beobachtet worden. Das bisher bekannte höchste Hochwasser wurde in Mylau am 14. 3. 1947 mit 41,5 m^3/s und 268 l/s km^2 gemessen: die Steigerung beträgt also 189%.

Beim Hochwasser vom 15. August 1924, das den bisher höchsten Wasserstand von 201 cm hatte, trat nach den Feststellungen des ehemaligen Landesamtes für Gewässerkunde in Dresden nur ein Abfluß von 25,4 m^3/s und 164 l/s km^2 ein [35]. Dieser gegenüber dem Hochwasser vom März 1947, das einen Wasserstand von 190 cm erreichte, geringere Abfluß dürfte seine Ursache in den an den Gebirgsflüssen häufigen Änderungen der Abflußkurve haben. Weitere hohe Abflüsse wurden in Mylau im Juli 1926 mit 35.0, im April 1944 mit 35,8 und im Juni 1946 mit 35,6 $^3/s$ gemessen.

Das bisher höchste Hochwasser im Gebiet der Weißen Elster, von dem hydrologische Beobachtungen vorliegen, entwickelte sich am 13. bis 15. 8. 1924 mit dem Hauptniederschlagsgebiet um Friedmannsdorf südlich Greiz [36]. Dort wurde ein Starkniederschlag von 185 mm in 20 Stunden gemessen. Der Schwerpunkt des Hochwasserabflusses lag damals in den Gebieten der Weida und Auma, der mittleren Weißen Elster und der zur Saale fließenden benachbarten Wisenta. Diese Gebiete liegen wie die Göltzsch in den Formationen der Urgebirge und haben ähnlichen, hochflächenartigen Charakter. Sie sind jedoch nur zu etwa 20 bis 30% bewaldet, während das Göltzschgebiet etwa 40% Waldflächen besitzt. 1924 wurden in gleichartigen Gebieten die in Tabelle 28 zusammengestellten höchsten Abflüsse festgestellt.

Tabelle 28

Grenzwerte der Abflüsse beim Ablauf des Hochwassers 1924

Pegel/Gewässer	Niederschlagsgebiet F_N = km^2	HHQ m^3/s	HHq l/s km^2
Weida/Weida . . .	296	139	470
Grochwitz/Wisenta	162	105	650
Weida-Heinoldsmühle/Auma .	107	75	700

Gegenüber diesen Abflüssen hat das Hochwasser vom Juli 1954 im Göltzschgebiet trotz stärkerer Bewaldung eine um mehr als 100 l/s km^2 höhere Abflußspende entwickelt, was in erster Linie auf die hohen und anhaltenden Niederschläge zurückzuführen ist. Es muß festgestellt werden, daß die bisher für möglich gehaltenen Abflußspenden in Gebieten der genannten Größenordnung um etwa 15% übertroffen wurden. Dies ist in Zukunft für alle Gebiete gleicher Gestaltung, Höhenlage und Größe zu beachten, soweit sie im Staubereich der Mittelgebirge liegen und von den meteorologischen Auswirkungen der Vb-Lagen erfaßt werden können.

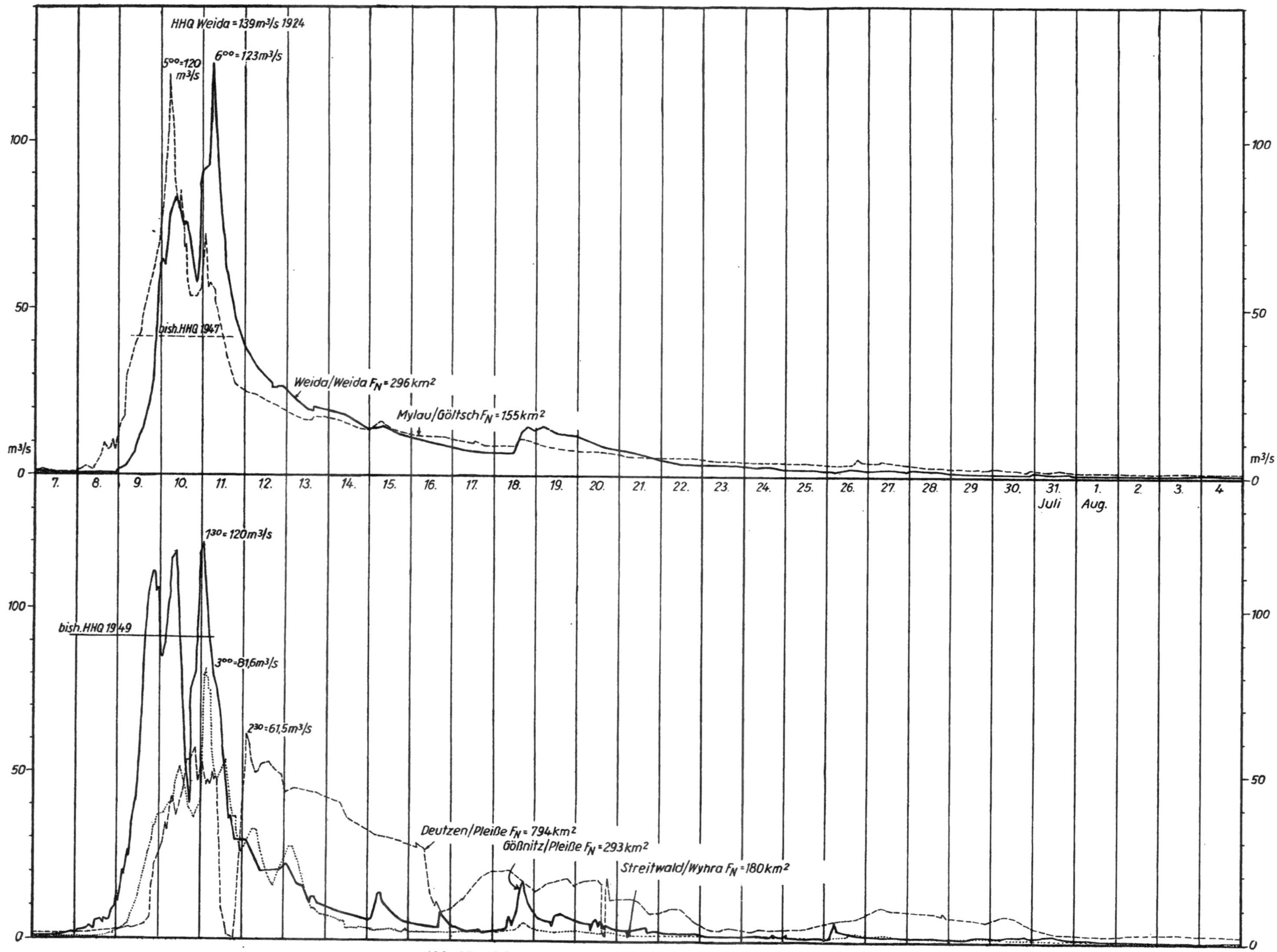

Abb. 97. Abflußganglinien der Nebenflüsse der Weißen Elster

Im Quellgebiet der Weißen Elster betrug der höchste Abfluß am Pegel Adorf 60,0 m^3/s und 351 l/s km^2. Der bisher bekannte höchste Abfluß vom 23. 5. 1935 mit 33,8 m^3/s und 198 l/s km^2 wurde um 78% übertroffen. Der Abfluß von 60,0 m^3/s kann jedoch für dieses Gebiet noch nicht als HHQ betrachtet werden. Bei entsprechend gesteigerten Niederschlägen muß auch hier mit einer Abflußspende von 600 bis 700 l/s km^2 gerechnet werden.

Am Pegel Magwitz unterhalb der Talsperre Pirk entwickelte sich ein Spitzenabfluß von 125 m^3/s und 332 l/s km^2. Gegenüber dem bisher bekannten höchsten Abfluß vom 6. 4. 1944 mit 40,9 m^3/s bedeutet dies eine Steigerung von 206%. Der Vergleich ist jedoch nur bedingt möglich, da das Hochwasser vom April 1944 in der Talsperre Pirk wesentlich stärker abgeflacht wurde und seine Abflußspende von 109 l/s km^2 nur in der Größenordnung eines mittleren Hochwassers lag.

Aber auch im Juli 1954 ist durch die Talsperreneinwirkung eine Abflachung des Wellenscheitels eingetreten. Einen Faktor für den Aufbau des Wellenscheitels gibt das Verhältnis HHQ : MQ worin MQ sich auf die Hochwasserwelle insgesamt bezieht. Je größer der Quotient, desto steiler und geschlossener baut sich die Hochwasserwelle auf. Am Pegel Mylau betrug er 9,76 und am Pegel Adorf 8,57. In Magwitz war er durch die Talsperreneinwirkung auf 6,91 gesunken. In Abbildung 101 ist die Entwicklung dieser Linie für die Weiße Elster dargestellt. Bei annähernd linearem Verlauf zwischen Adorf und Greiz ergibt sich für Magwitz ein Verhältnis von 8,40. Nach diesem Wert wäre in Magwitz ohne Talsperreneinwirkung vermutlich ein höchster Abfluß von 151 m^3/s mit 402 l/ km^2 eingetreten. Danach beträgt die Abflachung des Scheitels durch die Talsperre Pirk etwa 26 m^3/s = 17%. Dies hätte am Pegel Magwitz eine weitere Steigerung von rund 10 cm zur Folge gehabt. Eine Abflußspende von 402 l/s km^2 kann für das Gebiet des Pegels Magwitz ebenso wie in Adorf noch nicht als höchstmöglicher Abfluß betrachtet werden. Er muß mit etwa 500 bis 600 l/s km^2 angenommen werden.

Am Pegel Greiz hatte sich durch die wiederholten Überlagerungen ein Scheitel aufgebaut, der für ein Gebiet dieser Größenordnung im deutschen Mittelgebirgsraum mit 558 m^3/s und 445 l/s km^2 den bisher höchsten Abfluß brachte. Gegenüber dem Hochwasser vom August 1924 mit einem Spitzenabfluß von 282 m^3/s und 225 l/s km^2 bedeutet dies eine Steigerung von 98%. Hier muß jedoch berücksichtigt werden, daß die Weiße Elster den Abfluß aus dem Kerngebiet des Starkniederschlages vom August 1924 in Greiz noch nicht aufgenommen hatte. Das Verhältnis HHQ : MQ betrug in Greiz noch 8,5. Die sich rechnungsmäßig für Greiz ergebende Abflachung durch die Talsperre Pirk mit etwa 17 m^3/s ist bei dem außerordentlich hohen Abfluß bedeutungslos.

Am Pegel Gera-Langenberg betrug die Steigerung des höchsten Abflusses von 667 m^3/s und 306 l/s km^2 gegenüber dem Hochwasser von 1924 mit 560 m^3/s und 257 l/s km^2 nur noch 19%. Dies ist wie folgt zu erklären:

1924 baute sich der Hochwasserscheitel von Greiz bis Gera noch weiter auf, wie die in Gera-Langenberg höhere Abflußspende zeigt. Die Ursache hierfür waren damals insbesondere die hohen Zuflüsse aus dem Weida- und Aumagebiet. Im Juli 1954 dagegen erfolgte unterhalb des Raumes Greiz bereits ein relativer Abbau des Hochwasserscheitels und der Abflußintensität. Der Scheitel der Weida am Pegel Weida, der oberhalb der Mündung der Auma in die Weida liegt, blieb bei einem Abfluß von 123 m^3/s und 416 l/s km^2 gegenüber dem Abfluß von 1924 mit 139 m^3/s und 470 l/s km^2 um 12% zurück. In der Auma, deren Abfluß z. Z. nicht mehr ermittelt wird, hatte sich sogar nur ein Anstieg entwickelt, der etwa einem mittleren Hochwasser entspricht. Das Verhältnis HHQ : MQ hatte sich auf 6,41 in Gera-Langenberg verringert.

Vor 1924 galt für die Weiße Elster das Hochwasser vom November 1890 in Gera als höchstes. Sein Spitzenabfluß wurde mit 342 m^3/s berechnet und damals dem Entwurf zur Regulierung der Weißen Elster im Stadtgebiet Gera zugrunde gelegt [36]. Die Steigerung im August 1924 von 342 auf 560 m^3/s betrug 64%, und im Juli 1954 wurde der Abfluß von 1890 um 96% übertroffen.

Bis Zeitz trat trotz weiterer Abnahme des Zuflusses noch eine geringe Erhöhung des höchsten Abflusses ein, der hier 697 m^3/s und 279 $l/s\,km^2$ betrug. Unterhalb von Zeitz trat dann insbesondere durch die Änderung der geologischen Verhältnisse und der Geländegestaltung des Elstertales eine absolute Abflachung der Hochwasserwelle ein. Am Pegel Leipzig-Großzschocher oberhalb der Einmündung der Pleiße betrug der höchste Abfluß nur noch 649 m^3/s und 215 $l/s\,km^2$. Der Umfang der Abflachung wird auch durch das Verhältnis HHQ : MQ gekennzeichnet, der von Gera-Langenberg um 0,13 auf 6,28 in Zeitz und von Zeitz bis Leipzig-Großzschocher um 0,48 auf 5,80 abgesunken war.

Die Abflüsse der bisher höchsten Hochwasser an diesen Pegeln sind früher nicht einwandfrei ermittelt worden. Die hierüber vorhandenen Zahlen sind widersprechend, und es fehlen die Grundlagen ihrer Ermittlung. Sie können daher für einen Vergleich nicht herangezogen werden. Es ist jedoch anzunehmen, daß auch in Zeitz und Leipzig-Großzschocher der bisher höchste Abfluß im Juli 1954 überschritten wurde. Das Maß der Steigerung wird etwa dem Größenverhältnis von Gera-Langenberg entsprechen, da auch bei früheren Hochwassern aus den angeführten Gründen eine ähnliche Abflachung bis zum Raume Leipzig eingetreten sein dürfte.

Im Gebiet der Pleiße wurde nur am Pegel Gößnitz der bisherige höchste Abfluß vom 10. 6. 1949 um 31% überschritten. Er stieg von 91,4 m^3/s und 312 $l/s\,km^2$ auf 120 m^3/s und 410 $l/s\,km^2$ im Juli 1954. Nach der Größenordnung und den geologischen Verhältnissen sowie der geringen Bewaldung von etwa 20% muß hier noch eine Steigerung der Abflußspende bis auf etwa 450 bis 500 $l/s\,km^2$ für möglich gehalten werden.

Am Pegel Streitwald/Wyhra blieb der Scheitelabfluß mit 81,6 m^3/s und 453 $l/s\,km^2$ noch 17% unter dem bisher höchsten Abfluß vom 30. 5. 1941 mit 98,0 m^3/s und 544 $l/s\,km^2$, der kaum noch überboten werden dürfte.

Das hohe Verhältnis HHQ : MQ für Streitwald mit 12,07 und Gößnitz mit 9,92 weist auf die außerordentlich steile Scheitelbildung und den schnellen Abfluß im Pleißegebiet hin. Die Abflachung durch die Koberbachtalsperre war in Gößnitz nur noch gering. Aus der Rechnung ergab sie sich zu 7 m^3/s.

Am Pegel Deutzen wurde durch die Speicheranlagen der Spitzenabfluß auf 61,5 m^3/s und 77,5 l/km^2 verringert. Er liegt noch 30% unter dem bisher bekannten höchsten Hochwasserabfluß vom 15. 6. 1946 mit 87,5 m^3/s und 110 $l/s\,km^2$. Es ist zu berücksichtigen, daß auch 1946 bereits eine Beeinflussung des Hochwassers durch die Speicheranlagen erfolgt ist. Durch die Speicherwirkung wurde im Juli 1954 das Verhältnis HHQ : MQ von 9,92 in Gößnitz auf 4,36 in Deutzen verringert. Ein genauer, zahlenmäßig zu belegender Nachweis der Abflachung des Scheitels durch die verschiedenen Speicheranlagen ist sehr schwierig zu erbringen. Die Berechnung für einen unbeeinflußten Ablauf ergab annähernd einen höchsten Abfluß von 178 m^3/s und 225 $l/s\,km^2$ am Pegel Deutzen. Das Verhältnis HHQ : MQ hätte dann 7,90 betragen, was kaum zu hoch sein dürfte. Die Abflachung des Scheitels beträgt hiernach mit 116 m^3/s rund 65%. Damit ist es der volkseigenen Wasserwirtschaft gelungen, durch ihre Speichermaßnahmen eine entscheidende Verringerung des Flutscheitels in der mittleren und unteren Pleiße herbeizuführen und dieses volkswirtschaftlich wichtige Industriegebiet vor schweren Schäden zu schützen.

Im Stadtgebiet Leipzig wurden zusätzlich auf Wunsch der Wasserwirtschaft vom Amt für Meteorologie und Hydrologie Weimar oberhalb des Palmgartenwehres beim absinkenden Hochwasserscheitel Abflußmessungen durchgeführt, da nur an dieser Stelle die Abflüsse der Weißen Elster und Pleiße vereinigt sind. Da die Meßstelle im Rückstau des Palmgartenwehres liegt, lassen sich die Meßergebnisse nicht auf den Oberpegel des Palmgartenwehres beziehen, sondern haben nur für die Zeit der Messungen entsprechend den Einstellungen der Wehrklappen Gültigkeit.

Nach diesen Messungen wurde in dem 4504 km² großen Niederschlagsgebiet beim Höchststand von 108,82 m NN am Oberpegel des Palmgartenwehres ein Abfluß von rund 780 m³/s und 173 l/s km² ermittelt. Die mittlere Querschnittsgeschwindigkeit betrug 2,43 m/s.

Nach dem Ergebnis ist in dem 1490 km² großen Zwischengebiet von Leipzig-Großzschocher bis zum Palmgartenwehr, von dem 1470 km² auf das Pleißegebiet entfallen, ein höchster Abfluß von etwa 131 m³/s und 88 l/s km² erfolgt. Eine Steigerung der Abflußspende von Deutzen bis Leipzig ist möglich, da der Abfluß aus einem großen Teil des unteren Pleißegebiets ohne Hemmung durch die Speicherbecken erfolgte.

Der höchste Abfluß der Pleiße in Leipzig wäre ohne die Wirkung der Speicherbecken schätzungsweise 120 bis 140 m³/s höher gewesen. Es kann eine Abflachung des Flutscheitels der Pleiße von etwa 50% für das Stadtgebiet Leipzig angenommen werden.

Bis zum Pegel Halle-Trotha flachte sich der Scheitel weiter erheblich ab. Der höchste sekundliche Abfluß betrug nur noch 554 m³/s und die Abflußspende 101 l/s km². Das Verhältnis HHQ : MQ hatte sich auf 4,50 verringert. Die Ursache hierfür ist neben den bereits erwähnten geologischen und orographischen Verhältnissen der unterhalb Leipzig stark abnehmende Zufluß. So hatte am Tage des Höchstabflusses der Weißen Elster (12. Juli) die Parthe nur einen mittleren Tagesabfluß von 3,77 m³/s und 12,0 l/s km² am Pegel Leipzig-Thekla. Der höchste Abfluß betrug hier am 15. Juli nur 5,45 m³/s und 17,3 l/s km².

Ohne die Rückhaltung im Pleißegebiet wäre in Halle-Trotha schätzungsweise ein höchster Abfluß von 652 m³/s und 119 l/s km² eingetreten bei einem Verhältnis HHQ : MQ von 4,90.

Bei dieser Betrachtung ist zu beachten, daß es sich bei diesen Werten ebenfalls um Abflüsse für das reduzierte Niederschlagsgebiet von 5475 km² handelt. Der tatsächlich höchste Abfluß am Pegel Halle-Trotha einschließlich des Zuflusses aus dem gesamten Saalegebiet betrug 609 m³/s und 34 l/s km².

7.33 Rückhaltung in den Speicheranlagen

Die Angaben über Beckeninhalte und Abgaben wurden freundlicherweise durch die Betriebsleitung des VEB Wasserwirtschaft Weiße Elster, Gera zur Verfügung gestellt.

Im Gebiet der oberen Weißen Elster sind als Speicheranlagen die Talsperre Pirk mit 10,7 hm³ Inhalt für Industriewasserversorgung und Niederwasseraufhöhung sowie die Geigenbachtalsperre mit 3,60 hm³ Inhalt für Trinkwasserversorgung vorhanden. Im mittleren Elstergebiet liegt die Aumatalsperre mit 0,6 hm³ Inhalt für Industriewasserversorgung. Diese drei Sperren dienen dem Hochwasserschutz nur in beschränkter Weise; es ist in ihnen ein besonderer Schutzraum nicht freizuhalten.

Vor dem Hochwasser hatte die Talsperre Pirk einen Inhalt von 9,43, die Geigenbachtalsperre von 2,36 und die Aumatalsperre von 0,48 hm³. Am 11. Juli um 7.00 Uhr wurde in den Sperren die höchste Füllung gemessen. Sie betrug in der Talsperre Pirk 10,7, in der Geigenbachtalsperre 4,01 und in der Aumatalsperre 0,75 hm³. Gespeichert wurden in den einzelnen

Sperren also bis zu diesem Zeitpunkt 1,27, 1,65 und 0,27 hm^3 und 3,19 hm^3 insgesamt im Elstergebiet. Zu dieser Zeit hatte sich die Hochwasserspitze im Raume Greiz nahezu aufgebaut.

Am Pegel Magwitz betrug am 11. Juli um 7.00 Uhr die Abflußsumme 8,64 hm^3, so daß hier bis zu dieser Zeit, in der der Höchststand bereits eingetreten war, rund 13% der Gesamtabflußsumme von 9,91 hm^3 zurückgehalten werden konnten. Für den Pegel Greiz betrug die Verminderung der Abflußsumme von insgesamt 55,71 hm^3 zu diesem Zeitpunkt nur noch 5%. Die Rückhaltung in der Aumatalsperre war infolge ihres geringen Inhaltes für den Ablauf der Elsterwelle völlig bedeutungslos.

Mit dem Absinken der Hochwasserwelle erfolgte auch sofort eine vorsichtige Entlastung der bis zur äußersten Grenze gefüllten Talsperren. Nach dem Ablauf der Hochwasserwelle war in den drei Sperren noch eine Speichersumme von 2,12 hm^3 vorhanden, die aus der Rückhaltung der Hochwasserwelle herrührte. Die Entlastung der Talsperre Pirk hatte in den letzten Tagen des Hochwasserablaufs sogar zu einer geringen Mehrabgabe von 0,08 hm^3 geführt.

Diese Speichersummen sind den an den Pegeln gemessenen Abflußsummen hinzuzurechnen. Sie ergeben für die Pegel Greiz, Gera-Langenberg, Zeitz und Leipzig-Großzschocher eine Erhöhung der Abflußhöhe von 1 mm und eine sehr geringe Zunahme der mittleren Abflußspenden.

Die Rückhaltungen des Hochwassers in den Speicheranlagen sind in Abbildung 98 als Speichersummenlinien dargestellt.

Wenn auch die Wirkung der für den Hochwasserschutz nicht vorgesehenen Talsperren im oberen und mittleren Elstergebiet für den Ablauf des Hochwassers bedeutungslos blieb, so zeigt doch die Untersuchung, daß schon allein durch das Durchströmen der Sperren eine verzögernde und abflachende Wirkung eintrat. Ihr Einfluß auf die Scheitelbildung ist bereits in Abschnitt 7. 32 behandelt.

Eine wesentlich andere Wirkung hatten dagegen die Speicheranlagen der Pleiße. Im Gebiet der oberen Pleiße liegt die Koberbachtalsperre mit einem Inhalt von 2,80 hm^3, die als Trinkwassertalsperre ebenfalls für einen besonderen Hochwasserschutz nicht vorgesehen ist. Beim Beginn des Hochwassers hatte sie eine Füllung von 1,38 hm^3 und war am 11. Juli um 7.00 Uhr mit 3,00 hm^3 bis zur äußersten Höhe angereichert. Die Speichersumme aus dem Hochwasser betrug 1,62 hm^3. Am Pegel Gößnitz war zu dieser Zeit eine Abflußsumme von 15,52 hm^3 gemessen worden, so daß die Rückhaltung in der Koberbachtalsperre knapp 10% des Abflusses von Gößnitz betrug. Bis zum Ablauf der Hochwasserwelle blieben in der Koberbachtalsperre 1,16 hm^3 des Hochwassers gespeichert. Diese Menge erhöhte die am Pegel Gößnitz gemessene Abflußhöhe um 4 mm auf insgesamt 92 mm und die mittlere Abflußspende um 2 $l/s\,km^2$ auf insgesamt 43,3 $l/s\,km^2$. Zwischen den Abflußmeßstellen Gößnitz und Deutzen befinden sich das Speicherbecken Windischleuba mit 3,25 hm^3 sowie die Rückhaltebecken Regis-Breitingen und Görnitz mit je 3,0 hm^3 Inhalt. Vor dem Hochwasser war das Becken Windischleuba mit 0,83 hm^3 gefüllt. Es hatte ebenfalls bis zum 11. Juli um 7.00 Uhr seinen höchsten Inhalt bis zur äußersten Stauhöhe mit 4,70 hm^3 erreicht und bis zu diesem Zeitpunkt 3,87 hm^3 des Hochwassers aufgespeichert. Wenn auch der normale Nutzinhalt des Beckens Windischleuba nur 3,25 hm^3 beträgt, so wurde doch dieses Becken während des Hochwassers bis zur äußersten Grenze angestaut, da sich Schwierigkeiten beim Bedienen der Schützen bzw. Grundablässe ergaben. Der Damm war zwar dadurch gefährdet, konnte aber durch besonderen Einsatz von Arbeitskräften gehalten werden.

Wie bereits erwähnt, wurde rechtzeitig erkannt, daß die alle bisherigen Erfahrungen überschreitenden Niederschläge und Abflüsse nicht in genügendem Umfange gespeichert werden konnten. Es begann daher am 10. Juli um 19.40 Uhr die Flutung des Tagebaues Blumroda, der am 11. Juli um 19.00 Uhr rund 17,0 hm^3 aufgenommen hatte. Durch diese Maßnahme wurde die am 9. Juli begonnene Speicherung im Rückhaltebecken Regis-Breitingen unterbrochen, da beide Stauräume in unmittelbarer Verbindung stehen.

Im Rückhaltebecken Görnitz begann am 10. Juli um 17.00 Uhr der Anstau, und am 12. Juli um 7.00 Uhr war hier die höchste Rückhaltung mit 3,14 hm^3 eingetreten. Zu diesem Zeitpunkt war oberhalb des Pegels Deutzen die größte Speichersumme mit 24,09 hm^3 erreicht, während am Pegel selbst, der kurz unterhalb des Rückhaltebeckens Görnitz liegt, zu dieser Zeit erst eine Abflußsumme von 7,28 hm^3 gemessen wurde. Es konnten also von der Gesamtabflußsumme von 31,37 hm^3 im Mittellauf der Pleiße bis zum Pegel Deutzen 77% aufgefangen werden. Dabei ist besonders zu beachten, daß beim Erreichen der Höchstspeicherung die Hochwasserwelle in Deutzen bereits ihren Höchststand erreicht hatte und seit 4,5 Stunden im Absinken war.

In Abbildung 98 ist zum Vergleich mit der Speichersummenlinie b, die die Rückhaltung oberhalb des Pegels Deutzen darstellt, die Abflußsummenlinie des Pegels Deutzen eingetragen. Sie zeigt, daß erst am 15. Juli um 20.00 Uhr bei bereits begonnener Entlastung der Speicheranlagen die Speicher- und Abflußsummen gleich sind. Gleichzeitig zeigt aber auch die immer flacher werdende Abflußsummenlinie, daß der Abfluß am Pegel Deutzen ständig zurück ging. Er betrug am 16. Juli im Tagesmittel nur noch 16,8 m^3/s.

Bis zum Ablauf der Hochwasserwelle war infolge der Entlastung die Speichersumme bis zum Pegel Deutzen auf 17,95 hm^3 zurückgegangen, während nunmehr am Pegel 30,10 hm^3 abgelaufen waren. Es wurden also immer noch 37% des Abflusses zurückgehalten. Diese Speichermenge entspricht einer Abflußhöhe von 23 mm am Pegel Deutzen und erhöht die dort gemessene Abflußhöhe von 38 auf 61 mm und die mittlere Abflußspende von 17,8 auf 28,3 $l/s\,km^2$.

Bei der Wirkung der Speicheranlagen ist ferner zu beachten, daß in ihnen eine verstärkte Verdunstung von der Wasserfläche sowie eine Zunahme der Einsickerung in den Untergrund erfolgte, sofern es sich nicht um Dauerbecken handelt.

Am Unterlauf der Pleiße stehen noch die Speicherbecken Lobstädt mit 1,0 hm^3 und Witznitz mit 19,0 hm^3 Inhalt zur weiteren Rückhaltung bereit. Dem letzteren kann sowohl das Pleiße- als auch das Wyhrahochwasser zugeleitet werden. Eine allerdings sehr geringe Speichermöglichkeit besteht dann noch im Stausee Rötha, der jedoch nicht als eine Hochwasserschutzanlage angesehen werden kann.

Zu Beginn des Hochwassers betrug der Inhalt im Becken Lobstädt 0,54, im Becken Witznitz 11,38 und im Stausee Rötha 1,45 hm^3. Während der letztere bereits am 12. Juli um 7.00 Uhr seinen größten Inhalt mit 1,94 hm^3 hatte, wurde der größte Inhalt in den Becken Lobstädt und Witznitz erst am 14. Juli um 7.00 Uhr mit 1,09 und 19,65 hm^3 erreicht. Im Gebiet der unteren Pleiße wurden also weiterhin 9,31 hm^3 gespeichert, wodurch sich die Höchstspeicherung im Gebiet der Pleiße am 12. Juli um 7.00 Uhr auf 31,46 hm^3 erhöhte. Nach dem Ablaufen der Hochwasserwelle enthielten die Speicher der unteren Pleiße noch 5,12 hm^3, die aus der Hochwasserwelle stammen. Die gesamte Speichersumme betrug noch 23,7 hm^3.

Wie bereits erwähnt, ist es nicht möglich, an einem weiteren Pleißepegel den genauen Umfang der weiteren Rückhaltung durch die Speicheranlagen zahlenmäßig zu belegen. Es kann jedoch ohne weiteres angenommen werden, daß sich das vom Pegel Deutzen abgeleitete außerordentlich günstige Bild im Unterlauf der Pleiße keinesfalls verschlechtert hat.

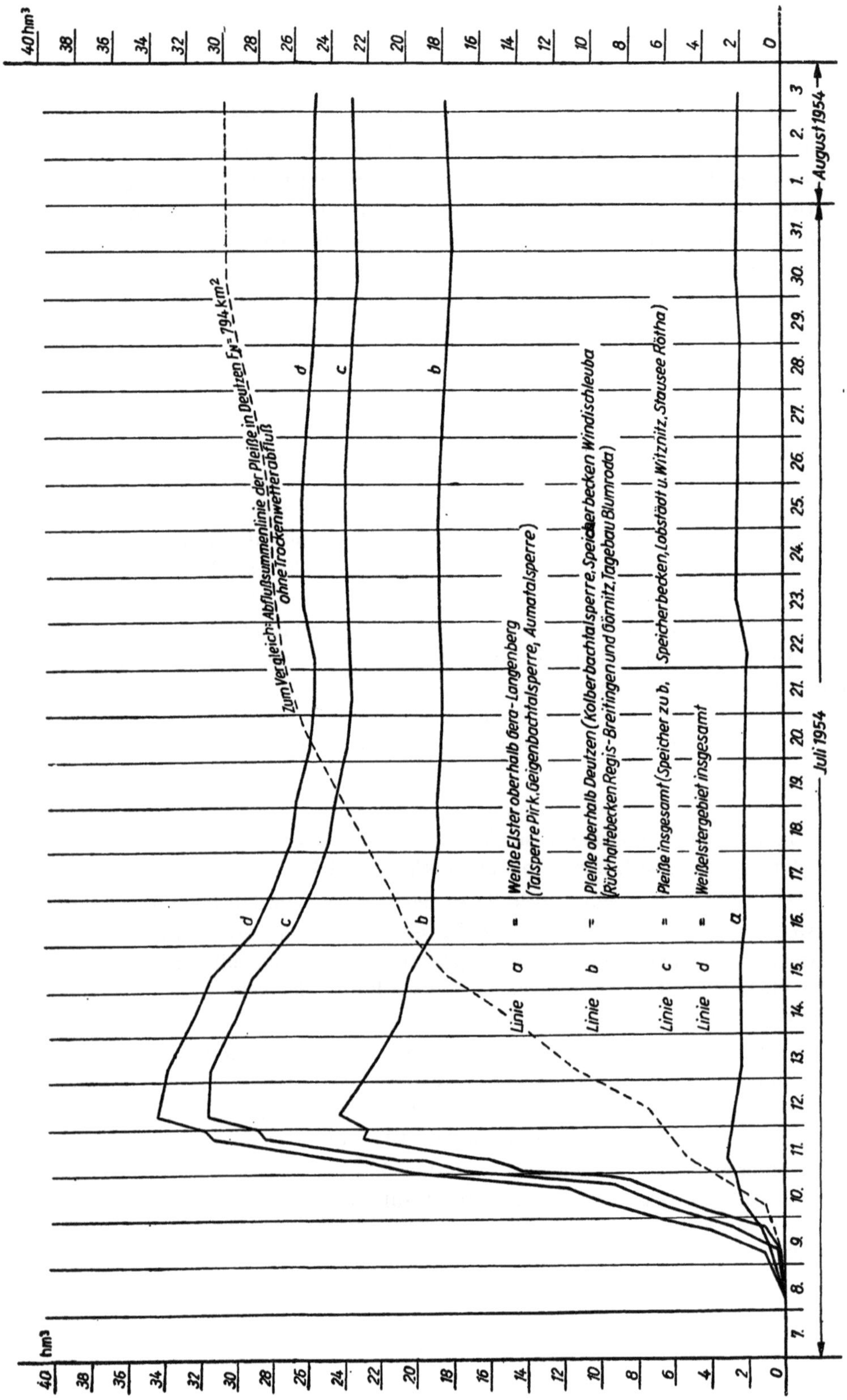

Abb. 98. Speichersummen der Talsperren im Gebiet der Weißen Elster

Abb. 99. Rückhaltebecken Windischleuba

Abb. 100. Schleuse Görnitz

Die nach Ablauf der Hochwasserwelle im Gesamtgebiet der Weißen Elster noch vorhandene Speichersumme des Hochwassers betrug 25,19 hm^3. Sie umfaßt 8% des gesamten oberirdischen Abflusses von 314,2 hm^3. Bezogen auf den Pegel Halle-Trotha entspricht die Speichersumme einer Abflußhöhe von rund 5 mm. Sie erhöht die Abflußhöhe des Pegels Halle-Trotha von 53 auf 57 mm und die mittlere Abflußspende von 22,5 auf 24,3 l/s km^2.

7.4 Beziehungen zwischen Niederschlag und Abfluß

Da sich der Hochwasserablauf der Weißen Elster bis Anfang August ausdehnte, wurde es notwendig, auch die noch nach dem eigentlichen Starkregen bis zum 31. Juli gefallenen Niederschläge mit in die Berechnungen einzubeziehen, da ihr oberirdischer Abfluß den Hochwasserabfluß vergrößerte und in einzelnen Fällen sogar noch zu geringen Anstiegen führte.

In Tabelle 29, die eine Zusammenstellung der Niederschlags- und Abflußwerte für die einzelnen Pegel- und Zwischengebiete der gesamten Weißen Elster einschließlich der Pleiße gibt, ist daher der Niederschlag für die Hauptperiode des Starkregens vom 8. bis 11. und 8. bis 13. sowie für die Gesamtablaufzeit vom 8. bis 31. Juli aufgeführt.

In Abbildung 101 sind die Niederschlags- und Abflußhöhen sowie die weiteren Auswertungsergebnisse für die Pegel der Weißen Elster dargestellt.

7.41 Niederschlagshöhen

Der höchste Niederschlag fiel im Gebiet der Göltzsch. Hier wurden als Niederschlagshöhe für das Einzugsgebiet des Pegels Mylau vom 8. bis 31. Juli insgesamt 350 mm gemessen, von denen in den ersten 4 Tagen 258 = 74% und in den ersten 6 Tagen 276 mm = 79% fielen. Der höchste 24stündige Niederschlag betrug am 10. Juli um 7.00 Uhr 121,4 mm. Eine derart hohe Tagesmenge wurde für andere Niederschlagsgebiete nicht ermittelt, sie blieb überall unter 100 mm. In dem nur 155 km^2 großen Gebiet des Pegels Mylau gingen insgesamt 54,2 hm^3 Regen nieder.

Das Zwischengebiet von Adorf bis Magwitz mit 278 mm, der Pegel Greiz mit 272 mm und der Pegel Magwitz mit 271 mm schließen sich im Gebiet der oberen Elster dieser hohen Intensität an. Auch hier fielen in den ersten 6 Tagen bis zu 79% der Gesamtmenge. Bei der Beurteilung der Summen des Zwischengebietes Magwitz bis Greiz ist zu beachten, daß der Niederschlag rechts der Weißen Elster, insbesondere im Gebiet der Trieb, wesentlich höher war als im Gebiet der linksseitigen Zuflüsse. Er kann für die letzteren Gebiete mit etwa 200 und für das Gebiet der Trieb mit über 300 mm insgesamt angenommen werden. Am Pegel Adorf betrug die Gesamtsumme nur 263 mm, so daß bis zum Pegel Greiz eine Steigerung der Niederschläge im Gebiet der Weißen Elster und ihre höchste Intensität zu verzeichnen war. Die bis Greiz gefallene Niederschlagssumme betrug 341,3 hm^3.

Unterhalb Greiz verringerten sich die Niederschläge von Pegel zu Pegel. In Halle-Trotha betrugen sie für das Gesamtgebiet der Weißen Elster noch 208 mm, von denen 63% in den ersten 4 und 75% in den ersten 6 Tagen gefallen waren. Die gesamte Niederschlagssumme ergab den hohen Betrag von 1137 hm^3.

Von den einzelnen Zwischengebieten hatte das Gebiet von Greiz bis Gera-Langenberg mit 199 mm den höchsten und das Gebiet von Gera-Langenberg bis Zeitz mit 149 mm den geringsten Niederschlag.

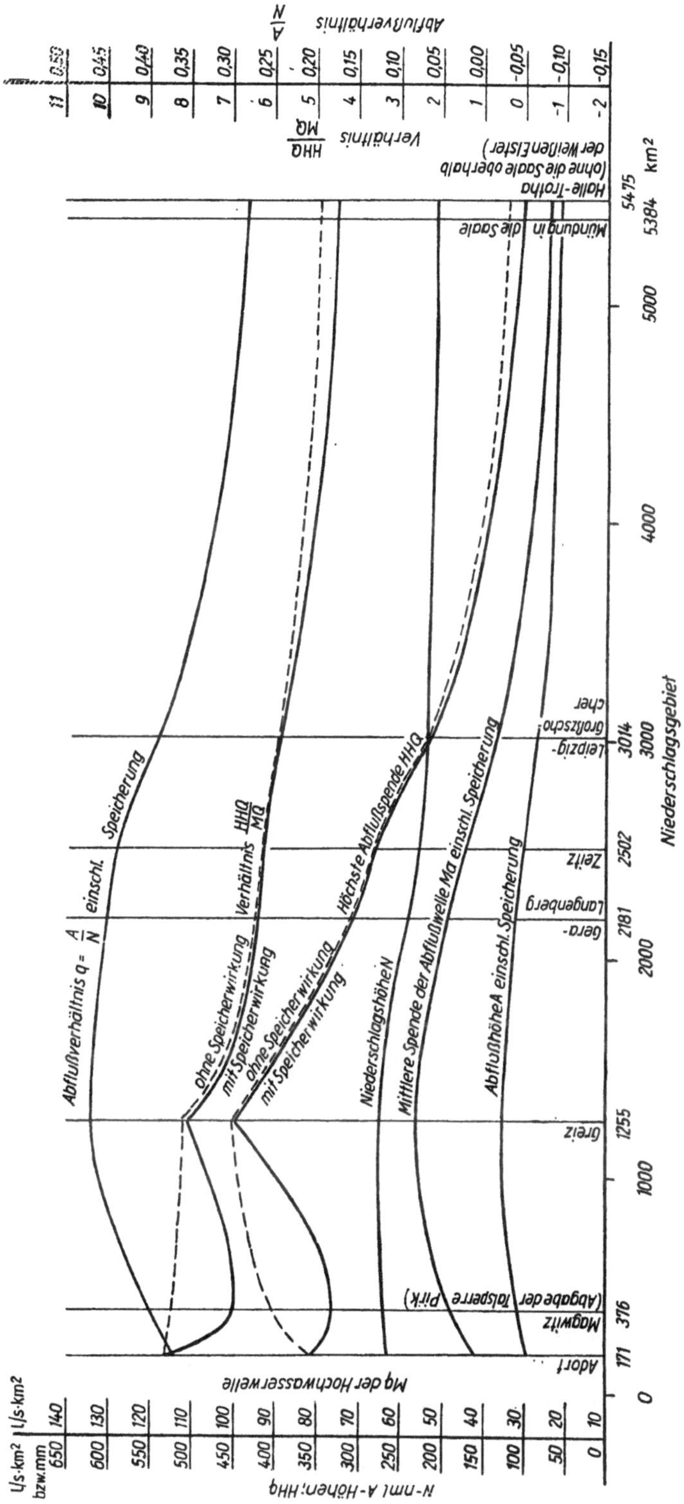

Abb. 101. Niederschlags- und Abflußhöhen für die Pegel der Weißen Elster

Im Gebiet der Pleiße hatten die Pegel Gößnitz mit 275 und Streitwald mit 279 mm die höchsten Niederschlagssummen. Hiervon fielen in den ersten 4 Tagen im Niederschlagsgebiet des Pegels Gößnitz 72% und des Pegels Streitwald 66%, während nach 6 Tagen in beiden Gebieten 78% gefallen waren. Im Zwischengebiet von Gößnitz und Deutzen betrug der Gesamtniederschlag noch 240 mm, bei gleichem prozentualen Anteil für die ersten 4 und 6 Tage wie im oberen Pleißegebiet.

7.42 Abflußhöhen

Die Abflußhöhen wurden in der gleichen Weise wie im Abschnitt 5. 52 beschrieben ermittelt. Die Summenlinien der Niederschläge und der Abflüsse sind für einige ausgewählte Stationen in Abbildung 102 dargestellt.

Bei der Beurteilung des Abflusses muß berücksichtigt werden, daß infolge der langen Zeitdauer der Hochwasserwelle diese nicht ausschließlich durch oberirdischen Abfluß, sondern auch zu einem allerdings erheblich geringeren Teil kurzfristig aus Grundwasser gespeist wurde, das seinen Ursprung ebenfalls in den Starkniederschlägen hatte (s. auch Abschnitt 7.43).

Die höchste Abflußhöhe mit 167 mm und die höchste mittlere Abflußspende mit 79,4 l/s km² entwickelte sich entsprechend den hohen Niederschlägen am Pegel Mylau im Göltzschgebiet. Es folgen das Zwischengebiet Magwitz bis Greiz und der Pegel Greiz mit 126 mm Abflußhöhe und 55,4 l/s km² mittlerer Abflußspende. Innerhalb des genannten Zwischengebietes dürfte wiederum im Triebgebiet der höchste mittlere Abfluß eingetreten sein. Im Quellgebiet der Weißen Elster betrug am Pegel Adorf die Abflußhöhe nur 97 mm und die mittlere Abflußspende 40,9 l/s. km².

Für das Gebiet des Pegels Mylau mit dem höchsten Abfluß wurden nach den vorliegenden Niederschlagsmeldungen für die Zeit vom 7. bis 13. Juli die stündlichen Niederschlagsspenden berechnet und in Abbildung 103 dargestellt. Ihr höchster Wert beträgt in den Mittagsstunden des 9. Juli etwa 2400 l/s km². Die Höhe der Abflüsse war hier im wesentlichen bedingt auch durch die stark herabgesetzte Verdunstung. Dies zeigt vor allem der Gang der Dampfdruckdifferenz (E—e) in Abbildung 104.

Zum Vergleich sind die Abflußspenden aufgetragen. Sie lassen klar erkennen, daß hier die Scheitelbildung des Abflusses entscheidend durch die Intensität der Niederschläge beeinflußt wurde. Etwa 14 Stunden nach den stärksten Niederschlägen kam es zur Ausbildung des ersten Scheitels. Aber nicht nur die Höhe des Scheitels, sondern auch die Zeit seines Eintretens sowie die Art seines Verlaufs sind vom Gang der Niederschläge abhängig. So kann ohne weiteres die Spitze im absteigenden Ast der Welle in Beziehung zu den in den frühen Morgenstunden gefallenen Niederschlägen mit Spenden bis zu 1800 l/s km² gebracht werden. Bei der höheren Wasserführung wirkten sie sich jedoch bereits nach etwa 7 Stunden, also wesentlich früher, aus. Die gleiche Entwicklungszeit war auch bei der Bildung der zweiten Welle am 11. Juli vorhanden.

Unterhalb von Greiz verringerten sich die Abflußhöhen und -spenden in den einzelnen Zwischengebieten, so daß für das Gesamtgebiet der Weißen Elster von Pegel zu Pegel entsprechend den geringeren Niederschlagshöhen ebenfalls eine Abnahme der Abflußhöhen und mittleren Abflußspenden eintrat, die bis zur Mündung in die Saale zu einer erheblichen Abflachung führte. Während in den Zwischengebieten von Greiz bis Gera-Langenberg und von hier bis Zeitz noch Abflußhöhen von 79 und 50 mm und mittlere Abflußspenden von 34,9 und 22,3 l/s km² ermittelt wurden, sanken diese in den Zwischengebieten Zeitz bis Leipzig-Großzschocher und Leipzig-Großzschocher bis Halle-Trotha auf 5,9 bzw. — 6,9 mm

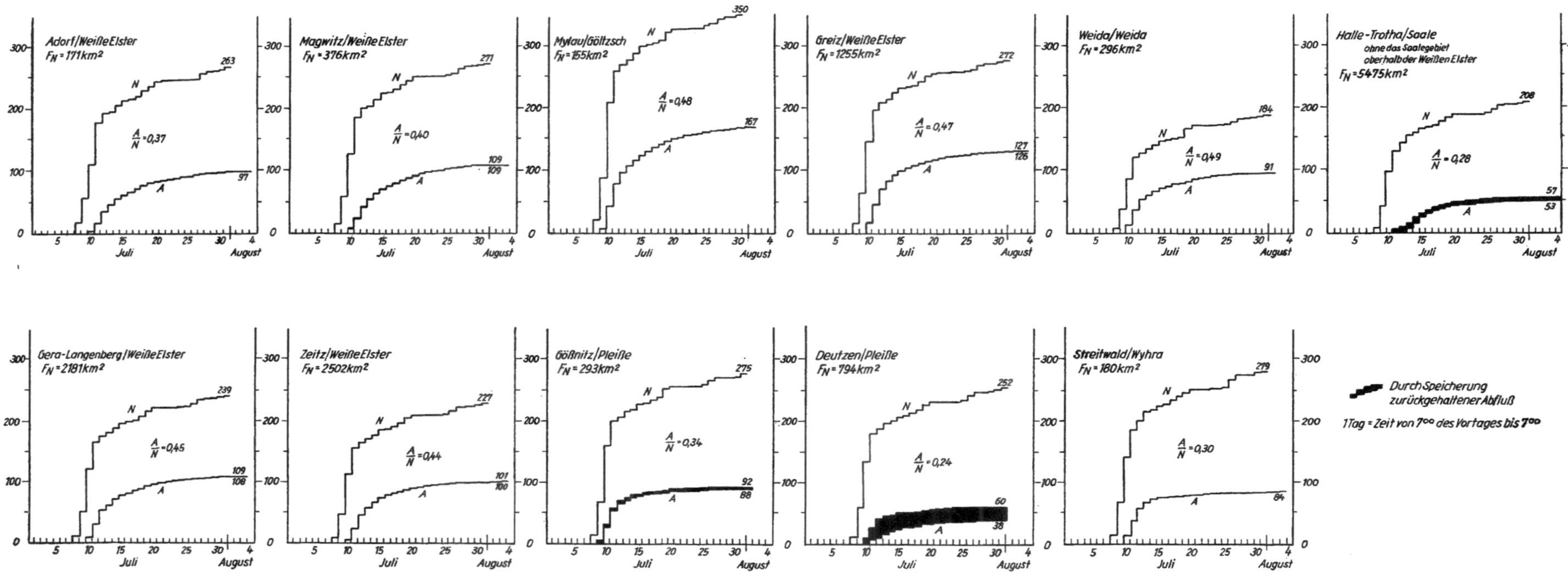

Abb. 102. Niederschlags- und Abflußsummen aus dem Gebiet der Weißen Elster

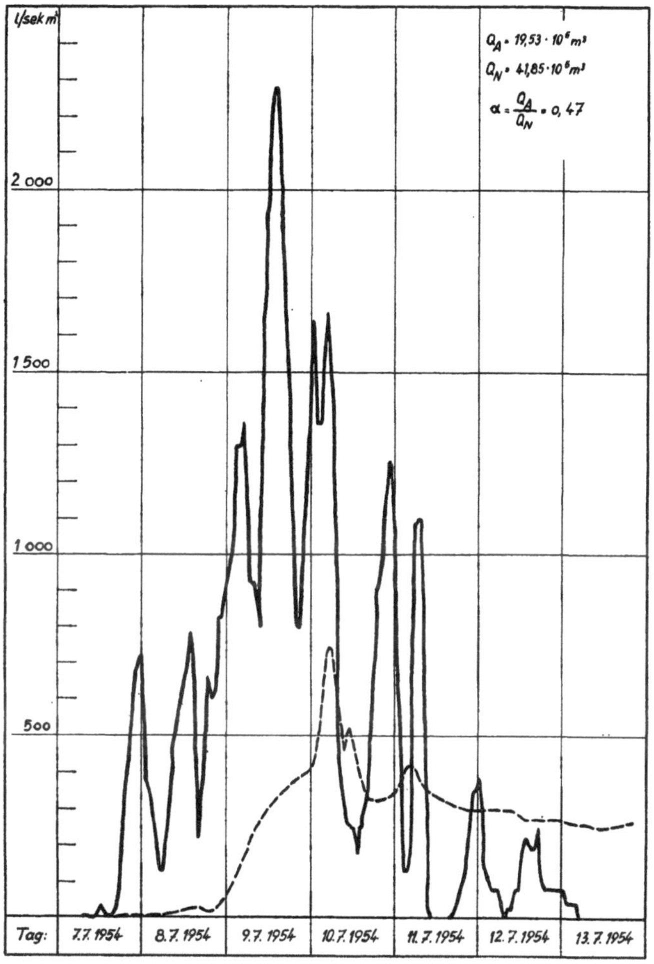

Abb. 103. Stündliche Niederschlags- und Abflußspenden, bezogen auf den Pegel Mylau/Göltzsch (F_N = 155 km²)

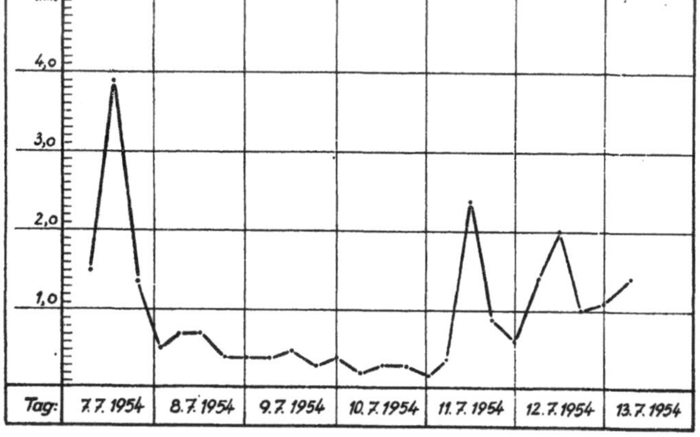

Abb. 104. Dampfdruckdifferenz E—e (Gebietsmittel Mylau/Göltzsch)

Tabelle 29. Niederschlag und Abfluß

Lfd. Nr.	Gewässer	Pegel bzw. Zwischeneinzugsgebiet	Niederschlagsgebiet F_N km²	Niederschlag 8./11. 7. mm	Niederschlag 8./13. 7. mm	Niederschlag 8./31. 7. mm	Niederschlag 8./31. 7. hm³	Abfluß der Flutwelle ohne Trockenwetterabfluß Summe hm³	Abfluß der Flutwelle ohne Trockenwetterabfluß MQ / Mq m³/s / l/s km²	Abfluß der Flutwelle ohne Trockenwetterabfluß A m
1	2	3	4	5	6	7	8	9	10	11
1	Weiße Elster	Adorf	171	176	194	263	45,0	16,5	7,00 / 40,9	96,8
2	Weiße Elster	Adorf bis Magwitz	205	195	212	278	56,9	24,4	10,3 / 50,2	119,1
3	Weiße Elster	Magwitz	376	187	204	271	102,0	41,0	18,1 / 48,1	108,9
4	Göltzsch	Mylau	155	258	276	350	54,2	25,9	12,3 / 79,4	166,8
5	Weiße Elster	Magwitz bis Greiz ohne Nr. 4	724	186	201	256	185,2	91,4	40,1 / 55,4	126,2
6	Weiße Elster	Greiz	1255	195	211	272	341,3	158,2	69,5 / 55,4	126,0
7	Weida	Weida	296	118	131	184	54,4	26,8	13,3 / 44,9	90,5
8	Weiße Elster	Greiz bis Gera-Langenberg ohne Nr. 7	630	129	144	199	125,6	49,8	22,0 / 34,9	79,0
9	Weiße Elster	Gera-Langenberg	2181	165	180	239	521,4	234,7	104 / 47,7	107,6
10	Weiße Elster	Gera-Langenberg bis Zeitz	321	87	104	149	47,9	16,2	7,15 / 22,3	50,4
11	Weiße Elster	Zeitz	2502	154	170	228	569,3	250,9	111 / 44,4	100,3
12	Weiße Elster	Zeitz bis Leipzig-Großzschocher	512	102	133	176	90,1	*3,00*	*1,31 / 2,56*	*5,9*
13	Weiße Elster	Leipzig-Großzschocher[3])	3014	146	164	219	659,4	*254,0*	*111 / 36,8*	*84,4*
14	Pleiße	Gößnitz	293	199	215	275	80,5	25,8	12,1 / 41,3	88,1
15	Pleiße	Gößnitz bis Deutzen	501	165	187	240	120,1	4,2	1,99 / 3,97	8,5
16	Pleiße	Deutzen	794	177	197	252	200,6	30,1	14,1 / 17,8	37,9
17	Wyhra	Streitwald	180	185	215	279	50,2	15,2	6,76 / 37,6	84,3
18	Weiße Elster und Saale	Leipzig-Großzschocher bis Halle-Trotha ohne Nr. 16 u. 17	1487	69	110	153	226,9	*–10,3*	*–4,43 / –2,98*	*–6,9*
19	Saale	Halle-Trotha ohne die Saale oberhalb der Weißen Elster	5475	131	156	208	1137,1	289,0	123 / 22,5	52,8

Bemerkungen

[1]) Nur bedingt vergleichbar, da 40,9 m³/s nur ein mittleres Hochwasser ist.

[3]) Abflüsse 1924 nicht ermittelt.

im Gebiet der Weißen Elster

Rückhalt in den Talsperren (Speicherung)		Abfluß der Flutwelle ohne Speicherwirkung				Hochwasser (HQ) 1954						
Summe hm³	A mm	Summe hm³	MQ / Mq m³/s / l/s km²	A mm	A:N	HQ / Hq mit Speicherwirkung m³/s / l/s km²	HQ / Hq ohne Speicherwirkung m³/s / l/s km²	HQ:MQ mit Speicherwirkung	HQ:MQ ohne Speicherwirkung	HHQ / HHq (bisherige) m³/s / l/s km²	HQ 1954 über (+) und mehr (−) HHQ m³/s	HQ 1954 in Prozenten HHQ
12	13	14	15	16	17	18	19	20	21	22	23	24
—	—	16,5	7,00 / 40,9	96,8	0,37	60,0 / 351	60,0 / 351	8,57	8,57	(33,8 / 198)	+ 26,2	178
−0,08	−0,4	24,3	10,3 / 50,2	118,7	0,43	—	—	—	—	—	—	—
−0,08	−0,2	40,9	18,0 / 47,9	108,7	0,40	125 / 332	151 / 402	6,91	8,40	(40,9 / 109)[1]	+ 84,1	306
—	—	25,9	12,3 / 79,4	166,8	0,48	120 / 774	120 / 774	9,76	9,76	(41,5 / 268)	+ 78,5	289
1,55	2,1	92,9	40,9 / 56,5	128,3	0,50	—	—	—	—	—	—	—
1,47	1,2	159,7	70,2 / 55,9	127,2	0,47	558 / 445	575 / 458	8,05	8,18	(282 / 225)	+276	198
—	—	26,8	13,3 / 44,9	90,5	0,49	123 / 416	123 / 416	9,25	9,25	139 / 470	− 16,0	88
0,65	1,0	50,4	22,3 / 35,4	80,0	0,40	—	—	—	—	—	—	—
2,12	1,0	236,9	105 / 48,1	108,6	0,45	667 / 306	678 / 311	6,41	6,45	(560 / 257)	+107	119
—	—	16,2	7,15 / 22,3	50,4	0,34	—	—	—	—	—	—	—
2,12	0,8	253,0	112 / 44,8	101,1	0,44	697 / 279	707 / 281	6,28	6,30	—[2]	—[2]	—[2]
—	—	*3,00*	*1,31 / 2,56*	*5,9*	*0,03*	—	—	—	—	—	—	—
2,12	0,7	*256,1*	*112 / 37,2*	*85,1*	*0,39*	649 / 215	655 / 216	5,80	5,81	—[2]	—	—
1,16	4,0	27,0	12,7 / 43,3	92,1	0,34	120 / 410	*127 / 434*	9,92	*10,0*	(91,4 / 312)	+ 28,6	131
16,79	33,5	21,0	9,87 / 19,7	42,0	0,18	—	—	—	—	—	—	—
17,95	22,6	48,0	22,5 / 28,3	60,5	0,24	61,5 / 77,5	*178 / 225*	4,36	*7,90*	87,5 / 110	− 26,0	70
—	—	15,2	6,76 / 37,6	84,3	0,30	81,6 / 453	81,6 / 453	12,07	12,07	98,0 / 544	− 16,4	83
5,12	3,4	*−5,2*	*−2,24 / −1,51*	*−3,5*	—	—	—	—	—	—	—	—
25,19	4,6	314,2	133 / 24,3	57,4	0,28	554 / 101	*652 / 119*	4,50	*4,90*	—[4]	—	—

[3]) Einschließlich Abfluß der Elsterflutrinne und des Floßgrabens am Pegel Markkleeberg. Höchststand zur gleichen Zeit.
[4]) Vergleichswerte aus früherer Zeit lassen sich für dieses Teilgebiet nicht ermitteln.

Kursiv gesetzte Werte nach annähernder Berechnung.

Abflußhöhe sowie 2,56 bzw. — 2,98 l/s km² ab. Die Auswertung der reduzierten Abflußganglinie von Halle-Trotha ergab nur noch eine Abflußhöhe von 53 mm und eine mittlere Abflußspende von 22,5 l/s km². Die gesamte Abflußsumme betrug hier 289 hm³.

Diese Entwicklung zeigt, daß im Gebiet der Weißen Elster nach der Hochwasserentwicklung bis zur größten Intensität im Raume Greiz zunächst bis Zeitz ein geschlossener Abfluß mit noch erheblichem Zufluß aus den Seitengebieten erfolgte. Jedoch war bis hier mit dem Ineinanderlaufen der einzelnen Wellenscheitel bereits eine Abflachung der Hochwasserwelle eingetreten. Unterhalb Zeitz änderte sich der Abflußvorgang wesentlich, da hier die Zwischengebiete nur noch einen sehr geringen Zufluß und im Unterlauf sogar einen Verlust brachten.

Dies ist einmal durch die geologischen Verhältnisse und zum anderen durch die wesentlich erhöhte Verdunstung infolge der stärkeren Ausuferungen in der breiten Talaue unterhalb Zeitz bedingt. Bis Zeitz hatte die Weiße Elster ihren Zufluß aus den Formationen des Urgebirges, des Buntsandsteins und des Zechsteins erhalten; unterhalb Zeitz gelangte sie in die Gebiete des Alttertiärs, Diluviums und Alluviums, in denen ein wesentlich höherer Anteil des Niederschlags zum Versickern kam und auch durch die weit verbreiteten Ausuferungen ein Teil des bisher oberirdischen Abflusses dem Grundwasser zuströmte bzw. verdunstete.

Im Gebiet der Pleiße hatte der Pegel Gößnitz mit 88 mm und 41,3 l/s km² die höchste Abflußhöhe und mittlere Abflußspende. Ihm folgte der Pegel Streitwald mit 84 mm und 37,6 l/s km².

Zwischen Gößnitz und Deutzen wirkten sich die Speicheranlagen erheblich aus, so daß am Pegel Deutzen aus der Abflußganglinie nur eine Abflußhöhe von 38 mm und eine mittlere Abflußspende von 17,8 l/s km² abgeleitet werden konnte.

In dem rund 1470 km² großen Niederschlagsgebiet der Pleiße bis zu ihrer Mündung in die Weiße Elster oberhalb des Palmgartenwehres in Leipzig — infolge der Vorflutverbesserungen im Gebiet Leipzig hat sich das Gebiet der Pleiße um rund 407 km² verringert — konnte unterhalb der Speicheranlagen der Abfluß nicht ermittelt werden. Für den hierfür vorgesehenen Pegel Gaschwitz mit einem Niederschlagsgebiet von 1317 km² konnte eine Abflußkurve noch nicht aufgestellt und der Abflußvorgang mit der für den Hochwasserablauf entscheidenden Speichereinwirkung für das Pleißegebiet daher nicht abschließend untersucht werden.

7.43 Grundwasserstände und Quellschüttungen

Wenn auch eine quantitative Untersuchung der Grundwasseranreicherung in den Talauen der Weißen Elster und ihrer Nebenflüsse nicht erfolgen konnte, da für die hier beobachteten Meßstellen infolge ungenügender Angaben über den geologischen Aufbau des Untergrundes eine hinreichend genaue Bestimmung des nutzbaren Hohlraumgehaltes (Porenvolumen) nicht möglich ist, so vermitteln doch allein schon die Angaben der Grundwasserstände und Quellschüttungen ein ungefähres Bild über die Grundwasserverhältnisse bei Ablauf der Hochwasser. Um außerdem Aussagen über die Auswirkung der Niederschläge auf den Grundwasserumsatzraum machen zu können, wurden die Schwankungen des Grundwasserspiegels und der Quellschüttungen einiger charakteristischer Beobachtungsstellen untersucht. Diese Schwankungen sind in Prozent (%) der normalen Extremschwankungen (NW—HW der langjährigen Reihe) berechnet, so daß ohne weiteres die für die verschiedenen Meßstellen gefundenen Werte miteinander verglichen werden können. Das Ergebnis der Berechnung ist in Tabelle 30 zusammengestellt. Die Lage der Meßstellen, deren

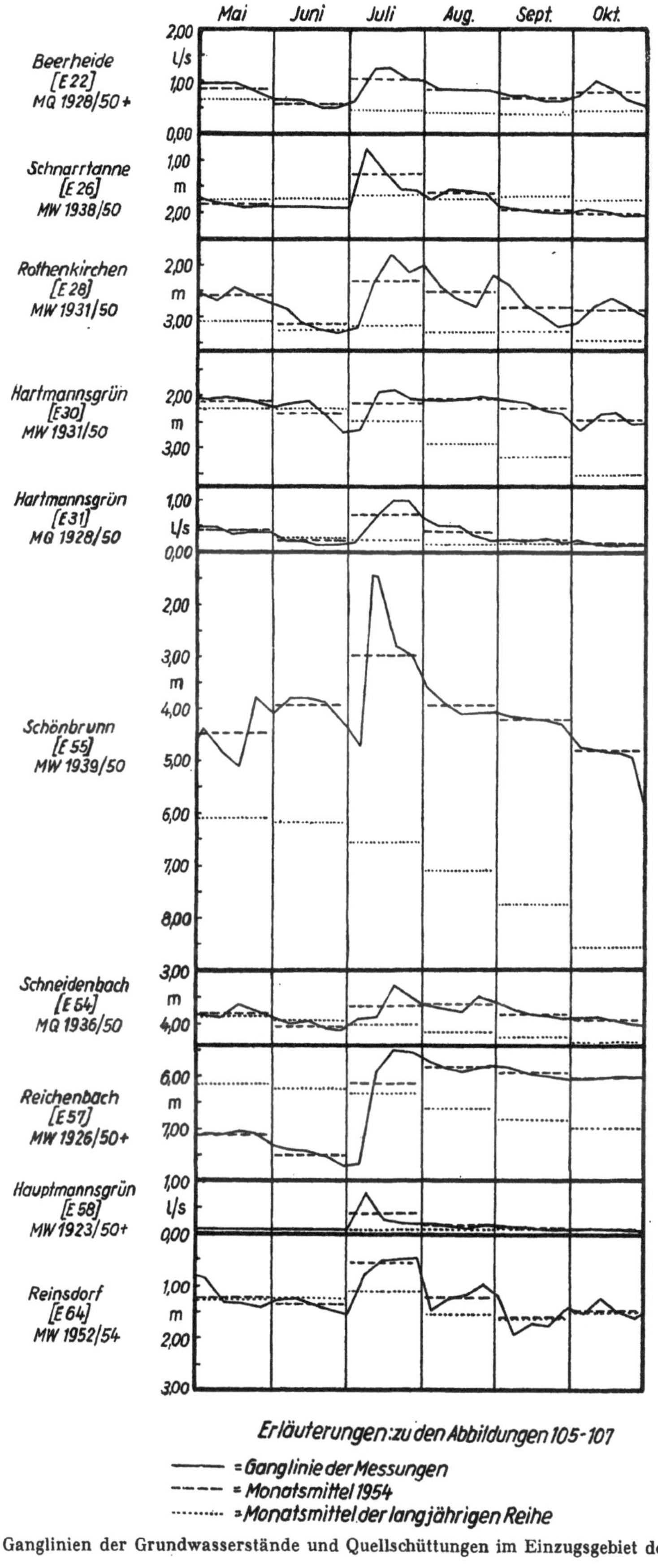

Abb. 105. Ganglinien der Grundwasserstände und Quellschüttungen im Einzugsgebiet der Göltzsch

Tabelle 30. Grundwasserstände und Quellschüttungen

Lage der Beobachtungsstelle: Meßstelle [Nr.] Geologische Formation	Kreis	Abflußjahre	Jahr NW cm [NQ] l/s	Jahr MW cm [MQ] l/s	Jahr HW cm [HQ] l/s	Monats- Mai MW cm [MQ] l/s	Monats- Juni MW cm [MQ] l/s
1	2	3	4	5	6	7	8
						Einzugsgebiet	
Beerheide [E 22] Silur (Quarzit, Tonschiefer	Auerbach	1928/50[1]) 1954	[0,05]	[0,52]	[3,00]	[0,70] [0,89]	[0,55] [0,56]
Schnarrtanne [E 26] Silur (Talschutt ü. Glimmerschiefer	Auerbach	1938/50 1954	226	169	52	174 184	173 191
Rothenkirchen [E 28] Alluv. ü. Devon	Auerbach	1931/50[1]) 1954	540	319	110	309 256	323 313
Hartmannsgrün [E 30] Silur (Tonschiefer)	Auerbach	1931/50 1954	586	261	101	207 212	228 233
Hartmannsgrün [E 31] Silur (Verw. Schutt)	Auerbach	1928/50 1954	[0,02]	[0,26]	[2,00]	[0,25] [0,43]	[0,26] [0,20]
Schönbrunn [E 55] Silur (Tonschiefer)	Reichenbach	1939/50 1954	1100	697	300	607 444	619 394
Schneidenbach [E 54] Silur (Tonschiefer)	Reichenbach	1936/50 1954	558	407	325	389 382	393 406
Reichenbach [E 57] Silur (Schiefer)	Reichenbach	1926/50[1]) 1954	(886)	648	463	619 713	626 752
Hauptmannsgrün [E 58] Silur (Tonschiefer)	Reichenbach	1923/50[1]) 1954	[0,01]	[0,08]	[0,75]	[0,08] [0,06]	[0,08] [0,06]
Reinsdorf [E 64] Karbon	Greiz	1952/54 1954	498	140	40	125 122	125 137
						Einzugsgebiet der Weißen	
Elster, Bad [E 5] paläoz. u. vorpaläoz. Alters (Lehm u. Schotter ü. Phyllit)	Oelsnitz	1931/50 1954	[0,03]	[0,80]	[5,00]	[1,11] [0,26]	[0,98] [0,38]
Großzöbern [E 36] Devon (Diabas)	Plauen	1929/50[1]) 1954	[0,00]	[0,18]	[1,00]	[0,19] [0,13]	[0,07] [0,05]
Herlasgrün [E 50] Devon (Verw. Schutt ü. Tonschiefer)	Plauen	1938/50[1]) 1954	498	336	72	331 322	335 379
Steinsdorf [E 49] Devon (Diabasbrezzie)	Plauen	1932/50[1]) 1954	1580	1334	1008	1291 1455	1301 1451

im Einzugsgebiet der Weißen Elster

mittel 1954										
Juli MW cm [MQ] l/s	August MW cm [MQ] l/s	Sept. MW cm [MQ] l/s	Okt. MW cm [MQ] l/s	W [Q] vor Eintr. d. Hochwassers cm [l/s]	 Tag	HW [HQ] 1954 cm [l/s]	 Tag	Dauer vom Anstieg bis HW [HQ] Tage	Schwankung absolut cm [l/s]	 % der Extrem-schwan-kung
9	10	11	12	13	14	15	16	17	18	19
der Göltzsch										
[0,45] [1,03]	[0,40] [0,83]	[0,38] [0,67]	[0,44] [0,79]	[0,50]	26. 6.	[1,25]	11. 7.	15	[0,75]	25
169 129	174 163	171 197	177 201	194	30. 6.	80	7. 7.	7	114	66
317 230	329 251	328 282	345 287	320	3. 7.	180	17. 7.	14	140	33
248 214	291 205	319 223	351 247	271	28. 6.	188	19. 7.	21	83	17
[0,23] [0,71]	[0,17] [0,39]	[0,16] [0,23]	[0,17] [0,17]	[0,17]	26. 6.	[1,00]	18. 7.	22	[0,83]	42
656 299	708 394	773 422	856 481	425	28. 6.	145	10. 7.	12	280	35
401 365	418 364	429 382	437 392	416	28. 6.	328	19. 7.	21	88	38
637 617	663 583	685 596	699 603	771	28. 6.	551	19. 7.	21	220	99
[0,07] [0,35]	[0,07] [0,15]	[0,07] [0,11]	[0,07] [0,08]	[0,06]	30. 6.	[0,75]	8. 7.	8	[0,69]	93
112 57	156 122	164 162	149 148	153	30. 6.	47	28. 7.	28	106	23
Elster (einschl. Weida)										
[0,85] [0,53]	[0,57] [0,49]	[0,36] [0,40]	[0,32] [0,42]	[0,31]	28. 6.	[0,71]	12. 7.	14	[0,40]	8
[0,08] [0,28]	[0,14] [0,07]	[0,06] [0,16]	[0,09] [0,13]	[0,03]	27. 6.	[0,50]	11. 7.	14	[0,47]	47
341 190	385 322	381 361	408 365	410	28. 6.	87	12. 7.	14	323	76
1317 1345	1331 1285	1354 1217	1382 1243	1466	28. 6.	1293	12. 7.	14	173	30

Tabelle 30. Grundwasserstände und Quellschüttungen

Lage der Beobachtungsstelle: Meßstelle [Nr.] Geologische Formation	Kreis	Abflußjahre	Jahr NW cm [NQ] l/s	Jahr MW cm [MQ] l/s	Jahr HW cm [HQ] l/s	Monats- Mai MW cm [MQ] l/s	Juni MW cm [MQ] l/s
1	2	3	4	5	6	7	8
Einzugsgebiet der Weißen							
Noßwitz [E 124] Alluv. ü. Devon (Tonschiefer, Diabas)	Greiz	1952/54 1954	[0,20]	[0,60]	[1,00]	[0,64] [0,54]	[0,65] [0,61]
Berga/Elster [E 68] Alluv. a. R. v. Silur (Tonschiefer)	Greiz	1951/54 1954	183	132	43	128 145	131 156
Thierbach [E 111] Silur, Devon (Schiefer)	Schleiz	1933/50[1]) 1954	543	202	55	194 172	160 151
Langenwolschendorf Silur [E 71]	Zeulenroda	1951/54 1954	309	212	109	194 180	196 211
Wünschendorf [E 105] Alluvium	Gera	1953/54 1954	782	682	503	710 752	707 760
Falka [E 106] Alluvium	Gera	1951/54 1954	355	168	94	156 189	166 191
Gera [E 109] Alluvium	Gera, Stadtkr.	1953/54 1954	329	275	200	261 256	268 272
Zangenberg [Br. Nr. 9] Diluv. (Löß, Gehängelehm v. Kies unterlagert)	Zeitz	1926/50[1]) 1954	539	440	224	425 544	432 534
Tröglitz [Br. Nr. 14] Alluv. (Kies, Sand, Lehm)	Zeitz	1926/45 1954	320	257	110	225 354	245 251
Bornitz [Br. Nr. 7] (Diluv. Löß u. Geh. Lehm)	Zeitz	1926/50[1]) 1954	526	449	254	425 512	439 512
Bornitz [Br. Nr. 8] Diluv. (Löß u. Geh. Lehm)	Zeitz	1931/50[1]) 1954	1048	989	768	975 1030	979 1030
Göbitz [Br. Nr. 1] Alluv. (Kies, Sand, Lehm v. Kies unterlagert)	Zeitz	1926/45[1]) 1954	317	215	100	188 302	203 295
Einzugsgebiet							
Baiersdorf [E 80] Rotl. (Sandst., Kongl., Schieferton)	Werdau	1925/50[1]) 1954	1722	1318	822	1310 1352	1316 1360
Ruppertsgrün [E 81] Diluv. ü. Rotlieg. (Lehm ü. Konglomerate)	Werdau	1933/50 1954	1900	1768	1609	1743 1839	1745 1832

im Einzugsgebiet der Weißen Elster (Fortsetzung)

mittel 1954 Juli MW cm [MQ] l/s	August MW cm [MQ] l/s	Sept. MW cm [MQ] l/s	Okt. MW cm [MQ] l/s	W [Q] vor Eintr. d. Hochwassers cm [l/s]	Tag	HW [HQ] 1954 cm [l/s]	Tag	Dauer vom Anstieg bis H W [H Q] Tage	Schwankung absolut cm [l/s]	% der Extrem-schwan-kung
9	10	11	12	13	14	15	16	17	18	19
Elster (einschl. Weida) - Fortsetzung										
[0,75]	[0,71]	[0,62]	[0,59]	[0,42]	15. 6.	[1,00]	15. 7.	30	[0,58]	73
[0,89]	[0,86]	[0,71]	[0,70]							
124	122	124	125	164	30. 6.	43	22. 9.	84	121	86
107	58	44	48							
187	217	269	265	140	28. 6.	120	19. 7.	21	20	4
130	124	131	135							
192	205	217	228	232	29. 6.	162	13. 7.	14	70	35
179	203	222	225							
591	625	644	674	758	29. 6.	503	20. 7.	21	255	91
564	602	602	627							
188	164	161	181	200	24. 6.	102	29. 7.	35	98	38
141	138	148	147							
247	271	294	302	276	24. 6.	200	15. 7.	21	76	59
236	255	280	291							
440	451	458	463	536	15. 6.	224	15. 7.	30	312	99
358	410	463	479							
247	248	266	268	350	15. 6.	108	15. 7.	30	242	115
227	222	261	287							
455	470	476	473	512	15. 6.	280	15. 7.	30	232	85
377	429	479	481							
994	1001	1006	1009	1030 tr.	15. 6.	1016	1. 8.	46	14	5
1022	1018	1020	1023							
217	226	231	229	293	15. 6.	170	15. 7.	30	123	57
225	237	254	262							
der Pleiße										
1321	1335	1342	1342	1360	28. 6.	520	12. 7.	14	840	93
972	1335	1356	1364							
1744	1749	1757	1774	1820	28. 6.	1605	2. 8.	35	215	74
1751	1750	1794	1749							

Tabelle 30. Grundwasserstände und Quellschüttungen

Lage der Beobachtungsstelle: Meßstelle [Nr.] Geologische Formation	Lage der Beobachtungsstelle: Kreis	Abflußjahre	Jahr: NW cm [NQ] l/s	Jahr: MW cm [MQ] l/s	Jahr: HW cm [HQ] l/s	Monats-: Mai MW cm [MQ] l/s	Monats-: Juni MW cm [MQ] l/s
1	2	3	4	5	6	7	8
						Einzugsgebiet	
Werdau [E 84]	Werdau	1933/50[1])	923	834	540	824	826
Diluv. ü. Rotlieg. (Lößlehm, Pleiße-schotter)		1954				900	909
Langenbernsdorf [E 89]	Werdau	1926/50[1])	895	380	215	349	353
Rotliegendes (Konglomerate)		1954				547	601
Neukirchen [E 101]	Werdau	1931/50	714	523	155	500	509
Rotlieg. (Sandstein)		1954				639	673
Crimmitschau [E 103]	Werdau	1942/50[1])	613	544	508	535	531
Rotlieg. (Sandstein)		1954				529	531
Neukieritzsch [Br. 1361]	Borna	1936/50	349	288	168	264	267
Alluvium		1954				335	338
Hain [Br. 1360]	Borna	1941/50	549	441	335	432	434
Alluvium		1954				566	566
Görnitz [Br. 662]	Borna	1941/50	290	225	166	225	227
Alluvium		1954				249	258
Trachenau [Br. 1074]	Borna	1951/54[1])	221	151	61	139	147
Alluvium		1954				154	158

[1]) Jahresreihe unterbrochen.

Beobachtungsergebnisse der Auswertung zugrunde liegen, kann der Übersichtskarte entnommen werden (s. Anlage).

Den weiteren Ausführungen liegt eine Studie von GROSCH über die Auswirkungen der Niederschläge auf das Grundwasser im Sommer 1954 zugrunde [37].

An Hand der von den Beobachtungsstellen vorliegenden Meßergebnisse kann festgestellt werden, daß die Grundwasserstände bzw. Schüttungen der Quellen zum letzten Meßtermin im Juni fast ausnahmslos tiefer lagen als die des MW (MQ) der langjährigen Vergleichsreihe. Die Beobachtungen bestätigen somit die weitgehende Erschöpfung des Grundwasservorrates als allgemeinen Zustand vor Beginn des Hochwassers.

Die Auswirkungen der anhaltenden und verbreiteten Starkregen zeigten sich bei einer großen Anzahl Beobachtungsstellen schon Mitte Juli. Die höchsten Grundwasserstände bzw. Schüttungen traten — mit zeitlichen Unterschieden von 7 bis 84 Tagen — im Durchschnitt nach 26 Tagen ein. Die Schwankungshöhen waren entsprechend den geologischen Untergrundverhältnissen und der Landschaftsform der einzelnen Gebiete, sowie der Lage zu den vom Niederschlag am stärksten betroffenen Gebieten unterschiedlich. Das Schiefergebirge im Oberlauf des Weiß-Elster-Gebietes einschließlich Göltzsch, sowie im Mittellauf konnte auf Grund des geringen nutzbaren Hohlraumgehalts des Untergrundes nur einen geringen Prozentsatz der gefallenen Niederschläge speichern. Im Unterlauf der Weißen Elster und Pleiße mit bedeutend günstigerem nutzbaren Hohlraumgehalt wurde ein größerer Anteil

im Einzugsgebiet der Weißen Elster (Fortsetzung)

mittel 1954										
Juli MW cm [MQ] l/s	August MW cm [MQ] l/s	Sept. MW cm [MQ] l/s	Okt. MW cm [MQ] l/s	W [Q] vor Eintr. des Hochwassers		HW [HQ] 1954		Dauer vom Anstieg bis HW [HQ] Tage	Schwankung	
				cm [l/s]	Tag	cm [l/s]	Tage		absolut cm [l/s]	% der Extrem-schwan-kung
9	10	11	12	13	14	15	16	17	18	19
der Pleiße (Fortsetzung)										
828	833	839	841	903	28. 6.	836	26. 7.	28	67	17
878	842	846	854							
359	371	400	420	675	27. 6.	366	25. 7.	28	309	45
429	475	515	467							
519	530	536	542	692	27. 6.	282	11. 7.	14	410	73
470	533	568	581							
536	545	550	555	530	28. 6.	459	12. 7.	14	71	68
494	507	512	524							
274	281	287	293	337	15. 6.	296	1. 8.	46	41	23
313	295	288	294							
437	438	444	451	566	15. 6.	461	1. 9.	77	105	49
527	463	463	468							
229	233	238	237	259	23. 6.	203	15. 7.	22	56	45
231	232	234	229							
141	158	148	147	154	15. 6.	61	15. 7.	30	93	58
112	115	126	137							

durch Einsickerung des auf breiteren Überschwemmungsflächen sich ausbreitenden Oberflächenwassers aufgenommen. Günstiger wirkten sich hier auch die späteren Eintrittszeiten der Hochwasserwelle aus, da die im Boden vorhandene Luft eher entweichen konnte als im Oberlauf. Ein Einfluß der Bewaldung konnte kaum festgestellt werden, da die Meßstellen außerhalb der Waldflächen liegen und der starke Wechsel der Untergrundverhältnisse die Einwirkung der Waldflächen überdeckte.

Bereits im Juli war ein Fallen der Grundwasserstände zu beobachten. Der Stand vor der Hochwassersituation wurde jedoch je nach Lage der Beobachtungsstellen erst nach 2 bis 7 Monaten, vereinzelt auch noch später, wieder erreicht. Erneut übernormale Niederschlagstätigkeit im August verzögerte das Absinken und führte in einzelnen Fällen sogar zu erneuten Anstiegen.

Wenn auch das Grundwasserdefizit in den nachfolgenden Monaten größtenteils ausgeglichen wurde, kann von einer langfristigen Grundwasseranreicherung durch das Julihochwasser 1954 grundsätzlich nicht gesprochen werden. Im unteren Gebiet der Weißen Elster und Pleiße waren die Verhältnisse durch die bereits erwähnten Bedingungen etwas günstiger. Die Ganglinien lassen jedoch auch hier keinesfalls den Rückschluß zu, daß erhebliche Mengen des Hochwassers gespeichert wurden.

Nachfolgend werden die örtlichen Verhältnisse näher beschrieben.

Einzugsgebiet der Göltzsch

Der Untergrund dieses Gebietes gehört vornehmlich dem Silur an. Im Ober- und Mittellauf der Göltzsch sind es hauptsächlich Phykodenschichten, im Mittellauf treten zu diesen noch Granite, und im Unterlauf lagern z. T. Gotlandium- und Gräfenthaler Schichten ein. Bei einem kleineren Gebietsteil handelt es sich um Devon (Diabase) und Unterkarbon. Der letztgenannte Teil des Gebietes ist stärker mit Störungen durchzogen. Die Gesteine bestehen vornehmlich aus Tonschiefer, Quarzit, Schiefer, Diabas und Granit. Dieses Gebiet zeichnet sich allgemein durch geringe Grundwasservorkommen aus.

Die dargestellten Ganglinien zeigten für dieses Gebiet einen schnellen Anstieg von der letzten Beobachtung vor Eintritt des Hochwassers bis zum höchsten Stand des Grundwassers, der 17% bis 99% der normalen Extremschwankung betrug. Der Mittelwert lag bei 47%. Der Höchststand wurde nach 7 bis 28 Tagen erreicht, während der Ausgleich auf die Ausgangshöhe erst nach 2 bis 6 Monaten, z. T. nach noch längerer Zeit, wieder eintrat. Hierbei ist jedoch zu beachten, daß im August erneut übernormale Niederschlagstätigkeit einsetzte, die das bereits absinkende Grundwasser wieder anreicherte und eine Überlagerung verursachte.

Die erhöhten Quellschüttungen der Meßstelle Beerheide [E 22] im Oktober waren bedingt durch die hier später einsetzenden Niederschläge und die örtliche Lage der Quelle am Hang unterhalb eines Waldes, was verzögernd auf die Schüttungen wirkte; die übrigen Schwankungen entsprechen dem Verlauf der Niederschläge. Die Grundwasserstandsbeobachtungen des Brunnens in Rothenkirchen [E 28] und des Brunnens in Reinsdorf [E 64] spiegelten den Einfluß der Niederschläge besonders deutlich wider.

Die Abweichungen der Meßstelle Hartmannsgrün [E 30] waren bedingt durch ihre Lage am Rand des Einzugsgebietes der Göltzsch und die stark beeinflussenden Untergrundverhältnisse, welche eine länger anhaltende Erhöhung der Grundwasserstände zur Folge hatten, so daß der höchste Stand verhältnismäßig undeutlich ausgeprägt war. Die Beobachtungsstelle Schönbrunn [E 55] hatte stark ausgeprägte Schwankungen, die jedoch vom langjährigen Mittel in der Tendenz nicht außergewöhnlich abwichen. Die Schwankungen des Grundwasserstandes der in Reichenbach [E 57] gelegenen Meßstelle erreichten als einzige praktisch 100% des Schwankungsbereiches der langjährigen Reihe. Die Ganglinien der Grundwassermeßstellen Schnarrtanne [E 26], Hartmannsgrün [E 31], Schneidenbach [E 54] und Hauptmannsgrün [E 58] entsprachen der Intensität der Niederschläge und ihrem zeitlichen Eintritt.

In bezug auf die geologische Formation des Untergrundes kann festgestellt werden, daß die im Alluvium gelegenen Meßstellen stark ausgeprägte Schwankungen der Grundwasserspiegel aufwiesen, während in dem zum Schiefergebirge gehörenden Teil des Untergrundes die Grundwasserbewegung stärker von der örtlichen Lage und sonstigen Faktoren abhängig war.

Einzugsgebiet der Weißen Elster (einschließlich Weida)

Die Meßstellen im Einzugsgebiet oberhalb Plauen liegen im Lehm und Schotter über Phyllit des paläozoischen und vorpaläozoischen Alters und im Devon; das Grundwasser bewegt sich nur in Spalten.

Der Untergrund des Gebietes zwischen Plauen und Gera gehört dem Silur, Devon, Karbon und Buntsandstein an. Silur tritt unterhalb Greiz in Frauenbach- und Phykodenschichten auf. Oberhalb Greiz kommen Devone mit Diabasen und Diabastuffen vor. In Höhe von Greiz, sowie im Weidagebiet tritt Unterkarbon (Kulm) hervor. Im Raume Gera breitet sich

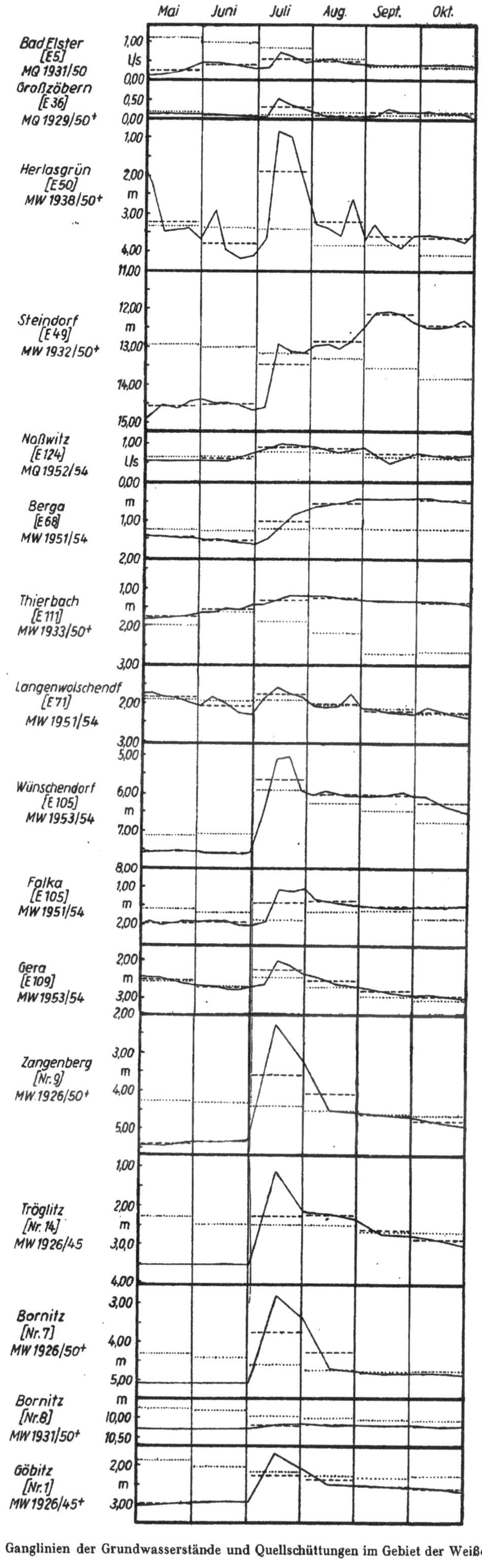

Abb. 106. Ganglinien der Grundwasserstände und Quellschüttungen im Gebiet der Weißen Elster

dann unterer Buntsandstein aus. Dieses Gebiet ist im allgemeinen arm an Grundwasservorkommen, lediglich der untere Buntsandstein hat größere Grundwasservorkommen.

Die sich ab Zeitz verbreiternde Talaue der Weißen Elster besteht geologisch aus den Alluvionen jüngster Flußablagerungen. Linksseitig wird die Aue von Diluvium — Löß und Lößlehm — und rechtsseitig von Diluvium — Geschiebelehm und anderen glazialen Bildungen — eingeschlossen. Die Grundwasserführung in diesem Untergrund kann allgemein als günstig angesprochen werden.

Die Schwankungen der Grundwasserganglinien vom Anstieg bis zum Höchststand lagen im Einzugsgebiet der Weißen Elster — verglichen mit den größten langjährigen Schwankungen — zwischen 4% und 115%, im Mittel bei 47%. Die Brunnen, welche nahe der Weißen Elster im unmittelbaren Überschwemmungsgebiet lagen, zeigten deutlich, daß die Extremschwankungen sogar teilweise überschritten wurden. Die Dauer des Anstiegs bis zum höchsten beobachteten Wert betrug hier zwischen 14 und 84 Tagen. Der Ausgleich auf die normalen Grundwasserstände trat etwa nach 3 bis 7 Monaten ein.

Entsprechend den Untergrundverhältnissen reagierten die Quelle Bad Elster [E 5] und der Brunnen Großzöbern [E 36], die nur ein ganz kleines Einzugsgebiet haben, sehr wenig; des weiteren fielen in diesem Gebiet geringere Niederschläge. Bei den Ganglinien bildete sich nur je eine Spitze im Juli nach etwa 14 Tagen aus. Der Unterschied zwischen niedrigstem und höchsfem Wert erreichte nur 8% bis 47% der langjährigen Extremschwankung.

Besonders starken Anstieg zeigt die Ganglinie der Meßstelle Herlasgrün [E 50], die bereits zu Beginn der II. Juli-Dekade den höchsten Stand erreichte und damit die unmittelbare Anreicherung des Grundwassers als Folge der starken Niederschläge erkennen läßt. Am Brunnen in Steinsdorf [E 49] war nach dem ersten starken Anstieg in der I. Juli-Dekade, ein weiterer langsamer aber stetiger Anstieg bis zum Höchststand im September festzustellen. Diese Erscheinung ist durch den geringen Hohlraum des Untergrundes und die Nachspeisung durch einen in der Nähe gelegenen Steinbruch bedingt, der das Niederschlagswasser z. T. gespeichert hatte. Ähnlich, jedoch nicht so ausgeprägt, verläuft die Ganglinie von Berga [E 68]. Dieser Brunnen liegt am Hang und wird dadurch von nachfließendem Grundwasser gespeist. Die Beobachtungsstelle Thierbach [E 115] zeigte in ihrer Grundwasserganglinie einen ausgeglichenen Verlauf, bei dem kein besonderer Höchststand ausgebildet ist; jedoch war in den folgenden Monaten eine stetige aber immer größere Abweichung vom langjährigen Monatsmittel festzustellen. Dieser Gang deutet darauf hin, daß eine etwas anhaltendere Anreicherung des Grundwassers eintrat.

Einen stärker ausgeprägten Gang der Grundwasserstände zeigte die Meßstelle Langenwolschendorf [E 71], der entsprechend dem zeitlichen Verlauf und der Intensität der Niederschläge ausgebildet war. Die Meßstellen Wünschendorf [E 105], Falka [E 106] und Gera [E 109] hatten nur einen einfachen Anstieg zum höchsten Grundwasserstand. Diese Brunnen liegen in den Alluvionen der Elstertalaue und sind somit von den Flußwasserständen abhängig, deren Überschwemmungsflächen intensiver auf den Untergrund einwirken konnten. Dadurch trat eine Überlagerung der Scheitel ein, so daß einzelne Höchststände nicht mehr sichtbar sind. Die Grundwassermeßstellen Zangenberg [9], Tröglitz [14], Bornitz [7], Bornitz [8] und Göbitz [1] liegen im unteren Gebiet der Weißen Elster nahe dem Flußlauf, z. T. im unmittelbaren Überschwemmungsgebiet. Bedingt durch das größere Speichervermögen des Untergrundes und den langsameren Ablauf des Oberflächenwassers bildeten sich höchste Grundwasserstände, die anschließend langsamer absanken. Die höchsten Grundwasserstände lagen zwischen 5% und 115% der normalen Extremschwankungen, im Mittel bei 72%. Vergleicht man diesen Wert mit demjenigen von etwa 47% im übrigen Einzugsgebiet der Weißen Elster, so läßt sich feststellen, daß der Grundwasserumsatzraum

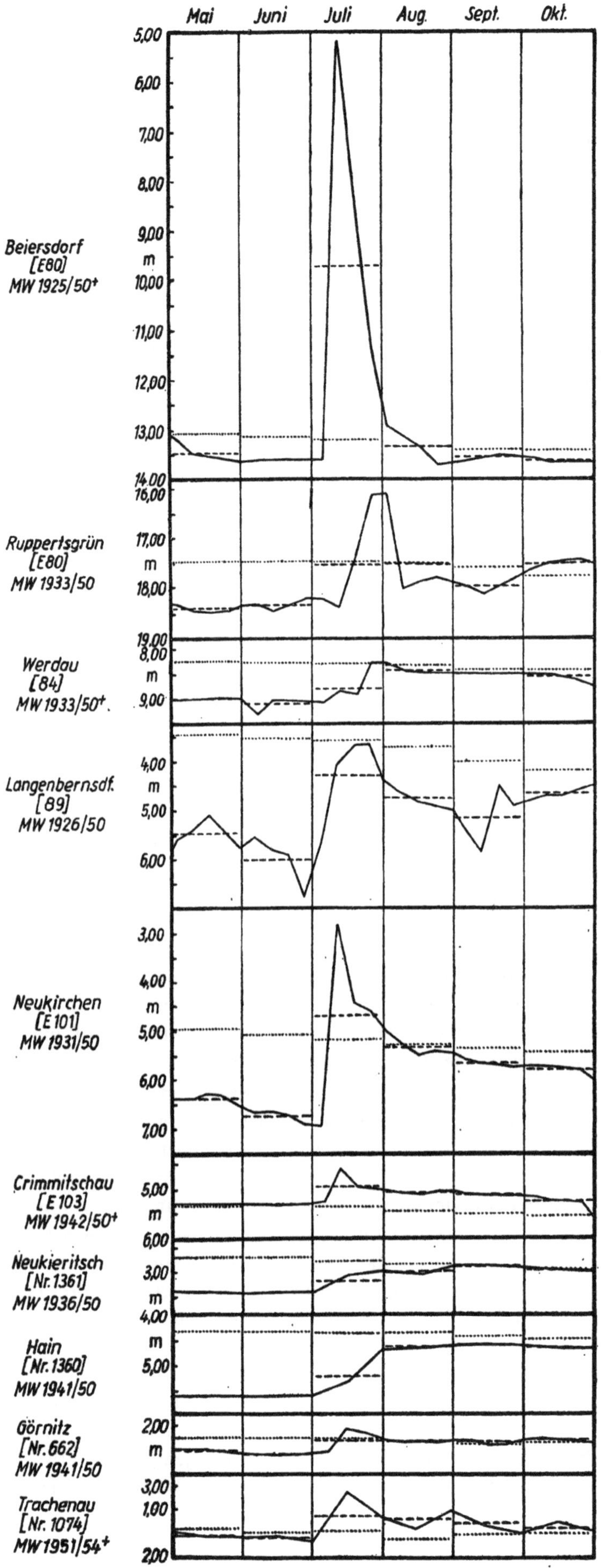

Abb. 107. Ganglinien der Grundwasserstände und Quellschüttungen im Einzugsgebiet der Pleiße

in diesem Gebiet stärker angereichert wurde. Eine genaue Charakterisierung ist jedoch nicht möglich, da die Mehrzahl der Brunnen nur in halbmonatlichen Abständen beobachtet wurde. Mit Ausnahme der Meßstelle Bornitz [8] sind die höchsten Grundwasserstände deutlich ausgebildet, jedoch zeigen die Ganglinien nur eine Spitze. Die Auswirkungen der späteren Niederschläge sind nur schwach oder gar nicht feststellbar.

Einzugsgebiet der Pleiße

Geologisch gehört der Untergrund des oberen Gebietes der Pleiße überwiegend dem Devon und Perm (Unterrotliegendes oder Oberrotliegendes) an. Die Gesteine des Devons sind Diabase und Diabastuffe. Dieses Gebiet hat allgemein geringe Grundwasservorkommen. Im Unter- und Oberrotliegenden ist die Grundwasserführung je nach Gesteinsbildung stärker wechselnd. Die Talaue der Pleiße unterhalb Deutzen ist wie die der Weißen Elster breiter als die des übrigen Flußgebietes, und der Untergrund besteht ebenfalls aus den Alluvionen der heutigen Flußtäler; rechtsseitig treten zu diesen noch Tertiär (Oligozän und Eozän). Die Grundwasservorkommen im Untergrund sind bedeutend höher als im übrigen Flußgebiet. Der Anstieg der Grundwasserstände bis zum höchsten Wert bewegte sich zwischen 17% und 93% der normalen Extremschwankung und lag im Mittel bei 55%. Die Zeit des Anstiegs bis zum Höchststand betrug zwischen 14 und 77 Tagen. Ein Ausgleich auf die normale Höhe trat nach 4 bis 7 Monaten ein.

Die Grundwassermeßstelle Beiersdorf [E 80] hatte in ihrer Ganglinie einen besonders steilen und sehr hohen Anstieg und nachfolgenden Abfall; im September wurde jedoch das langjährige Monatsmittel bereits schon wieder unterschritten. Die absolute Schwankung lag hier bei 840 cm. Dies ist die größte beobachtete Schwankung im Gebiet der Weißen Elster. Sie ist jedoch kein Beweis dafür, daß eine starke Grundwasseranreicherung stattfand, denn der nutzbare Hohlraum bei den geschilderten Untergrundverhältnissen ist sehr klein. Begünstigt wurde der Anstieg durch die Lage des Brunnens in einem Geländeeinschnitt.

Die Meßstelle Neukirchen [E 101] zeigte ebenfalls eine extreme Ausbildung des höchsten Grundwasserstandes, jedoch ging das Absinken des Grundwasserspiegels allmählicher vor sich. Die Monatsmittel der nachfolgenden Monate überschritten die der langjährigen Reihen. Die weiteren Grundwassermeßstellen im Rotliegenden, wie z. B. Langenbernsdorf [E 89] und Crimmitschau [E 103] zeigten ebenfalls ausgeprägte Ganglinien, die besonders in Langenbernsdorf [E 89] stark schwankten. Die Schwankung dieser Stellen lag zwischen 45 und 93% der normalen Extremschwankungen, im Mittel bei 70%.

Die in den Lockergesteinen des Diluviums und Alluviums liegenden Meßstellen Ruppertsgrün [E 81], Werdau [E 84], Neukieritzsch [1361], Hain [1360], Görnitz [662] und Trachenau [1074], die durch ihre örtliche Lage z. T. von den Flußwasserständen abhängig sind, hatten einen einmaligen Höchststand, der mehr oder weniger schnell wieder absank. Besonders die Brunnen in Werdau, Neukieritzsch und Hain zeigten eine nachhaltige Erhöhung des Grundwasserstandes gegenüber dem Stand vor Eintritt des Hochwassers, der jedoch überwiegend tiefer lag als das langjährige Mittel. Der Anstieg dieser Brunnen lag zwischen 17% und 74% der normalen Extremschwankungen, im Mittel bei 44%.

7.44 Abflußverhältnisse

Die Untersuchungen über die Beziehungen zwischen Niederschlag und Abfluß brachten schon von vornherein unterschiedliche Ergebnisse für die Weiße Elster und die Pleiße.

Nach den Auftragungen in Abbildung 108 läßt sich zunächst für das Gebiet der Weißen Elster eine Hauptlinie I des Abflusses konstruieren, die das Göltzschgebiet sowie die Zwischengebiete der Weißen Elster Adorf bis Magwitz, Greiz bis Gera-Langenberg und Gera-Langenberg bis Zeitz umfaßt und um die sich die einzelnen Pegel der Weißen Elster gruppieren. Es handelt sich hier um Flächen, die in den geologischen Hauptformationen der

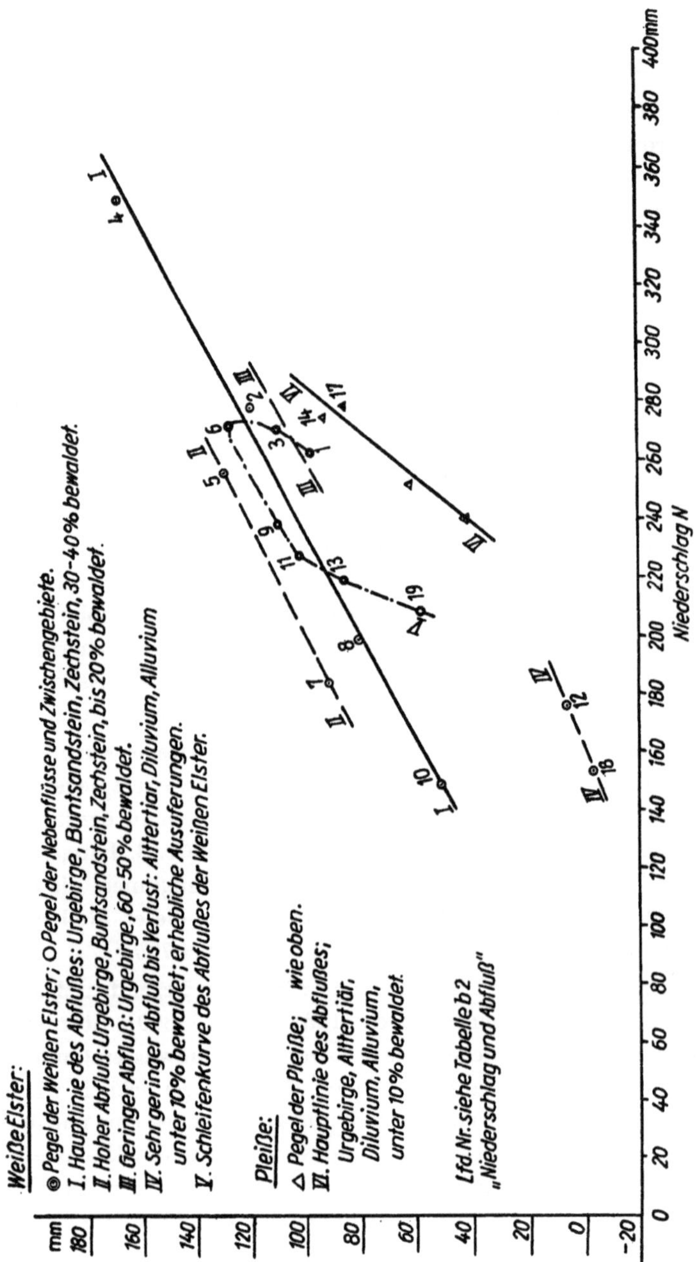

Abb. 108. Beziehungen zwischen Niederschlagshöhe und Abflußhöhe für das Gebiet der Weißen Elster

Urgebirge, des Buntsandsteins und des Zechsteins liegen und etwa zu 30 bis 40% bewaldet sind.

Auf einer Linie II mit hohen Abflüssen liegen das Zwischengebiet der Weißen Elster von Magwitz bis Greiz und das Einzugsgebiet der Weida, die als Folge ihrer geringeren Bewaldung (20%) bei sonst gleichen geologischen Verhältnissen die höchsten Abflüsse aus den Niederschlägen brachten.

Ihnen gegenüber wiederum stehen die Gebiete der Pegel Adorf und Magwitz mit der Linie III für geringen Abfluß. Diese Flächen im Urgebirge zeigen durchweg eine stärkere Bewaldung; bis Adorf beträgt der Anteil des Waldes an der gesamten Fläche etwa 60 und bis Magwitz etwa 50 Prozent.

Die im Alttertiär, Diluvium und Alluvium liegenden Zwischengebiete von Zeitz nach Leipzig-Großzschocher und von hier nach Halle-Trotha lassen sich auf der Linie IV für sehr geringen Abfluß bis Verlust zusammenfassen. Ihre Bewaldung liegt allerdings unter 10%.

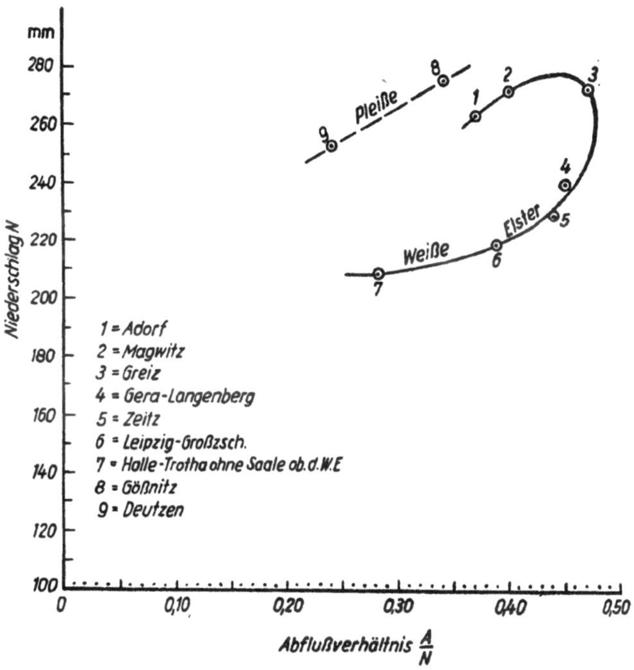

Abb. 109. Beziehung zwischen Niederschlag und Abflußverhältnis

Nach den Abflußbedingungen der einzelnen Zufluß- und Zwischengebiete entwickelt sich dann für die Pegel der Weißen Elster eine Schleifenkurve V des Abflusses, die wiederum die Steigerung bis zum Pegel Greiz zeigt, bis Zeitz nur wenig abnimmt und sich dann steil senkt.

Die Untersuchung ergibt, daß neben der Niederschlagsintensität und den geologischen und orographischen Verhältnissen auch die Bewaldung einen wesentlichen Einfluß auf den oberirdischen Abfluß des Starkregens hatte. Dabei unberücksichtigt geblieben allerdings ist zunächst noch die Zusatzkomponente aus den abgesetzten Niederschlägen, die zweifellos auch für das Gebiet der Weißen Elster zu einer anderen Einschätzung der Situation im Juli 1954 führt, als es die nachstehende Betrachtung der Abflußverhältnisse unter Berücksichtigung der normal gemessenen Niederschläge ermöglicht.

Die in der bisher üblichen Weise ermittelten Abflußverhältnisse zeigen, daß nicht das Göltzschgebiet mit den höchsten Niederschlägen sondern das weniger bewaldete Zwischengebiet von Magwitz bis Greiz den höchsten Abfluß brachte. Das Abflußverhältnis erreichte hier den hohen Wert von 0,50. Dieser Wert erklärt sich vor allem aus der Landschaftsform, den verhältnismäßig tief eingeschnittenen Tälern und der Vielzahl der Steilhänge ohne Bewaldung. Die sich in diesem Flußabschnitt entwickelnde hohe Fortpflanzungsgeschwindigkeit des Flutscheitels von 38 km/h, bei der erfahrungsgemäß das Einsickern stark verringert wird, weist ebenfalls auf eine Erhöhung des Abflusses hin.

Im Gebiet der Göltzsch betrug das Abflußverhältnis 0,48, im Zwischengebiet Adorf bis Magwitz 0,43, am Pegel Magwitz 0,40 und am Pegel Adorf 0,37. In dem letzten Wert ist wiederum der Einfluß der stärkeren Bewaldung auf das Abflußvermögen dieses Gebietes zu sehen; war doch der Niederschlag in diesem Gebiet mit 263 mm höher als im Zwischengebiet Magwitz bis Greiz mit 256 mm bei einem Abflußverhältnis von 0,50.

Am Pegel Greiz hatte das Abflußverhältnis im Laufe des Gesamtabflusses der Weißen Elster seinen höchsten Wert mit 0,47.

Unterhalb Greiz ergab der Abfluß der Weida den hohen Wert von 0,49, während der übrige Teil des Zwischengebietes von Greiz bis Gera-Langenberg auf 0,40 absank. Im Zwischengebiet Gera-Langenberg bis Zeitz betrug er 0,34 und von Zeitz bis Leipzig-Großzschocher nur noch 0,03. Dadurch verminderte sich das Abflußverhältnis an den Pegeln in Gera-Langenberg auf 0,45, in Zeitz auf 0,44 und in Leipzig-Großzschocher auf 0,39.

Für das Pleißegebiet zeigen die Beziehungen zwischen Niederschlag und Abfluß nur eine Hauptlinie des Abflusses. Auf ihr liegen nicht nur die Einzugsgebiete der einzelnen Pegel sondern auch die Zwischengebiete. Sie hat einen steileren Verlauf als die Linien des Weißelstergebietes und zeigt im Vergleich hierzu einen wesentlich geringeren Abfluß.

Das gleiche Bild ergeben auch die Abflußfaktoren, die mit 0,34 am Pegel Gößnitz und 0,30 am Pegel Streitwald ihre höchsten Werte erreichen. Im Zwischengebiet Gößnitz bis Deutzen sinkt das Abflußverhältnis auf 0,18, wodurch es am Pegel Deutzen nur noch 0,24 beträgt. Hier kommt neben einer höheren Versickerung im Gesamtgebiet der Pleiße die in den Speicheranlagen verstärkte Einsickerung und Verdunstung zum Ausdruck.

Bis zum Pegel Halle-Trotha verringerte sich das Abflußverhältnis für das Gesamtgebiet der Weißen Elster auf 0,28.

Die Beziehung zwischen Niederschlag und Abflußverhältnis für die Pegel der Weißen Elster und der Pleiße ist in Abbildung 109 dargestellt. Sie ergeben für die Weiße Elster ebenfalls eine Schleifenkurve, die den Aufbau und Ablauf ihres Hochwassers eindeutig kennzeichnet. Die allerdings nur zwei Punkte für die Pleiße zeigen bei gleicher Niederschlagsintensität ein geringeres Abflußverhältnis.

Im Gegensatz zu den Verhältnissen im Gebiet der Mulde ergab die vorstehende, nach den bisher üblichen Methoden durchgeführte Untersuchung eine zunächst durchaus glaubwürdige Darstellung des Abflußvermögens im Gebiet der Weißen Elster. Nach den Erkenntnissen aber, die bei der Betrachtung der Abflußverhältnisse gerade der Zwickauer Mulde gewonnen wurden (s. Abschnitt 5.53), ergaben sich aber auch hier gewisse Zweifel, zumal bei der vorherrschenden Wetterlage in den stark bewaldeten Gebieten des Elstergebirges, des Elsterberglandes sowie des angrenzenden Teiles des Thüringischen Schiefergebirges eine Steigerung des Niederschlags nicht ausgeschlossen schien. Diese Steigerung, die vornehmlich den Oberlauf der Weißen Elster und ihre Nebenflüsse (Trieb, Göltzsch) betraf, kann nach überschläglichen Ermittlungen mit 150 bis 160 Prozent der normal gemessenen Regenmenge angenommen werden. Ihr entspricht eine Zunahme der Abflußhöhen im Einzugsgebiet der Weißen Elster bis Magwitz um 20 mm, im Einzugsgebiet der Göltzsch um 40 mm. Gehen diese Werte in die Wasserbilanz ein, so ergeben sich für das Abflußverhältnis der stärker bewaldeten Gebiete dieses Raumes Werte zwischen 0,27 und 0,30; für die Gebiete mit geringem Waldanteil (Weiße Elster zwischen Magwitz und Greiz, Weida) Werte um 0,40.

8. Zusammenfassung

Das Ergebnis der vorliegenden Untersuchung läßt sich wie folgt zusammenfassen:

1. Das Abflußjahr 1954 blieb, obwohl es im ganzen gesehen zu niederschlagsreich war, auch in den vom Hochwasser betroffenen Gebieten ein Jahr mit unternormaler Wasserführung und brachte nur eine geringe, n i c h t das Defizit des Vorjahres ausgleichende Anreicherung des Grundwassers.
2. Die Hochwassersituation im Juli 1954 war eine Folge mehrerer sich ungünstig auswirkender meteorologischer Ereignisse, die über große Gebiete anhaltend starke Niederschläge brachten (Blockierung eines Vb-Tiefs über Mitteleuropa, Abschnürung eines Kaltlufttropfens).
3. Die Besonderheit der die Hochwasser entwickelnden Niederschläge ist nicht so sehr in ihrer Stärke als vielmehr in ihrer langen Dauer (3 Tage) zu sehen. Sie beschränkten sich im Gebiet der DDR im wesentlichen auf den Raum zwischen Lausitzer Neiße und Weißer Elster.
4. Die Niederschläge erfuhren in der Hauptzone der Stauniederschläge eine auch die Abflüsse dieser Gebiete erhöhende Steigerung. Diese Steigerung erklärt sich vor allem aus dem Anteil des im Bergwald abgesetzten Niederschlags und betrug nach überschläglicher Berechnung bis zu 250% der normal gemessenen Menge.
5. Das Hochwasser der Elbe ist nicht als höchstes, zumindest aber als hohes, außerordentlich schnell ablaufendes Sommerhochwasser zu betrachten. Es entwickelte sich im Gebiet der CSR (Moldau, Eger) und erfuhr eine weitere Erhöhung im Gebiet der DDR durch die Zuflüsse der Mulde und der Saale, die im Unterlauf die Hochflut der Weißen Elster übernommen hatte. Der Abfluß der Hochwasserwelle ist mit 2934 hm^3 (Pegel Darchau) anzunehmen.

   HQ (Sommerhalbjahr 1936/1950) wurde im Oberlauf um 30, im Mittel- und Unterlauf um 60 Prozent überschritten. Stellenweise führten auch die Starkregen zu einer Erhöhung der Abflüsse und zur frühzeitigen Scheitelbildung.
6. Die Hochwasser der Mulde und der Weißen Elster sind als säkulare Erscheinungen anzusehen. Durch seine Höhe zeichnete sich vor allem das Hochwasser der Mulde aus, deren Abflüsse (am Zusammenfluß der Mulden) über denen des Jahres 1858 lagen. In der Zwickauer Mulde wurde sogar die Höhe der Hochflut von 1771 überschritten.

   Die Entwicklung der Hochwasser in diesen Gebieten erklärt sich aus der Lage des Hauptniederschlagsgebietes. In der wiederholten Überdeckung einzelner Flutscheitel aus den Oberläufen der genannten Vorfluter und ihrer Nebenflüsse spiegelt sich die Intensität der Niederschläge und deren zeitliches Auftreten wider.
7. Die Häufigkeit des Auftretens von Sommerhochwassern ist im Einzugsgebiet der Weißen Elster mit 40% für die Weiße Elster und 47% für die Pleiße am höchsten. Für die Vereinigte Mulde (am Pegel Golzern) ergibt sich eine Häufigkeit von 26,5% und für die Elbe im Unterlauf von 22,5%.
8. Der Anteil des unterirdischen Abflusses im Elbtal am Gesamtabfluß der Hochwasserwelle wurde mit 12,8% ermittelt. Die geringe Anreicherung des Grundwassers war hier wie auch in den übrigen Flußgebieten im wesentlichen eine Folge der vorangegangenen langen Trockenperiode. Auf den ausgetrockneten Böden erfuhr nicht nur der oberirdische Abfluß eine Beschleunigung, die Versickerung wurde hier auch verzögert. Selbst in den Überschwemmungsgebieten war nur eine geringe Grundwasseranreicherung fest-

zustellen, da bei der raschen Überflutung dieser Gebiete die Bodenluft nur langsam entweichen konnte und so das Eindringen von Wasser aus der oberirdisch abfließenden Welle erschwert war.

9. Abgesehen von den Saaletalsperren, die das Hochwasser der oberen Saale auffingen, und den Speicheranlagen an der Pleiße (Gebiet der Weißen Elster) war der Einfluß der Talsperren auf den Abfluß des Hochwassers von geringer Bedeutung. Der Rückhalt in den Talsperren betrug nur 3,3% des Hochwasserabflusses der Elbe im Unterlauf.

10. Als wichtigstes Kriterium für die Untersuchung des Abflußvermögens erwies sich der Einfluß des Waldes. Es konnte festgestellt werden, daß sich der Wald nicht nur günstig auf den Abflußvorgang auswirkte und zu einer Dämpfung der Hochwasserspitzen führte, sondern verbreitet eine Erhöhung der Abflüsse brachte. Die unter Berücksichtigung des Anteils der im Bergwald abgesetzten Niederschläge für das Abflußverhältnis ermittelten Werte kommen den Gegebenheiten in der Natur näher als die nur aus den gemessenen Niederschlagswerten berechneten Werte.

Literatur

[1] REICHEL, EBERHARD: Der Hochwasserregen im Donaugebiet vom 7. bis 11. Juli 1954. Beilage zum Schnellbericht des Deutschen Wetterdienstes für Südbayern, Juli 1954, Wetteramt München.

[2] KERN, HELMUT u. VÖLK, JOSEPH: Das Hochwasser im Bayerischen Donaugebiet im Juli 1954. Besondere Mitteilungen zum Deutschen Gewässerkundlichen Jahrbuch Nr. 14 (München 1955).

[3] Das Sommerhochwasser der Donau im Juli 1954 (mit Beiträgen von Rajczi, Serf, Sik, Kniska, Szili, Szászhelyi, Holló, Völk, Kresser, Lászlöffy, Szilágyi und Karolyi aus den jeweils betroffenen Landesteilen Ungarns, der CSR, Österreichs und Deutschlands). Vízügyi Közlemények (Wasserbauliche Mitteilungen), Heft 1—2, (Budapest 1955).

[4] BÖER, WOLFGANG u. SCHUBERT, HEINZ: Ursachen und Verlauf des Sommerhochwassers in der Elbe und ihren Nebenflüssen. Wasserwirtschaft-Wassertechnik, 5. Jg., Hefte 5 u. 6 (Berlin 1955).

[5] SCHUBERT, HEINZ: Die Hochwasserwahrscheinlichkeit im Sommerhalbjahr. Wasserwirtschaft-Wassertechnik, 6. Jg., Heft 4 (Berlin 1956).

[6] NATERMANN: Charakterbilder der Abflußjahre. Die Wasserwirtschaft, 41. Jg. (1950), Heft 2.

[7] BOLLMANN, HANS: Ein Charakterbild des Abflußjahres 1953 und Ausblick auf das Abflußjahr 1954. Wasserwirtschaft-Wassertechnik, 4. Jg., Heft 8 (Berlin 1954).

[8] MHD: Monatlicher Witterungsbericht für das Gebiet der DDR, Jahreszusammenfassung 1954, 8. Jg., Heft 13 (Potsdam 1954).

[9] GOLF, WALTER: Hochwasserschutzwirkung der Talsperren im Elbegebiet während des Sommerhochwassers 1954. Wasserwirtschaft-Wassertechnik, 5. Jg., Heft 6 (Berlin 1955).

[10] KORTÜM, FR.: Das Unwetter am 23. 5. 1950 in Bruchstedt/Thüringen. Zeitschrift für Meteorologie, Heft 7/8, Jg. 1954.

[11] PONNDORF, JÜRGEN u. WILSER, OTTO: Meteorologische und hydrologische Untersuchung des Wolkenbruchs bei Apolda am 26./27. 6. 1953. Zeitschrift für Meteorologie, Heft 7/8, Jg. 1954.

[12] SCHIEMER, M.: Das Hochwasser 1926 im Gebiet der mittleren Elbe. Besondere Mitteilungen zum Jahrbuch für Gewässerkunde Norddeutschlands, Band I/Nr. 1. Verlag Mittler & Sohn (Berlin 1928).

[13] MHD: Deutsches Gewässerkundliches Jahrbuch, Akademie-Verlag Berlin.

[14] MHD: Hochwassermeldeordnung für das Gebiet der DDR. Potsdam, Februar 1954.

[15] UTH, KURT: Das Julihochwasser 1954 im Stromgebiet der Elbe unter besonderer Berücksichtigung des Verlaufes in Elbe und Saale. Bericht des AfMH Halle, 1. 10. 1954 (nicht veröffentlicht).

[16] MHD: Witterungsbericht für Mecklenburg, Juli 1954. AfMH Schwerin.

[17] KARBAUM, HANS: Das Sommerhochwasser der Elbe im Juli 1954 im Bereich des AfMH Schwerin (Havelmündung bis Boizenburg. Unveröffentlichter Bericht des AfMH Schwerin.

[18] MHD: Vorläufiges Pegelverzeichnis für die Elbe. Potsdam, Februar 1955.

[19] KÖRNER, H.: Wasserwirtschaftliche Maßnahmen im Mündungsgebiet der Havel und das Sommerhochwasser der Elbe 1954. Wasserwirtschaft-Wassertechnik, 5. Jg., Heft 7 (Berlin 1955).

[20] LAMMERT, W.: Wie sich das Klima ändert. Die Wasserwirtschaft, 44. Jg., Heft 4.

[21] SCHUBERT, HEINZ: Das Problem „Wasser". Unveröffentlichtes Manuskript.

[22] WUNDT, W.: Gewässerkunde. Springer-Verlag Berlin/Göttingen/Heidelberg 1933.

[23] HAMANN: Hydrologische Beobachtungen über den Einfluß des Julihochwassers 1954 auf den Grundwasserhaushalt der Elbeniederung. Archiv AfMH Halle.

[24] KOEHNE, WERNER: Hydrologisches Gutachten zum Verleihungsantrag der Stadtwerke Halle/Saale betr. das geplante Wasserwerk bei Düben, nahe der Mulde, 4. 5. 1941. Archiv AfMH Halle.

[25] THIEM, GÜNTHER: Die Ermittlung der natürlichen Grundwassergeschwindigkeit. Wasserwirtschaft-Wassertechnik, 3. Jg., Heft 5 (Berlin 1953).

[26] Hochwasser in Zwickau und Freundschaft der Tat. Juli 1954.

[27] SCHMIDT, HANS: Julihochwasser 1954 im Muldengebiet. Unveröffentlichter Bericht des AfMH Dresden.

[28] UTH, KURT: Probleme des Oberflächenwassers in Verbindung mit der Hochwasserkatastrophe im Juli 1954. Erdkundeunterricht, 4. Jg., Heft 5, 1955.

[29] Fickert, Richard: Die größten Sommerhochwässer des sächsischen Muldengebietes in den letzten Jahrzehnten. Beilage zum Jahrbuch des Sächsischen Amtes für Gewässerkunde. Abflußjahr 1934.

[30] Bauer, Ludwig: Hochwasserabfluß und Landschaftshaushalt. Ergänzungsheft Nr. 259 zu „Petermanns Geographischen Mitteilungen". Geographisch-Kartographische Anstalt Gotha, 1956.

[31] Grunow, J.: Zur Niederschlagsmessung im Gebirge. Wetter und Leben, 5. Jg., Heft 1—2, März 1953.

[32] Delfs, Jürgen: Die Niederschlagszurückhaltung im Walde. Mitteilungen des Arbeitskreises „Wald und Wasser" Nr. 2 (Koblenz 1955).

[33] Möller, Otto: Sommerhochwasser 1954 in der DDR. Wasserwirtschaft-Wassertechnik, 4. Jg., Heft 8, Berlin 1954.

[34] Bauer, Ludwig: Hochwasser im Juli 1954 in der Weißen Elster. Urania, Jg. 1954, Heft 17.

[35] Williams, R.: Erläuterungsbericht zum Projekt für die Elsterberichtigung in Gera (Reuß) 1902. Archiv AfMH Weimar.

[36] Jahresbericht der Thüringischen Landesanstalt für Gewässerkunde für das Abflußjahr 1924. Eigenverlag (Weimar 1925).

[37] Grosch, Friedrich: Auswirkungen der Niederschläge auf das Grundwasser im Sommer 1954. Unveröffentlichter Bericht des AfMH Weimar.

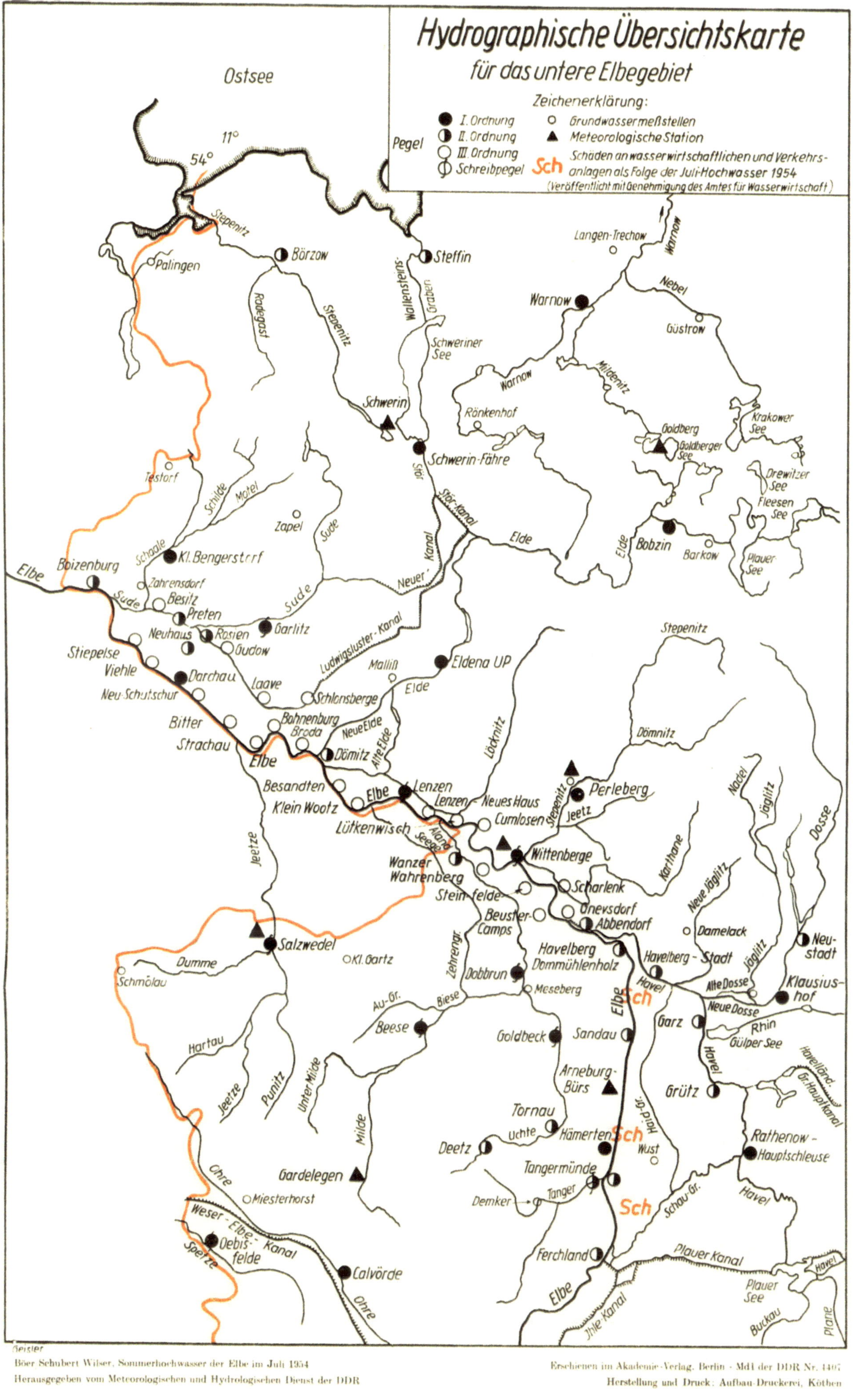

Geisler

Böer Schubert Wilser, Sommerhochwasser der Elbe im Juli 1954
Herausgegeben vom Meteorologischen und Hydrologischen Dienst der DDR

Erschienen im Akademie-Verlag, Berlin · MdI der DDR Nr. 1407
Herstellung und Druck: Aufbau-Druckerei, Köthen

Heinz Mann

Böer/Schubert/Wilser, Sommerhochwasser der Elbe im Juli 1954

Herausgegeben vom Meteorologischen und Hydrologischen Dienst der DDR

Hydrographische Übersichtskarte

für den Süden der Deutschen Demokratischen Republik

Zeichenerklärung:

Pegel:
- ● I. Ordnung
- ◐ II. Ordnung
- ○ III. Ordnung
- ⏀ Schreibpegel

- ○ Grundwassermeßstellen
- ⌓ Quellschüttungsmeßstellen
- ▲ Meteorologische Station
- ▷ Speicherbecken

Sch Schäden an wasserwirtschaftlichen und Verkehrsanlagen als Folge der Juli-Hochwasser 1954 (Veröffentlicht mit Genehmigung des Amtes für Wasserwirtschaft)

Erschienen im Akademie-Verlag, Berlin · MdI der DDR Nr. 4407
Herstellung und Druck: Aufbau-Druckerei, Köthen

Bei Fragen zur Produktsicherheit wenden Sie sich bitte an:
If you have any questions regarding product safety,
please contact:

Walter de Gruyter GmbH
Genthiner Straße 13
10785 Berlin
productsafety@degruyterbrill.com